# 模　论

（第二版）

陈晋健　高淑荣　编

河南大学出版社
·郑州·

**图书在版编目(CIP)数据**

模论 / 陈晋健，高淑荣编. —2 版. —郑州 ：河南大学出版社，2017.12
ISBN 978-7-5649-3160-5

Ⅰ.①模… Ⅱ.①陈… ②高… Ⅲ.①模—教材 Ⅳ.①O153.3

中国版本图书馆 CIP 数据核字(2017)第 323229 号

**责任编辑** 张雪彩
**责任校对** 阮林要
**助理校对** 王 贝
**封面设计** 郭 灿

---

**出 版** 河南大学出版社
地址:郑州市郑东新区商务外环中华大厦 2401 号
邮编:450046
电话:0371-86059701(营销部)
网址:www.hupress.com
**排 版** 郑州市今日文教印制有限公司
**印 刷** 河南安泰彩印有限公司
**版 次** 1994 年 3 月第 1 版 **印 次** 2018 年 4 月第 2 次印刷
2018 年 4 月第 2 版
**开 本** 710mm×1000mm 1/16 **印 张** 10.75
**字 数** 193 千字 **定 价** 29.00 元

---

(本书如有印装质量问题,请与河南大学出版社营销部联系调换)

# 再版前言

本书第一版是退休前夕问世的.1994年依例退休后,感谢健康又站了十年讲台.跨入21世纪初,凭借发达的资讯,突然发现,退休前出版的拙著《模论》持续受到关注,甚至频繁地出现在硕、博士论文中.初版已过20多年,早已脱销,但网上叫买声不绝.为保持学术的严肃性,才在寡欲之年,张罗再版,业界亦有此呼声,尤其获得河南大学出版社的响应、史存海教授的力挺.高淑荣副教授收集两篇重要论述作为“附录”,让原书增色生辉,内涵提升.在此特表谢忱!

作　者

2017年7月

# 前　言

数学的许多分支都与模论相关联．一方面，因为模的概念实质上是向量空间与阿贝尔（Able）群概念的自然推广，不仅它本身是很值得研究的数学结构，而且与群论、环论的关系极为密切；另一方面，它又是同调代数、范畴理论以及代数拓扑的基础，所以它是数学专业本科生及有关专业研究生的常备知识．

本书根据作者多年从事模论教学和研究的体会，从国内高校的教学实际出发，以较易领会的叙述方式，遵循数学发展的自身规律，从最基本的概念开始，直至提出和讨论使人感兴趣的论题．选材紧紧围绕三大模类——内射模、投射模及平坦模，同时也给了与环论关系密切的阿丁模、诺特模以相应的篇幅．

为了展示对偶性与泛性，本书叙述中使用了模范畴的某些最基本的术语．为便于查考，在附录 1 中对模范畴扼要地予以介绍．

为了给讲授者提供方便，给自修者指引论题，本书配置了难易不同的许多练习，应当视之为本书的组成部分．

本书由陈晋健执笔编写，陈顺卿修改定稿，吴品三教授承担主审．在付诸出版过程中，得到河南省教委的资助和河南大学孙荣光教授、广东民族学院高淑荣副教授自始至终的关怀，特此表示诚挚感谢．

由于国内尚少公开出版同类教材，本书望能抛砖引玉．祈望见到有更多高质量的模论教材问世，以适应我国高等教育发展之急需．编者毕竟水平所限，错漏之处在所难免，故请读者赐教．

编　者
1990 年冬

# 目　　录

# 第一章　模、子模与商模

## §1.1　模

环上的模是向量空间与阿贝尔群的推广．前者是域上的模，在高等代数课程中详细介绍过；后者则是整数环上的模，在近世代数课程中曾有概述．

本章介绍模及其子结构的基本概念．它们的初等性质大多数都是从它的两个特殊来源中移植过来的，所以听起来并不感到陌生．

如无特别声明，本书中所涉及的环均指具有乘法单位元 1 的含幺环，通常以大写字母 $R,S,T$ 表示．

**定义 1.1.1**　令 $R$ 是环，所谓右 $R$-模 $M$ 指的是这样一种代数结构：

(1) $(M,+)$是阿贝尔群；

(2) 有由$(m,r)\vdash mr$ 所确定的映射 $M\times R\to M$ 满足下面三算律：$\forall m, m_1,m_2\in M,r,r_1,r_2,1\in R$，

(a) 结合律　$(mr_1)r_2=m(r_1r_2)$，

(b) 分配律　$(m_1+m_2)r=m_1r+m_2r$，

(c) 幺正律　$m1=m$．

按照上述定义，我们指称的 $R$-模实际上是所谓的幺模或酉模．满足(a)，(b)，(c)三算律的映射 $M\times R\to M$ 称作模的纯量乘法或外乘法．类似地可以定义左 $R$-模，今后右 $R$-模 $M$ 记作 $M_R$，左 $R$-模 $M$ 记作${}_RM$．把左 $S$-模${}_SM$ 与右 $R$-模 $M_R$ 通过混合结合律

$$s(mr)=(sm)r,\quad \forall s\in S,m\in M,r\in R$$

联结起来的结构称作 $S$-$R$-双模，记作${}_SM_R$．$0_M$ 代表模 $M_R$ 的加群的零元，$0_R$ 则代表环 $R$ 的加群的零元，在不致混淆的场合，它们都以 0 表之，显然，在模 $M_R$ 中，$0_Mr=0_M,m0_R=0_M$．

# §1.2　子　　模

在研究各种数学结构时,其子结构,譬如子群、子空间等起着重要的作用.自然,在模的研究中,子模亦占有重要位置.

**定义 1.2.1**　$M$ 的子集 $A$ 称作模 $M_R$ 的子模,如果关于 $M_R$ 的加法及模乘法,$A$ 自身也是一个右 $R$-模.记号 $A_R \hookrightarrow M_R$(或 $A \hookrightarrow M$)用来表示 $A_R$ 是 $M_R$ 的子模,以别于 $A \subset M$,后者仅表示集论意义上的包含关系.同样地,$A \underset{\neq}{\hookrightarrow} M$ :$\Leftrightarrow A$ 是 $M$ 的真子模;$A \not\hookrightarrow M$ :$\Leftrightarrow A$ 不是 $M$ 的子模.值得注意的是,$A \not\hookrightarrow M$并不意味着 $A \not\subset M$.

**引理 1.2.2**　设 $A$ 是模 $M_R$ 的一个非空子集,则下列命题等价:

(1) $A \hookrightarrow M$;

(2) $A$ 是 $M$ 的子加群且 $a \in A, r \in R \Rightarrow ar \in A$;

(3) $a, a_1, a_2 \in A, r \in R \Rightarrow a_1 + a_2 \in A, ar \in A$.

证明留作练习.

对于左模与双模的子模来说,类似的断语亦真.

若把环 $R$ 分别看作右模 $R_R$,左模${}_RR$ 或双模${}_RR_R$,显然,它们的子模分别是环 $R$ 的右理想、左理想或双面理想.

**例**　(1) 每个模 $M$ 皆有两个平凡子模 0 及 $M$,此处 0 表示由 $M$ 的零元 $0_M$ 构成的单元素子模$\{0_M\}$.

(2) $M_R$ 的任意元素 $m$ 所生成的循环子模

$$mR = \{mr \mid r \in R\}.$$

(3) 整数环 $\mathbf{Z}$ 的每个理想都是模 $\mathbf{Z}_\mathbf{Z}$ 的循环子模.

(4) 若 $K$ 是域,则模 $K_K$(或${}_KK$,${}_KK_K$)的循环子模只可能是 0 与 $K$ 这两个平凡子模.

**定义 1.2.3**　(1) 模 $M_R$ 称作循环的,如果它与它的某循环子模重合,亦即

$$\exists\, m_0 \in M[M = m_0 R].$$

(2) 模 $M_R$ 称作单的,如果它是非零模,并且它的子模仅有两个,即它的平凡子模.

(3) 子模 $A \hookrightarrow M$ 称作极小(相应地,极大)的,如果 $A$ 是非零(相应地,真)

子模且 $A$ 不含真子模（相应地，$A$ 不真含于 $M$ 的真子模中），亦即

$$0 \neq A \wedge \forall B \leq M[B \lneq A \Rightarrow B=0]$$

$$(\text{相应地}, A \lneq M \wedge \forall B \leq M[A \lneq B \Rightarrow B=M]).$$

极小子模必定是单子模，$M_R$ 的极小（相应地，极大）子模如果存在的话，它就是 $M_R$ 的非零（相应地，真）子模的偏序集（对于包含序）中的极小（相应地，极大）元. 下面的结论是明显的：

**引理 1.2.4**　模 $M_R$ 是单的当且仅当

$$M \neq 0 \wedge \forall m \in M[m \neq 0 \Rightarrow mR=M].$$

**例**　(1)模 $\mathbf{Z}_{\mathbf{Z}}$ 不包含极小（单）子模但包含极大子模. 因为若 $n\mathbf{Z} \neq 0$ 是 $\mathbf{Z}_{\mathbf{Z}}$ 的任一非零子模，则 $2n\mathbf{Z}$ 就是 $n\mathbf{Z}$ 的非零真子模. 事实上，$m\mathbf{Z} \leq n\mathbf{Z} \Leftrightarrow n \mid m$，故当 $p$ 是素数时，$p\mathbf{Z}$ 就是 $\mathbf{Z}_{\mathbf{Z}}$ 的极大子模.

(2) 模 $\mathbf{Q}_{\mathbf{Z}}$ 既无极小也无极大子模. 事实上，令 $0 \lneq A \leq \mathbf{Q}_{\mathbf{Z}}$，且 $0 \neq a \in A$，则 $0 \lneq 2a\mathbf{Z} \lneq a\mathbf{Z} \leq A \leq \mathbf{Q}$. 这样，$A$ 不可能是极小子模，命题 1.3.7 将证明，$\mathbf{Q}_{\mathbf{Z}}$ 也没有极大子模.

(3) 向量空间 $V_K$ 的极小（单）子空间恰好是一维子空间. 若 $V_K$ 是 $n$ 维的，则它的极大子空间恰好是 $(n-1)$ 维子空间. 若 $V_K$ 不是有限维的，则照样有极大子空间（这在线性代数中虽是熟知的事实，但稍后也将给予证明）.

(4) 若 $K$ 是一除环，则 $K_K$ 是单模，${}_K K_K$ 也是单模.

(5) 令 $R := K_n$ 是除环 $K$ 上的 $n$ 阶全阵环，稍后将证明，尽管双模 ${}_R R_R$ 是单的，然而模 $R_R$ 却未必是单的.

# §1.3　子模的交与和

**引理 1.3.1**　令 $\Gamma$ 是模 $M$ 的子模组成的集，则

$$\bigcap_{A \in \Gamma} A := \{m \in M \mid \forall A \in \Gamma[m \in A]\}$$

是 $M$ 的一个子模.

**证**　仿照向量空间的子空间的情况，利用引理 1.2.2 推得. □

**注**　当 $\Gamma = \varnothing$ 时，这个定义意味着惯常的约定 $\bigcap_{A \in \varnothing} A := M$.

从引理 1.3.1 立刻推出，$\bigcap_{A \in \Gamma} A$ 是包含于一切 $A \in \Gamma$ 的最大子模.

**例**　$2\mathbf{Z} \cap 3\mathbf{Z} = 6\mathbf{Z}$，$\bigcap_{p\text{是素数}} p\mathbf{Z} = 0$.

**引理 1.3.2**　令 $X$ 是模 $M_R$ 的子集,则

$$A := \begin{cases} \left\{ \sum_{j=1}^{n} x_j r_j \mid x_j \in X \wedge r_j \in R \wedge n \in \mathbf{N} \right\}, & X \neq \varnothing; \\ 0, & X = \varnothing \end{cases}$$

是 $M$ 的一子模.

**证**　对 $X=\varnothing$ 结论是明显的,而对 $X\neq\varnothing$ 的情况,利用引理 1.2.2 证明如下:

$$\sum_{i=1}^{m} x_i r_i, \sum_{j=1}^{n} x'_j r'_j, r \in R$$

$$\Rightarrow \sum_{i=1}^{m} x_i r_i + \sum_{j=1}^{n} x'_j r'_j \in A, \sum_{i=1}^{m} x_i r_i r \in A. \qquad \square$$

**定义 1.3.3**　定义在引理 1.3.2 中的模称作 $M$ 的由 $X$ 生成的子模,记作 $|X)$.

**引理 1.3.4**　$|X)=M$ 的含有 $X$ 的最小子模是 $\bigcap_{X\subset C\hookrightarrow M} C$.

**证**　若 $X=\varnothing$,则 $|X)=0$,结论是明显的.

若 $X\neq\varnothing$ 且 $C$ 是含有 $X$ 的子模,则因 $x_j\in X$,故 $x_j r_j$ 以及这类元素的一切有限和全都属于 $C$,从而 $|X)\hookrightarrow C$. 又因为 $X$ 也是 $|X)$ 的一个子集(由于 $X=X1\subset|X)$),故 $|X)$ 实际是 $M$ 的含有 $X$ 的最小子模.

其次,令 $D := \bigcap_{X\subset C\hookrightarrow M} C$. 由定义知,$X$ 是 $D$ 的子集且 $D$ 是 $M$ 的子模,故 $|X)\hookrightarrow D$;另一方面,$|X)$ 作为一个 $C$ 出现在交中,故 $D\hookrightarrow|X)$,从而 $|X)=D$.
$\square$

对于双模 ${}_SM_R$,由 $M$ 的子集 $X$ 生成的子模

$$(X) = \begin{cases} \left\{ \sum_{j=1}^{n} s_j x_j r_j \mid x_j \in X \wedge s_j \in S \wedge r_j \in R \wedge n \in \mathbf{N} \right\}, & X \neq \varnothing; \\ 0, & X = \varnothing. \end{cases}$$

正如前面,可推得:

$$(X) = \text{模}\ {}_SM_R\ \text{的含有}\ X\ \text{的最小子模} = \bigcap_{X\subset C\hookrightarrow M} C.$$

**定义 1.3.5**　令 $M=M_R$.

(1) 模 $M$ 的一子集 $X$ 称作 $M$ 的生成集:$\Leftrightarrow|X)=M$.

(2) 模 $M$ 称作有限生成的:$\Leftrightarrow$ 存在 $M$ 的一个有限生成集.

(3) 模 $M$ 的一个子集 $X$ 称作自由的(或无关的):$\Leftrightarrow$ 对每个有限子集 $\{x_1,x_2,\cdots,x_m\}\subset X$(满足 $x_i\neq x_j$ 对 $i\neq j$),$r_i\in R$,$\sum_{i=1}^{m} x_i r_i = 0 \Rightarrow r_i = 0(i=$

$1,2,\cdots,m)$.

(4) 模 $M$ 的一个子集 $X$ 称作 $M$ 的一基:$\Leftrightarrow X$ 是 $M$ 的自由生成集.

若 $X\neq\varnothing$ 是 $M$ 的一生成集,则意味着 $M$ 的每一元 $m$ 都可写作有限线性组合

$$m=\sum_{j=1}^{n}x_jr_j,\quad x_j\in X,r_j\in R,n\in \mathbf{N}.$$

这里 $n$ 一般不是固定的但依赖于 $m$,而且系数 $r_j$ 及元素 $x_j\in X$ 也不是由 $m$ 唯一确定的. 当然,若 $X=\{x_1,x_2,\cdots,x_i\}$ 是有限集,则每个元素 $m\in M$ 皆可写作如下形式:

$$m=\sum_{j=1}^{i}x_jr_j\ .$$

因为不出现的加项 $x_jr_j$ 可作为 $x_j0$ 添上. 尽管如此,系数 $r_j$ 也不是由 $m$ 唯一确定的,但若 $X=\{x_1,x_2,\cdots,x_i\}$ 是基,则这些系数由 $m$ 唯一确定.

**引理 1.3.6**　令 $X\neq\varnothing$ 是模 $M=M_R$ 的一生成集,则 $X$ 是基$\Leftrightarrow$对每个 $m\in M$,表示式

$$m=\sum_{j=1}^{n}x_jr_j,\quad x_j\in X,r_j\in R$$

在下述意义上是唯一的:

$$m=\sum_{j=1}^{n}x_jr_j=\sum_{j=1}^{n}x_jr'_j\wedge(x_i\neq x_j,\text{对 } i\neq j)$$
$$\Rightarrow r_j=r'_j.\quad (j=1,\cdots,n)$$

**证**　$\Rightarrow$:若有

$$m=\sum_{j=1}^{n}x_jr_j=\sum_{j=1}^{n}x_jr'_j\wedge[x_i\neq x_j,\text{对 } i\neq j(i,j=1,2,\cdots,n)],$$

则 $0=\sum_{j=1}^{n}x_j(r_j-r'_j)$ . 因 $X$ 是自由的,立得 $r_j-r'_j=0$,从而 $r_j=r'_j$. $(j=1,\cdots,n)$

$\Leftarrow$:若有

$$\sum_{j=1}^{n}x_jr_j=0\wedge[x_i\neq x_j,\text{对 } i\neq j(i,j=1,2,\cdots,n)],$$

因 $\sum_{j=1}^{n}x_j0=0$ ,推知 $r_j=0(j=1,2,\cdots,n)$,故 $X$ 是自由的.　□

**注**　若 $X=\{x_1,x_2,\cdots,x_i\}$是有限生成集$(x_i\neq x_j$,对 $i\neq j)$,则我们有:$X$ 是基$\Leftrightarrow$对每个 $m\in M$,在表示式

$$m = \sum_{j=1}^{i} x_j r_j$$

中,系数 $r_j \in R$ 是由 $m$ 唯一确定的.

应当指出的是,这些有关唯一性的命题,对于无穷基是没有意义的.

**例** (1) 每个模 $M$ 本身就是一个生成集.

(2) 每个环 $R$,单元集$\{1\}$是模 $R_R$(及${}_R R$)的一基.

(3) 模 $\mathbf{Q}_\mathbf{Z}$ 没有基. 这可由下列命题看出.

**命题 1.3.7** 若 $X$ 是模 $\mathbf{Q}_\mathbf{Z}$ 的生成集,则从 $X$ 中删去任意一个有限子集后仍然是模 $\mathbf{Q}_\mathbf{Z}$ 的生成集.

**证** 只需证明从 $X$ 中删去任一元素 $x_0$ 后仍是生成集.

因 $X$ 是模 $\mathbf{Q}_\mathbf{Z}$ 的生成集,故元素 $x_0/2 \in \mathbf{Q}$ 可表作

$$x_0/2 = x_0 z_0 + \sum_{x_i \neq x_0} x_i z_i, \quad x_i \in X, z_i \in \mathbf{Z},$$

这里 $\sum\limits_{x_i \neq x_0}$ 是指有限和.

于是
$$x_0 = x_0 2 z_0 + \sum_{x_i \neq x_0} x_i 2 z_i \Rightarrow x_0 n = \sum_{x_i \neq x_0} x_i 2 z_i,$$

此处 $0 \neq n = 1 - 2z_0 \in \mathbf{Z}$. 同样,因为 $x_0/n \in \mathbf{Q}$ 可表作

$$x_0/n = x_0 z'_0 + \sum_{x_j \neq x_0} x_j z'_j, \quad x_j \in X, z'_j \in \mathbf{Z},$$

于是

$$\begin{aligned} x_0 &= x_0 n z'_0 + \sum_{x_j \neq x_0} x_j n z'_j \\ &= \sum_{x_i \neq x_0} x_i 2 z_i z'_0 + \sum_{x_j \neq x_0} x_j n z'_j \\ &= \sum_{x_k \neq x_0} x_k z''_k, \quad x_k \in X, z''_k \in \mathbf{Z}. \end{aligned}$$

因此,$x_0$ 属于由 $X \backslash \{x_0\}$生成的子模,从而 $X \backslash \{x_0\}$也是 $\mathbf{Q}_\mathbf{Z}$ 的生成集. □

由此推知,模 $\mathbf{Q}_\mathbf{Z}$ 不是有限生成的. 因若不然,模 $\mathbf{Q}_\mathbf{Z}$ 也可由空集生成,故 $\mathbf{Q}_\mathbf{Z} = 0$,这是不可能的.

模 $\mathbf{Q}_\mathbf{Z}$ 也没有极大子模. 因若不然,假设 $A$ 是 $\mathbf{Q}_\mathbf{Z}$ 的极大子模,则存在 $q \in \mathbf{Q}$ 使得 $q \overline{\in} A$. 由引理 1.2.2 知

$$q\mathbf{Z} + A := \{qz + a \mid z \in \mathbf{Z} \wedge a \in A\}$$

是 $\mathbf{Q}_\mathbf{Z}$ 的子模. 由于极大子模 $A$ 是 $q\mathbf{Z} + A$ 的真子模,故 $q\mathbf{Z} + A = \mathbf{Q}$,于是 $A \cup \{q\}$,从而(由命题 1.3.7)$A$ 自身是 $\mathbf{Q}_\mathbf{Z}$ 的一生成集,亦即 $A = \mathbf{Q}$,这与 $A$ 是 $\mathbf{Q}_\mathbf{Z}$ 的极大子模的假设矛盾.

前已证明，模 $\mathbf{Q_Z}$ 没有极小（亦即单）子模，显然，模 $\mathbf{Q_Z}$ 也没有基. 因为基必然是生成集，而由基中删去任一元素后，其余元素已不再是生成集. 事实上，在基中任一元素均不可能是其余元素的线性组合.

作为一种证明工具，本书将不排斥引用选择公理及其等价命题佐恩引理.

**命题 1.3.8** 除环上每一向量空间都有基.

**证** 令 $V_k$ 是除环 $K$ 上任一向量空间. 令 $\Phi$ 表示 $V_K$ 的一切自由子集的集族. 由于空集是自由的，故 $\varnothing\in\Phi$. 以包含关系作序，显然 $\Phi$ 是一个有序集而且是归纳的，亦即 $\Phi$ 中每个全序子集 $\Gamma$ 在 $\Phi$ 中有上界. 事实上，若 $\Gamma=\varnothing$，则 $\Phi$ 中每个元素都是 $\Gamma$ 的上界. 若 $\Gamma\neq\varnothing$，不妨设 $\Gamma=\{B_j\mid j\in J\}$，则可以证明：$B=\bigcup\limits_{j\in J}B_j$ 是自由的，从而是 $\Gamma$ 在 $\Phi$ 中的一个上界. 为此，令 $b_1,b_2,\cdots,b_n$ 是 $B$ 的任一组互异元素，由于 $\Gamma$ 是全序的，故存在 $B_j\in\Gamma$，使 $b_1,b_2,\cdots,b_n\in B_j$，又因为 $B_j$ 是自由的，故其子集 $\{b_1,b_2,\cdots,b_n\}$ 也是自由的，亦即 $B$ 是自由的.

由佐恩引理，在 $\Phi$ 中存在一极大元 $Y$. 我们证明，这个极大自由子集 $Y$ 就是 $V_K$ 的一个基. 为此只需证明 $Y$ 是 $V_K$ 的生成集，亦即 $|Y)=V$ 即可. 若 $V=0$，则 $Y=\varnothing$，从而 $|Y)=V$. 若 $V\neq0$，则 $Y\neq\varnothing$，故 $\forall\, v\in V\backslash Y$，根据 $Y$ 的极大性，$Y\cup\{v\}$ 不再是自由的. 故存在互异元素 $y_1,y_2,\cdots,y_n\in Y$ 以及不全是零的元素 $k,k_1,k_2,\cdots,k_n\in K$，使得

$$vk+\sum_{j=1}^{n}y_jk_j=0\,.$$

显然，因为 $\{y_1,y_2,\cdots,y_n\}$ 是 $Y$ 的子集，故它是自由的，所以 $k\neq0$，从而

$$v=vkk^{-1}=\sum_{j=1}^{n}y_j(-k_jk^{-1})\in|\,Y)\,.$$

所以 $V=|Y)$. □

**命题 1.3.9** 令 $\Lambda=\{A_i\mid i\in I\}$ 是子模 $A_i\hookrightarrow M_R$ 的集族，则

$$|\bigcup_{i\in I}A_i)=\begin{cases}\left\{\sum\limits_{i\in I'}a_i\mid a_i\in A_i\wedge I'\subset I\wedge I'\text{ 有限}\right\}, & \text{当 }\Lambda\neq\varnothing;\\ 0, & \text{当 }\Lambda=\varnothing.\end{cases}$$

**证** 在 $\Lambda\neq\varnothing$ 亦即 $I\neq\varnothing$ 的情况，由定义，$\left|\bigcup\limits_{i\in I}A_i\right)$ 是一切有限和

$$\sum_{j=1}^{n}a_jr_j,\quad a_j\in\bigcup_{i\in I}A_j,\quad n\in\mathbf{N}$$

的集合. 在有限和中，把那些属于 $A_i$ 的加项 $a_jr_j$ 集中加在一起并记作 $a_i'$，则

$$\left|\bigcup_{i\in I}A_i\right)\hookrightarrow\left\{\sum_{i\in I'}a_i'\mid a_i'\in A_i\wedge I\supset I'\text{ 是有限子集}\right\}.$$

至于逆向包含则是明显的. □

**定义 1.3.10** 令 $\Lambda=\{A_i \mid i\in I\}$ 是子模 $A_i \hookrightarrow M$ 的集族,则 $\sum_{i\in I} A_i := \left\langle \bigcup_{i\in I} A_i \right\rangle$ 称作子模$\{A_i \mid i\in I\}$之和.

若 $\Lambda=\{A_1,A_2,\cdots,A_n\}$,则 $\sum_{j=1}^{n} A_j$ 的每个元素均可写成

$$\sum_{j=1}^{n} a_j,\quad a_j\in A_j$$

的形式,其中在和式中实际不出现的项 $a_j$ 以 $a_j=0$ 补上. 应当强调指出的是,这个有限和 $\sum_{j=1}^{n} a_j$ 的表达式未必是唯一的.

**引理 1.3.11** 令 $A\subsetneqq M$,则下列命题等价:

(1) $A$ 是 $M$ 的一个极大子模;

(2) $\forall\, m\in M[m\overline{\in} A\Rightarrow M=mR+A]$.

**证** (1)⇒(2):令 $m\overline{\in} A$,则 $A\subsetneqq mR+A$,从而(2)成立.

(2)⇒(1):令 $A\subsetneqq B\hookrightarrow M$,且令 $m\in B$ 但 $m\overline{\in} A$,则

$$M=mR+A\hookrightarrow B+A\hookrightarrow B\hookrightarrow M,$$

从而 $B=M$,(1)成立. □

前面我们已知,模 $\mathbf{Q}_{\mathbf{Z}}$ 既没有极大子模也不是有限生成的. 下面的定理揭示了两者之间的关系.

**命题 1.3.12** 若模 $M_R$ 是有限生成的,则 $M$ 的每个真子模都含在 $M$ 的一极大子模中.

**证** 令$\{m_1,m_2,\cdots,m_t\}$是模 $M$ 的生成集且 $A\subsetneqq M$,则含 $A$ 的子模族 $\Phi=\{B\mid A\hookrightarrow B\subsetneqq M\}$非空,因为 $A\in\Phi$. 易见 $\Phi$ 在包含关系下是有序集. 为了能应用佐恩引理,必须证明,每个全序子集 $\Gamma\subset\Phi$ 在 $\Phi$ 中有上界. 事实上,令 $C:=\bigcup_{B\in\Gamma} B$,显然 $A\hookrightarrow C$. 如果 $C=M$,则$\{m_1,m_2,\cdots,m_t\}\subset C$,从而必定存在 $B\in\Gamma$,使得$\{m_1,m_2,\cdots,m_t\}\subset B$,这便得出 $B=M$ 的矛盾,所以 $A\hookrightarrow C\subsetneqq M$,即 $C\in\Phi$,且 $C$ 显然是 $\Gamma$ 的上界. 按照佐恩引理,存在一极大元 $D\in\Phi$,并且 $D$ 就是 $M_R$ 的一极大子模. 事实上,若 $D\hookrightarrow L\subsetneqq M_R$,则推出 $L\in\Phi$. 由于 $D$ 在 $\Phi$ 中极大,推出 $D=L$. □

**推论 1.3.13** 每个有限生成模 $M\neq 0$ 都有极大子模.

**证** 只需在上题的证明中取 $A=0$ 即可. □

为了有可能使有限生成概念具有"对偶性",首先给出它的一个等价的重述.

**定理 1.3.14**　模 $M_R$ 是有限生成的当且仅当在使得

$$\sum_{i\in I}A_i = M$$

的每一族子模 $\{A_i \mid i\in I, A_i \hookrightarrow M\}$ 中，存在有限子集 $\{A_i \mid i\in I_0\}$（亦即 $I_0\subset I$ 且 $I_0$ 有限），使得

$$\sum_{i\in I_0}A_i = M.$$

**证**　令 $M$ 是有限生成的，亦即 $M=m_1R+m_2R+\cdots+m_tR$. 因为 $\sum_{i\in I}A_i = M$，故每个 $m_j$ 都是那些 $A_i$ 的元素的一个有限和，所以存在一有限子集 $I_0\subset I$，使得

$$m_1, m_2, \cdots, m_t \in \sum_{i\in I_0}A_i.$$

从而推出

$$M = m_1R + m_2R + \cdots + m_tR \hookrightarrow \sum_{i\in I_0}A_i \hookrightarrow M.$$

故断语成立.

为了证明其逆，我们考察子模集 $\{mR \mid m\in M\}$. 显然 $\sum_{m\in M}mR = M$，故存在它的一有限子集 $\{m_1R, \cdots, m_tR\}$，使

$$m_1R+m_2R+\cdots+m_tR=M,$$

亦即 $M$ 是有限生成的. □

现在我们能够陈述其对偶概念了.

**定义 1.3.15**　模 $M_R$ 说是有限余生成的 :⇔ 在使得 $\bigcap_{i\in I}A_i=0$ 的每一族子模 $\{A_i \mid i\in I, A_i \hookrightarrow M\}$ 中，存在有限子集 $\{A_i \mid i\in I_0\}$（亦即 $I_0\subset I$ 且 $I_0$ 有限）使得 $\bigcap_{i\in I_0}A_i=0$.

**例**　(1) 模 $\mathbf{Z}_\mathbf{Z}$ 不是有限余生成的. 因为 $\bigcap_{p\text{是素数}}p\mathbf{Z}=0$，但对任意有限多个素数 $p_1, p_2, \cdots, p_n$，$\bigcap_{i=1}^{n}p_i\mathbf{Z}=p_1\cdots p_n\mathbf{Z}\neq 0$.

(2) 域 $K$ 上向量空间 $V_K$ 是有限余生成的当且仅当 $V_K$ 是有限生成的. 证明留作练习.

如同向量空间的情形那样，对于任意环上的模，模律也成立.

**引理 1.3.16**（模律）　若 $A, B\hookrightarrow M$ 且 $B\hookrightarrow C\hookrightarrow M$，则

$$C\cap(A+B) = (C\cap A)+B.$$

**证**　令 $c=a+b\in C\cap(A+B)$，此处 $a\in A, b\in B, c\in C$，则 $a=c-b\in A\cap C$. 于是 $c=a+b\in(A\cap C)+B$，亦即

$$C\cap(A+B)\smile(C\cap A)+B.$$

反之,令 $e=d+b\in(C\cap A)+B$,此处 $d\in C\cap A,b\in B$,则因 $B\smile C$ 推知 $e=d+b\in C\cap(A+B)$,亦即

$$(C\cap A)+B\smile C\cap(A+B).\quad\square$$

若删去 $B\smile C$ 这一假定,则关系式

$$(A\cap C)+(B\cap C)\smile(A+B)\cap C$$

虽亦成立,但逆向包含,除非在分配格中,一般不再成立.

# §1.4 内 直 和

**定义 1.4.1** $M$ 称作其子模族 $\{B_i\mid i\in I\}$ 的内直和,且记作

$$M=\bigoplus_{i\in I}B_i:\Leftrightarrow\begin{cases}(1)M=\sum\limits_{i\in I}B_i\ \wedge,\\(2)\ \forall j\in I[B_j\cap\sum\limits_{\substack{i\in I\\ i\neq j}}B_i=0].\end{cases}$$

$M=\bigoplus\limits_{i\in I}B_i$ 也称作子模族 $\{B_i\mid i\in I\}$ 的直和分解. 当指标集 $I=\{1,2,\cdots,n\}$ 为有限集时,常将 $\bigoplus\limits_{i\in I}B_i$ 记作 $B_1\oplus B_2\oplus\cdots\oplus B_n$.

**引理 1.4.2** 令 $\{B_i\mid i\in I\}$ 是 $M$ 的子模族且 $M=\sum\limits_{i\in I}B_i$,则定义 1.4.1 中的条件(2)等价于:

$\forall x\in M$ 及任意有限集 $I'\subset I$,表示式

$$x=\sum_{i\in I'}b_i=\sum_{i\in I'}c_i,\quad b_i,c_i\in B_i$$
$$\Rightarrow\forall i\in I'[b_i=c_i].$$

**证** $\Rightarrow$:令(2)成立且 $x=\sum\limits_{i\in I'}b_i=\sum\limits_{i\in I'}c_i$,则推知

$$\forall j\in I'[b_j-c_j=\sum_{\substack{i\in I'\\ i\neq j}}(c_i-b_i)\in B_j\cap\sum_{\substack{i\in I'\\ i\neq j}}B_i=0],$$

亦即 $\forall j\in I'[b_j=c_j]$.

$\Leftarrow$:令 $b\in B_j\cap\sum\limits_{\substack{i\in I'\\ i\neq j}}B_i$,则 $b=b_j\in B_j$,且存在有限子集 $I'\subset I$,使 $j\overline{\in}I'$,并且 $b=b_j=\sum\limits_{i\in I'}b_i,b_i\in B_i$. 如果上式左、右两端视为具有相同指标集 $I'\cup\{j\}$

的和，对添加项$\forall i\in I'$，$0\in B_i$ 及 $0\in B_j$，则由 $b$ 的表示式的唯一性推知 $b=b_j=0$. 亦即(2)成立. □

**定义 1.4.3**　(1) 子模 $B\hookrightarrow M$ 称作模 $M$ 的直和项$\Leftrightarrow\exists C\hookrightarrow M[M=B\oplus C]$.

(2) 模 $M\neq 0$ 称作直不可分的$\Leftrightarrow$0 及 $M$ 是其仅有的两个直和项.

**例**　(1)令 $V_K$ 是 $K$ 上向量空间且$\{x_i\mid i\in I\}$是 $V_K$ 的基，则 $V_K=\bigoplus_{i\in I}x_iK$. 此外，$V_K$ 的每一子空间都是 $V_K$ 的直和项. 稍后，我们将在更一般的场合予以证明.

(2) 在模 $\mathbf{Z}_\mathbf{Z}$ 中，循环子模 $n\mathbf{Z}$($\forall n\neq 0,\pm 1$)都不是直和项.

因若 $\mathbf{Z}=n\mathbf{Z}\oplus m\mathbf{Z}$，则 $n\cdot m\in n\mathbf{Z}\cap m\mathbf{Z}=0$，从而 $m=0$，故 $\mathbf{Z}=n\mathbf{Z}$，亦即 $n=\pm 1$. 这与 $n\neq 0,\pm 1$ 的前提矛盾. 显然，模 $\mathbf{Z}_\mathbf{Z}$ 是直不可分的.

(3) 每个单模 $M$ 都是直不可分的. 因为 0 及 $M$ 是其仅有的子模.

(4) 每个这样的模 $M$ 都是直不可分的，若 $M$ 具有一最大真子模或者在其一切非零子模族中具最小子模.

证明留给读者.

# §1.5　商　　模

商模的定义照搬向量空间的商空间，因为后者定义中仅用到了线性性质.

令 $C\hookrightarrow M_R$. 特别 $C$ 是加法群 $M$ 的一子群，显然，商群 $M/C=\{m+C\mid m\in M\}$的加法定义是

$$(m_1+C)+(m_2+C):=(m_1+m_2)+C.$$

现在，我们可以在商群 $M/C$ 上定义模乘法使得 $M/C$ 变成一个右 $R$-模，称作 $M$ 模 $C$ 的商模或剩余类模.

**定义 1.5.1**　$(m+C)r:=mr+C,\quad\forall m\in M,r\in R.$

为了证明 $M/C$ 事实上是一右 $R$-模，只需证明由$(m+C,r)\mapsto mr+C$ 所确定的 $M/C\times R\to M/C$ 是一映射就可以了. 因为其他的模性质不难从模 $M_R$ 的相应性质推得.

令 $m_1+C=m_2+C$，则$\exists c\in C$，使得 $m_1=m_2+c$，从而$\forall r\in R$，

$$m_1r+C=(m_2+c)r+C=m_2r+C.$$

左模及双模的商模的定义可类似地给出.

**例** (1) 向量空间的商空间是熟知的商模.

(2) $\mathbf{Z}/n\mathbf{Z}=\begin{cases} p\text{ 元域}, & \text{当 } n=p \text{ 为素数};\\ \text{具零因子的环}, & \text{当 } n\neq\text{素数}\wedge n\neq\pm1,0;\\ 0, & \text{当 } n=\pm1;\\ \mathbf{Z}(\text{在同构意义上}), & \text{当 } n=0. \end{cases}$

(3) $K[x]$是域 $K$ 上不定元 $x$ 的多项式环,$f(x)$在 $K$ 上不可约,则 $K[x]/f(x)K[x]$是 $K$ 的一个有限维扩域.

## 练　　习

1. 证明:在模的定义中,加法的可换性可由其他条件推出.

2. 令$\{A_i\,|\,i\in I\}$是模 $M_R$ 的一族子模,且 $B\hookrightarrow M$. 证明:

(1) $\sum\limits_{i\in I}(A_i\cap B)\hookrightarrow(\sum\limits_{i\in I}A_i)\cap B$.

(2) $(\bigcap\limits_{i\in I}A_i)+B\hookrightarrow\bigcap\limits_{i\in I}(A_i+B)$.

(3) 给出实例,使 $\sum\limits_{i\in I}(A_i\cap B)\neq(\sum\limits_{i\in I}A_i)\cap B$.

(4) 给出实例,使$(\bigcap\limits_{i\in I}A_i)+B\neq\bigcap\limits_{i\in I}(A_i+B)$.

3. 环 $R$ 称作是(在 Von Neumann 意义上)正则的:$\Leftrightarrow\forall r\in R,\exists r'\in R$ 使 $rr'r=r$. 证明下列命题等价:

(1) $R$ 是正则的;

(2) $R$ 的每个有限生成右理想是模 $R_R$ 的直和项;

(3) $R$ 的每个有限生成左理想是模${}_RR$ 的直和项.

4. 令$\{B_i\,|\,i\in\mathbf{N}\}$是模 $M_R$ 的一族子模且 $M=\sum\limits_{i\in I}B_i$. 证明下列条件等价:

(1) $M=\bigoplus\limits_{i\in I}B_i$;

(2) $\forall j\in\mathbf{N},\ B_j\cap\sum\limits_{i\neq j}B_i=0$.

5. 设 $M_R\neq0$,且 $N\hookrightarrow M$ 而 $x\in M\backslash N$. 证明:

(1) 存在一子模 $K$ 且 $K$ 在 $N\hookrightarrow K$ 及 $x\,\overline{\in}\,K$ 的意义下是极大的.

(2) 若 $M=xR+N$,则 $M$ 有极大子模 $K$,使得 $N\hookrightarrow K$ 并且 $x\,\overline{\in}\,K$.

6. 给出一个具体的模的实例,使得其极大无关子集并非生成集.

7. 令 $M=xR$ 是一循环模. 证明:$R/\mathrm{Ann}_R(x)\cong M_R$. 此处 $\mathrm{Ann}_R(x)=\{\lambda\in R\,|\,x\lambda=0\}$是 $x$ 的零化子.

# 第二章　模　同　态

## §2.1　定义与初等性质

模的保结构映射称作同态. 向量空间的线性映射是其特款.

**定义 2.1.1**　设 $A,B$ 分别是两个右 $R$-模或左 $S$-模或 $S$-$R$-双模. 所谓 $A$ 到 $B$ 的一个同态 $\alpha$，是指满足以下三个条件之一的映射 $\alpha:A\to B$：

(1) $\forall a_1,a_2\in A,\forall r_1,r_2\in R$，有

$$\alpha(a_1r_1+a_2r_2)=\alpha(a_1)r_1+\alpha(a_2)r_2.$$

(2) $\forall a_1,a_2\in A,\forall s_1,s_2\in S$，有

$$\alpha(s_1a_1+s_2a_2)=s_1\alpha(a_1)+s_2\alpha(a_2).$$

(3) $\forall a_1,a_2\in A,\forall s_1,s_2\in S,\forall r_1,r_2\in R$，有

$$\alpha(s_1a_1r_1+s_2a_2r_2)=s_1\alpha(a_1)r_1+s_2\alpha(a_2)r_2.$$

记号 $\alpha:A_R\to B_R$ 表示 $\alpha$ 是右 $R$-模 $A$ 到右 $R$-模 $B$ 的一个同态，其他情况类似. 为了强调基环及模乘法，有时也称 $\alpha$ 是 $R$-模同态或右模同态，关于 $a\in A$ 在同态 $\alpha$ 下的像 $\alpha(a)$ 常简记作 $\alpha a$，并在 $\alpha:{}_SA\to{}_SB$ 的场合就简记作 $a\alpha$.

如无特别说明，模同态的记号总是写在基环算子的反面. 一般地，对映射 $\alpha:A\to B$，我们对于元素相应地记作 $a\mapsto\alpha(a)$，下面的记号

$$\alpha:A\ni a\mapsto\alpha(a)\in B$$

把 $\alpha:A\to B$ 及 $a\mapsto\alpha(a)$ 两者联结起来了. 按照惯例，对于映射 $\alpha:A\to B$，记号

$\alpha$ 的定义域 $\mathrm{Dom}\alpha:=A$，

$\alpha$ 的值域 $\mathrm{Cod}\alpha:=B$，

$\alpha$ 的像 $\mathrm{Im}\alpha:=\{\alpha(a)\mid a\in A\}$.

于是

$\alpha$ 是单射(亦即 1-1 的)$:\Leftrightarrow\forall a_1,a_2\in A[\alpha(a_1)=\alpha(a_2)\Rightarrow a_1=a_2]$，

$\alpha$ 是满射(亦即到上的):$\Leftrightarrow \text{Im}\alpha = \text{Cod}\alpha$.

$\alpha$ 是双射:$\Leftrightarrow \alpha$ 是单射且是满射.

**例** (1)$A$ 到 $B$ 的 0-同态 $0: A \ni a \mapsto 0 \in B$.

(2) 恒等单射,即子模 $A \hookrightarrow B$ 的包含映射

$$\iota: A \ni a \mapsto a \in B.$$

(3) 模 $A$ 到其商模 $A/C$ 上的自然(典范)同态

$$v: A \ni a \mapsto a + C \in A/C, \text{此处 } C \hookrightarrow A.$$

上述三种同态在下面常常被援引,我们总是采用上面特选的记号表之. 对于模 $A$ 的恒等映射,它是包含的特款,我们写作 $1_A$.

若 $\alpha$ 及 $\beta$ 是两个同态,使得 $\text{Cod}\alpha = \text{Dom}\beta$,则这两映射的合成记作 $\beta\alpha$ 是 $\text{Dom}\alpha$ 到 $\text{Cod}\beta$ 的映射,其满足对任意 $a \in A$,

$$(\beta\alpha)a = \beta(\alpha a).$$

不难看出,映射 $\alpha: A \to B$ 是双射,若存在(唯一确定的)逆映射 $\alpha^{-1}: B \to A$ 使得 $\alpha^{-1}\alpha = 1_A$ 及 $\alpha\alpha^{-1} = 1_B$. 如果 $\alpha$ 是双射同态,则 $\alpha^{-1}$ 也是同态. 事实上,令 $b_1 = \alpha(a_1)$,$b_2 = \alpha(a_2)$ 是 $B$ 中任二元素,而 $r_1, r_2 \in R$,则有

$$\begin{aligned}\alpha^{-1}(b_1 r_1 + b_2 r_2) &= \alpha^{-1}[\alpha(a_1) r_1 + \alpha(a_2) r_2] \\ &= \alpha^{-1}[\alpha(a_1 r_1 + a_2 r_2)] \\ &= a_1 r_1 + a_2 r_2 = \alpha^{-1}(b_1) r_1 + \alpha^{-1}(b_2) r_2.\end{aligned}$$

在下面,$\alpha: A \to B$ 总表示一同态,对 $U \subset A$,$V \subset B$,我们定义:

$$\alpha(U) = \{\alpha(u) \mid u \in U\},$$

$$\alpha^{-1}(V) = \{a \mid a \in A \wedge \alpha(a) \in V\}.$$

注意,此处 $\alpha^{-1}$ 自身一般是没有意义的,除非 $\alpha$ 是双射.

**引理 2.1.2** (1) $U \hookrightarrow A \Rightarrow \alpha(U) \hookrightarrow B$; (2) $V \subset B \Rightarrow \alpha^{-1}(V) \hookrightarrow A$.

**证** (1) 令 $u_1, u_2 \in U$,则 $\alpha(u_1), \alpha(u_2) \in \alpha(U)$,且 $\forall r_1, r_2 \in R$,

$$\alpha(u_1) r_1 + \alpha(u_2) r_2 = \alpha(u_1 r_1 + u_2 r_2) \in \alpha(U),$$

这是由于 $u_1 r_1 + u_2 r_2 \in U$.

(2) 令 $a_1, a_2 \in \alpha^{-1}(V)$,于是 $\alpha(a_i) \in V$ 且 $\forall r_i \in R, i = 1, 2$,

$$\begin{aligned}&\alpha(a_1 r_1 + a_2 r_2) = \alpha(a_1) r_1 + \alpha(a_2) r_2 \in V \\ &\Rightarrow a_1 r_1 + a_2 r_2 \in \alpha^{-1}(V). \quad \square\end{aligned}$$

**定义 2.1.3** (1) $\alpha$ 的核 $\text{Ker}\alpha := \alpha^{-1}(0)$.

(2) $\alpha$ 的像 $\text{Im}\alpha := \alpha(A)$.

(3) $\alpha$ 的余核 $\text{Coker}\alpha := \text{Cod}\alpha / \text{Im}\alpha = B/\alpha(A)$.

(4) $\alpha$ 的余像 $\text{Coim}\alpha := \text{Dom}\alpha / \text{Ker}\alpha = A/\alpha^{-1}(0)$.

由引理 2.1.2 知 $\mathrm{Ker}\alpha$ 及 $\mathrm{Im}\alpha$ 分别是 $A$ 及 $B$ 的子模，故余核与余像都是有意义的.

记 $M_R$ 是一切右 $R$-模（自然是幺模）所成的类（实际是右 $R$-幺模范畴）. 记 $\mathrm{Hom}_R(A,B)$ 为一切 $R$-同态 : $A_R \to B_R$ 集合. 我们仅从同态合成的角度而不是从像的角度来刻画同态.

**定义 2.1.4**　$\alpha \in \mathrm{Hom}_R(A,B)$ 称作单的 :$\Leftrightarrow$

$$\forall C \in M_R \wedge \forall \gamma_1, \gamma_2 \in \mathrm{Hom}_R(C,A)[\alpha\gamma_1 = \alpha\gamma_2 \Rightarrow \gamma_1 = \gamma_2].$$

$\alpha \in \mathrm{Hom}_R(A,B)$ 称作满的 :$\Leftrightarrow$

$$\forall C \in M_R \wedge \forall \beta_1, \beta_2 \in \mathrm{Hom}_R(B,C)[\beta_1\alpha = \beta_2\alpha \Rightarrow \beta_1 = \beta_2].$$

$\alpha \in \mathrm{Hom}_R(A,B)$ 称作双的 :$\Leftrightarrow \alpha$ 既是单的又是满的.

$\alpha \in \mathrm{Hom}_R(A,B)$ 称作同构 :$\Leftrightarrow \exists \alpha' \in \mathrm{Hom}_R(B,A)[\alpha'\alpha = 1_A \wedge \alpha\alpha' = 1_B]$.

**定理 2.1.5**　令 $\alpha : A \to B$ 是一同态，则我们有

(1) $\alpha$ 是单射 $\Leftrightarrow \alpha$ 是单同态.

(2) $\alpha$ 是满射 $\Leftrightarrow \alpha$ 是满同态.

(3) $\alpha$ 是双射 $\Leftrightarrow \alpha$ 是双同态 $\Leftrightarrow \alpha$ 是同构.

**证**　(1) $\Rightarrow$ : 令 $\alpha\gamma_1 = \alpha\gamma_2$，其中 $\gamma_1, \gamma_2 \in \mathrm{Hom}(C,A)$. 假若 $\gamma_1 \neq \gamma_2$，则 $\exists c \in C[\gamma_1(c) \neq \gamma_2(c)]$，从而 $\alpha\gamma_1(c) \neq \alpha\gamma_2(c)$，即 $\alpha\gamma_1 \neq \alpha\gamma_2$，矛盾. 故必须 $\gamma_1 = \gamma_2$.

$\Leftarrow$ : 令 $\alpha(a_1) = \alpha(a_2)$，则 $\alpha(a_1) - \alpha(a_2) = \alpha(a_1 - a_2) = 0$. 又令

$$\gamma_1 = \iota : (a_1 - a_2)R \ni (a_1 - a_2)r \mapsto (a_1 - a_2)r \in A,$$

$$\gamma_2 = 0 : (a_1 - a_2)R \ni (a_1 - a_2)r \mapsto 0 \in A,$$

则

$$\gamma_1, \gamma_2 \in \mathrm{Hom}_R((a_1 - a_2)R, A),$$

且

$$\alpha(\gamma_1((a_1 - a_2)r)) = \alpha((a_1 - a_2)r) = \alpha(a_1 - a_2)r = 0,$$

$$\alpha(\gamma_2((a_1 - a_2)r)) = \alpha(0) = 0,$$

亦即 $\alpha\gamma_2 = \alpha\gamma_1$. 由假设推知

$$\gamma_1 = \gamma_2 \Rightarrow \gamma_1(a_1 - a_2) = a_1 - a_2 = \gamma_2(a_1 - a_2) = 0 \Rightarrow a_1 = a_2.$$

(2) $\Rightarrow$ : 令 $\beta_1\alpha = \beta_2\alpha$，其中 $\beta_1, \beta_2 \in \mathrm{Hom}_R(B,C)$. 假若 $\beta_1 \neq \beta_2$，则 $\exists b \in B[\beta_1(b) \neq \beta_2(b)]$. 又因 $\exists a \in A$ 使 $\alpha(a) = b$，故

$$\beta_1\alpha(a) = \beta_1(b) \neq \beta_2(b) = \beta_2\alpha(a) \Rightarrow \beta_1\alpha \neq \beta_2\alpha.$$

$\Leftarrow$ : 令 $\beta_1 = v : B \to B/\mathrm{Im}\alpha$ 是自然同态，

$\beta_2 = 0 : B \to B/\mathrm{Im}\alpha$ 是零同态，

则 $\beta_1, \beta_2 \in \mathrm{Hom}_R(B, B/\mathrm{Im}\alpha)$ 且显然 $\beta_1\alpha = \beta_2\alpha = 0$. 而由题设 $\beta_1 = \beta_2$，亦即 $B = \mathrm{Im}\alpha$，从而 $\alpha$ 是满射.

(3) 双射同态 $\Leftrightarrow$ 双同态. 这从(1)及(2)推知. 此外，显然每个双同态都是

同构.这是由于前已证明:若 $\alpha$ 是双射同态,则 $\alpha^{-1}$ 也是模同态.

反之,若 $\alpha$ 是同构,则从 $\alpha'\alpha=1_A$ 推知,$\alpha$ 是单射.又从 $\alpha'\alpha=1_B$ 推知,$\alpha$ 是满射(显然,$\alpha^{-1}=\alpha'$). □

**引理 2.1.6** 令 $\alpha:A\to B$ 及 $\beta:B\to C$ 是同态,则

(1) $\alpha,\beta$ 都是单同态$\Rightarrow\beta\alpha$ 是单同态,

$\alpha,\beta$ 都是满同态$\Rightarrow\beta\alpha$ 是满同态;

(2) $\beta\alpha$ 是单同态$\Rightarrow\alpha$ 是单同态,

$\beta\alpha$ 是满同态$\Rightarrow\beta$ 是满同态.

**证** (1) 令 $\gamma_1,\gamma_2\in\mathrm{Hom}_R(M,A)$.由于 $\beta$ 及 $\alpha$ 都是单同态,于是我们有

$$\beta\alpha\gamma_1=\beta\alpha\gamma_2\Rightarrow\alpha\gamma_1=\alpha\gamma_2\Rightarrow\gamma_1=\gamma_2,$$

所以 $\beta\alpha$ 是单同态.对于满同态类似地推证.

(2) 再令 $\gamma_1,\gamma_2\in\mathrm{Hom}_R(M,A)$.由于 $\beta\alpha$ 是单同态,于是我们有

$$\alpha\gamma_1=\alpha\gamma_2\Rightarrow\beta\alpha\gamma_1=\beta\alpha\gamma_2\Rightarrow\gamma_1=\gamma_2,$$

故 $\alpha$ 是单同态.对于满同态的情形,类似地推证. □

**定义 2.1.7** 两个模 $A_R,B_R$ 称作同构,记作 $A_R\cong B_R:\Leftrightarrow$存在一个同构映射 $\alpha:A_R\to B_R$.

**注** $\cong$是一切右 $R$-模的类 $M_R$ 的等价关系.

**引理 2.1.8** 令 $\alpha:A\to B$ 是一同态,则

(1) $\alpha$ 是单同态$\Leftrightarrow\mathrm{Ker}\alpha=0$.

(2) $U\hookrightarrow A\Rightarrow\alpha^{-1}(\alpha(U))=U+\mathrm{Ker}\alpha$.

(3) $V\hookrightarrow B\Rightarrow\alpha(\alpha^{-1}(V))=V\cap\mathrm{Im}\alpha$.

(4) 若 $\beta:B\to C$ 也是一同态,则

$$\mathrm{Ker}\alpha\hookrightarrow\mathrm{Ker}(\beta\alpha)=\alpha^{-1}(\mathrm{Ker}\beta)$$

且

$$\mathrm{Im}(\beta\alpha)=\beta(\mathrm{Im}\alpha)\hookrightarrow\mathrm{Im}\beta.$$

**证** (1) $\Rightarrow$:$\alpha$ 是单同态$\Rightarrow\alpha$ 是单射$\Rightarrow\mathrm{Ker}\alpha=0$.

$\Leftarrow$:$\alpha(a_1)=\alpha(a_2)$,于是 $\alpha(a_1-a_2)=0\Rightarrow(a_1-a_2)\in\mathrm{Ker}(\alpha)=0\Rightarrow a_1=a_2$,故 $\alpha$ 是单射,从而 $\alpha$ 是单同态.

(2) $\alpha^{-1}(\alpha(U))\hookrightarrow U+\mathrm{Ker}\alpha$:令 $a\in\alpha^{-1}(\alpha(U))$,则 $\alpha(a)\in\alpha(U)$,从而 $\exists u\in U[\alpha(a)=\alpha(u)]$,所以

$$\alpha(a-u)=0\Rightarrow(a-u)\in\mathrm{Ker}\alpha\Rightarrow a\in U+\mathrm{Ker}\alpha.$$

$U+\mathrm{Ker}\alpha\hookrightarrow\alpha^{-1}(\alpha(U))$:令 $u\in U$ 且 $k\in\mathrm{Ker}\alpha$,则

$$\alpha(u+k)=\alpha(u)+\alpha(k)=\alpha(u)+0=\alpha(u)\in\alpha(U),$$

故 $u+k\in\alpha^{-1}(\alpha(U))$.

(3) 留作练习.

(4) $a\in \mathrm{Ker}(\beta\alpha)\Leftrightarrow\beta\alpha(a)=0\Leftrightarrow\alpha(a)\in \mathrm{Ker}\beta\Leftrightarrow a\in\alpha^{-1}(\mathrm{Ker}\beta)$.
另一方面,$\mathrm{Im}(\beta\alpha)=\beta\alpha(A)=\beta(\alpha(A))=\beta(\mathrm{Im}\alpha)$. □

令 $U\hookrightarrow A$ 且令 $\alpha:A\to B$ 是一单同态,于是,从上面的引理直接推知,$U=\alpha^{-1}(\alpha(U))$. 亦即,$A$ 的每个子模 $U$ 都可以表作 $\alpha^{-1}(V)$ 的形式,其中 $V=\alpha(U)\hookrightarrow B$.

令 $V\hookrightarrow B$ 且令 $\alpha:A\to B$ 是一满同态,则 $V=\alpha(\alpha^{-1}(V))$,亦即 $B$ 的每个子模 $V$ 都可表作 $\alpha(U)$ 的形式,其中 $U=\alpha^{-1}(V)\hookrightarrow A$.

**推论 2.1.9**　若图 2.1.1 可交换,亦即 $\beta\alpha=\delta\gamma$,且若 $\gamma$ 是满同态,$\beta$ 是单同态,则

$$\mathrm{Im}\alpha=\beta^{-1}(\mathrm{Im}\delta),\quad \mathrm{Ker}\delta=\gamma(\mathrm{Ker}\alpha).$$

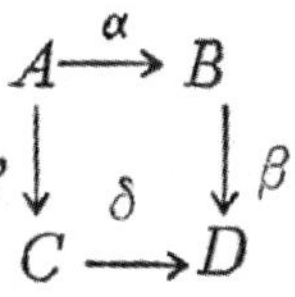

$$\begin{array}{ccc} A & \xrightarrow{\alpha} & B \\ \gamma\downarrow & \delta & \downarrow\beta \\ C & \longrightarrow & D \end{array}$$

图 2.1.1

**证**　由引理 2.1.8,$\beta$ 是单同态,从而有

$$\mathrm{Im}\alpha=\beta^{-1}(\beta(\mathrm{Im}\alpha))$$
$$\Rightarrow \mathrm{Im}\alpha=\beta^{-1}(\mathrm{Im}(\beta\alpha))=\beta^{-1}(\mathrm{Im}(\delta\gamma))=\beta^{-1}(\mathrm{Im}\delta).$$

由 $\gamma$ 是满同态,此外,依引理 2.1.8,$\gamma$ 也是单同态,故

$$\mathrm{Ker}\delta=\gamma(\gamma^{-1}(\mathrm{Ker}\delta)).$$

再由引理 2.1.8,$\mathrm{Ker}\delta=\gamma(\mathrm{Ker}(\delta\gamma))$,从而依据 $\beta$ 是单同态得

$$\mathrm{Ker}\delta=\gamma(\mathrm{Ker}(\beta\alpha))=\gamma(\mathrm{Ker}\alpha).\quad □$$

下面我们考察子模的和及交在同态作用之下的像及逆像有何种性态.

**引理 2.1.10**　设 $\alpha:A\to B$ 是一同态,$\{A_i\mid i\in I\}$,$\{B_i\mid i\in I\}$ 分别是 $A,B$ 的子模族,则

(1) $\alpha(\sum_{i\in I}A_i)=\sum_{i\in I}\alpha(A_i)$,$\alpha^{-1}(\bigcap_{i\in I}B_i)=\bigcap_{i\in I}\alpha^{-1}(B_i)$.

(2) $\sum_{i\in I}\alpha^{-1}(B_i)\hookrightarrow\alpha^{-1}(\sum_{i\in I})B_i$,$\alpha(\bigcap_{i\in I}A_i)\hookrightarrow\bigcap_{i\in I}\alpha(A_i)$.

(3) $\forall i\in I$,若 $B_i\hookrightarrow \mathrm{Im}\alpha$,则 $\alpha^{-1}(\sum_{i\in I}B_i)=\sum_{i\in I}\alpha^{-1}(B_i)$;

若 $\mathrm{Ker}\alpha\hookrightarrow A_i$,则 $\alpha(\bigcap_{i\in I}A_i)=\bigcap_{i\in I}\alpha(A_i)$.

**证**　(1),(2)的断语容易验证,故只证(3).

由(1)及引理 2.1.8 推知,

$$\begin{aligned}\alpha^{-1}(\sum_{i\in I}B_i)&=\alpha^{-1}(\sum_{i\in I}(B_i\cap \mathrm{Im}\alpha))=\alpha^{-1}(\sum_{i\in I}\alpha\alpha^{-1}(B_i))\\&=\alpha^{-1}\alpha(\sum_{i\in I}\alpha^{-1}(B_i))=\sum_{i\in I}\alpha^{-1}(B_i)+\mathrm{Ker}\alpha\\&=\sum_{i\in I}\alpha^{-1}(B_i).\end{aligned}$$

另一方面，

$$\alpha(\bigcap_{i\in I}A_i)=\alpha(\bigcap_{i\in I}(A_i+\mathrm{Ker}\alpha))=\alpha(\bigcap_{i\in I}\alpha^{-1}\alpha(A_i))$$
$$=\alpha\alpha^{-1}(\bigcap_{i\in I}\alpha(A_i))=(\bigcap_{i\in I}\alpha(A_i))\bigcap\mathrm{Im}\alpha$$
$$=\bigcap_{i\in I}\alpha(A_i).\quad\square$$

现在,利用上述引理,我们给出商模有限生成的条件.

**推论 2.1.11** 令 $U_R\hookrightarrow M_R$,则 $M/U$ 是有限余生成的$\Leftrightarrow$在每个使$\bigcap_{i\in I}A_i=U$ 的子模 $A_i\hookrightarrow M$ 族$\{A_i\mid i\in I\}$中总存在一有限子族$\{A_i\mid i\in I_0,I_0$ 是 $I$ 的有限子集$\}$,使得

$$\bigcap_{i\in I_0}A_i=U.$$

**证** $\Rightarrow$:令 $v:M\to M/U$ 表示自然满同态,则$\bigcap_{i\in I}A_i=U$ 蕴含 $U=\mathrm{Ker}v\hookrightarrow A_i$,从而由引理 2.1.10(3)推得

$$\bigcap_{i\in I}v(A_i)=v(\bigcap_{i\in I}A_i)=v(U)=0\hookrightarrow M/U.$$

由于 $M/U$ 是有限余生成的,依据定义 1.3.15,存在有限集 $I_0\subset I$,使得 $\bigcap_{i\in I_0}v(A_i)=0$. 于是由引理 2.1.10(1)推得

$$U=v^{-1}(0)=v^{-1}(\bigcap_{i\in I_0}v(A_i))=\bigcap_{i\in I_0}v^{-1}v(A_i)$$
$$=\bigcap_{i\in I_0}(A_i+U)=\bigcap_{i\in I_0}A_i.$$

$\Leftarrow$:令$\{A_i\mid i\in I\}$是使$\bigcap_{i\in I}A_i=0$ 的子模 $A_i\hookrightarrow M/U$ 族. 由引理 2.1.10(1)推得

$$U=v^{-1}(0)=v^{-1}(\bigcap_{i\in I}A_i)=\bigcap_{i\in I}v^{-1}(A_i).$$

由假设存在有限子集 $I_0\subset I$ 使得$\bigcap_{i\in I_0}v^{-1}(A_i)=U$. 由于 $U=\mathrm{Ker}v\hookrightarrow v^{-1}(A_i)$及引理 2.1.10(3),推得

$$\bigcap_{i\in I_0}A_i=\bigcap_{i\in I_0}(A_i\bigcap\mathrm{Im}v)=\bigcap_{i\in I_0}vv^{-1}(A_i)$$
$$=v(\bigcap_{i\in I_0}v^{-1}(A_i))=v(U)=0.\quad\square$$

一个格(相应地,完备格)指的是一有序集,其中每个两元子集(相应地,子集)都有下确界及上确界.

模 $A_R$ 的一切子模的族 $\mathrm{Lat}(A)$在$\hookrightarrow$作为序关系之下构成一完备格. 令 $\alpha$:$A_R\to L_R$ 是一模同态,且 $C=\mathrm{Ker}\alpha,N=\mathrm{Im}\alpha$,记 $\mathrm{Lat}(A)$的子格

$$\mathrm{Lat}(A,\bar{C})=\{U\mid C\hookrightarrow U\hookrightarrow A\}.$$

记 $\mathrm{Lat}(L)$的子格

$$\mathrm{Lat}(L,N)=\{V\mid V\hookrightarrow N\}(=\mathrm{Lat}(N)).$$

**引理 2.1.12**　若 $\alpha:A_R\to L_R$ 是模同态，则

$$\hat{\alpha}:\mathrm{Lat}(A,\overline{C})\ni U\mapsto\alpha(U)\in\mathrm{Lat}(L,N)$$

是双射且满足

(1) $\hat{\alpha}(U_1+U_2)=\hat{\alpha}(U_1)+\hat{\alpha}(U_2)$；

(2) $\hat{\alpha}(U_1\cap U_2)=\hat{\alpha}(U_1)\cap\hat{\alpha}(U_2)$.

亦即 $\hat{\alpha}$ 是由 $\alpha$ 诱导出的格同构：

$$\mathrm{Lat}(\mathrm{Dom}\alpha,\overline{\mathrm{Ker}\alpha})\cong\mathrm{Lat}(\mathrm{Cod}\alpha,\mathrm{Im}\alpha)=\mathrm{Lat}(\mathrm{Im}\alpha).$$

**证**　$\hat{\alpha}$ 是单射：$\forall U_1,U_2\in\mathrm{Lat}(A,\overline{C})$，若 $\alpha(U_1)=\alpha(U_2)$，则由引理 2.1.8，

$$\alpha^{-1}(\alpha(U_1))=U_1+\mathrm{Ker}\alpha=\alpha^{-1}(\alpha(U_2))=U_2+\mathrm{Ker}\alpha.$$

由于 $\mathrm{Ker}\alpha=C\hookrightarrow U_i\hookrightarrow A$，$i=1,2$，故 $U_1=U_i+\mathrm{Ker}\alpha=U_2$.

$\hat{\alpha}$ 是满射：$\forall V\in\mathrm{Lat}(L,N)$，亦即 $V\hookrightarrow N=\mathrm{Im}\alpha$，则

$$\alpha^{-1}(0)=C\hookrightarrow\alpha^{-1}(V)\hookrightarrow A,$$

亦即

$$\alpha^{-1}(V)\in\mathrm{Lat}(A,\overline{C})\text{ 且 }\alpha[\alpha^{-1}(V)]=V\cap\mathrm{Im}\alpha=V,$$

亦即 $\hat{\alpha}(\alpha^{-1}(V))=V$，从而 $\hat{\alpha}$ 是满射. 此外

(1) $\hat{\alpha}(U_1+U_2)=\alpha(U_1+U_2)=\alpha(U_1)+\alpha(U_2)$

$=\hat{\alpha}(U_1)+\hat{\alpha}(U_2)$.

(2) 显然，由引理 2.1.10(2)，

$$\hat{\alpha}(U_1\cap U_2)=\alpha(U_1\cap U_2)\hookrightarrow\alpha(U_1)\cap\alpha(U_2)=\hat{\alpha}(U_1)\cap\hat{\alpha}(U_2).$$

反之，$\forall x\in\hat{\alpha}(U_1)\cap\hat{\alpha}(U_2)$，亦即 $\exists u_i\in U_i$ 使 $x=\alpha(u_i)$，$i=1,2$，于是

$$\alpha(u_1-u_2)=0\Rightarrow u_1-u_2=c\in C=\mathrm{Ker}\alpha\Rightarrow u_1=u_2+c.$$

由于 $C\hookrightarrow U_2$，故 $u_1=u_2+c\in U_1\cap U_2$，从而 $x=\alpha(u_1)\in\alpha(U_1+U_2)$，亦即

$$\hat{\alpha}(U_1)\cap\hat{\alpha}(U_2)\hookrightarrow\hat{\alpha}(U_1\cap U_2).\quad\square$$

**推论 2.1.13**　令 $C\hookrightarrow A$ 且 $v:A\to A/C$ 是典范同态，则

$$\hat{v}:\mathrm{Lat}(A,\overline{C})\ni U\mapsto v(U)\in\mathrm{Lat}(A/C)$$

是一个格同构.

**推论 2.1.14**　子模 $C\hookrightarrow A$ 极大 $\Leftrightarrow A/C$ 是单模.

证明留作练习.

## §2.2 基环的更换

有许多重要而自然的方法,在保持模的加群结构的条件下,把模的基环更换.当然,这种更换在很多场合都是由环的(保幺)同态所诱导的.

**定义 2.2.1** 设 $R,S$ 都是含幺环,映射 $\varphi:R\to S$ 称作(保幺)环同态,如果 $\forall a,b\in R$,

$$\varphi(a+b)=\varphi(a)+\varphi(b),\varphi(ab)=\varphi(a)\varphi(b),\varphi(1_R)=1_S.$$

**引理 2.2.2** 设 $M_S$ 是给定的模而 $\rho:R\to S$ 是一(保幺)环同态. $\forall m\in M$, $r\in R$,令

$$mr:=m\rho(r),$$

则加群 $M_S$ 关于上述乘法构成一右 $R$-模 $M_R$.

由此引理,对每个给定的模 $M_S$ 及给定的保幺环同态 $\rho:R\to S$,按上述做法构成的模 $M_R$ 称作由 $\rho$ 在模 $M_S$ 上诱导的模结构.显然,若 $S'$ 是 $S$ 的有公共单位元的子环,则包含映射 $\iota_{S'}:S'\to S$ 也是保幺环同态.按上述做法,$M_{S'}$ 是 $\iota_{S'}$ 在 $M_S$ 上诱导的模结构,所以,对于给定模 $M_S$ 以及保幺环同态 $\rho:R\to S$,就有下面四个不同的模结构:$M_S,M_{\rho(R)},M_R$ 以及 $M_{\mathbf{Z}}$,它们有相同的加群并且其中间两个模乘法都是其前面一个模结构分别通过包含映射 $\rho(R)\to S$ 及环同态 $\rho$ 诱导出来的.显然,其中任何一个的子模也相应地诱导出其后续一个模的子模,并且其中任何一个模同态 $\varphi$[譬如 $\varphi\in \mathrm{Hom}_s(M,N)$]也必定是后续模的模同态[即 $\varphi\in \mathrm{Hom}_{\rho(R)}(M,N)$].

**推论 2.2.3** 设 $\rho:R\to S$ 是保幺环同态,$M_R$ 是由 $\rho$ 在模 $M_S$ 上诱导的模,则

(1) $\mathrm{Lat}(M_S)\hookrightarrow \mathrm{Lat}(M_{\rho(R)})=\mathrm{Lat}(M_R)\hookrightarrow \mathrm{Lat}(M_{\mathbf{Z}})$.

(2) $\mathrm{Hom}_S(M,N)\hookrightarrow \mathrm{Hom}_{\rho(R)}(M,N)\hookrightarrow \mathrm{Hom}_R(M,N)\hookrightarrow \mathrm{Hom}_{\mathbf{Z}}(M,N)$.

**证** (1)由于 $M_S,M_{\rho(R)},M_R$ 以及 $M_{\mathbf{Z}}$ 有相同的加群结构及子结构,且每个子结构通过环同态 $\rho$ 或包含映射 $\iota$ 都诱导出后续模的相应子结构,而且子模格的上、下确界正好又是相应子模族的和与交,所以(1)成立.

(2) $\forall \varphi\in \mathrm{Hom}_S(M,N)$,则 $\forall m\in M,r\in\rho(R)$,$\iota$ 是 $\rho(R)$ 到 $S$ 的包含.

$$\varphi(mr)=\varphi[m\iota(r)]=\varphi(m)\iota(r)=\varphi(m)r$$
$$\Rightarrow \varphi\in \mathrm{Hom}_{\rho(R)}(M,N).$$

类似地，$\forall \varphi \in \mathrm{Hom}_{\rho(R)}(M,N)$，则 $\forall m\in M, r\in R$，

$$\varphi(mr)=\varphi[m\rho(r)]=\varphi(m)\rho(r)=\varphi(m)r$$
$$\Rightarrow \varphi\in \mathrm{Hom}_R(M,N).$$

于是 $\mathrm{Hom}_S(M,N)\hookrightarrow \mathrm{Hom}_{\rho(R)}(M,N)\hookrightarrow \mathrm{Hom}_R(M,N)\hookrightarrow \mathrm{Hom}_{\mathbf{Z}}(M,N)$.

**注**　(1) 推论 2.2.3(1)与(2)中的包含关系一般来说是真包含，除非 $\rho$ 是满同态.

(2) $\mathrm{Hom}_S(M,N)$按映射的下述加法：

$$\forall \alpha_i\in \mathrm{Hom}_S(M,N), m\in M,$$
$$(\alpha_1+\alpha_2)(m)=\alpha_1(m)+\alpha_2(m)$$

构成一加法阿贝尔群.

反之，若模 $M_R$ 给定，$\rho:R\to S$ 是保幺环满同态，在何种条件下，$\rho$ 能在模 $M_R$ 上诱导出模 $M_S$ 结构？使它们有相同的加群？显然，情况稍稍复杂些，因为 $\forall s\in S$，一般不止存在一个原象 $r\in R$，使 $\rho(r)=s$，故若定义 $ms:=mr$，$\forall m\in M$ 作为模乘法，则为了保证单值性，必须要求当 $r,r'\in R$ 皆是 $s$ 的原像，即 $\rho(r)=\rho(r')=s$ 时，$mr=mr'$，$m(r-r')=0$，从而

$$(r-r')\in \mathrm{Ann}_R(M)=\{a\in R\mid Ma=0\}.$$

**推论 2.2.4**　环的保幺满同态 $\rho:R\to S$ 在模 $M_R$ 上诱导模 $M_S$ 乘法 $ms:=mr$，此处 $\rho(r)=s\in S$，当且仅当 $\mathrm{Ker}\rho\subseteq \mathrm{Ann}_R(M)$.

**推论 2.2.5**　$M_R$ 是给定的模，$I$ 是 $R$ 的理想，且 $I\subseteq \mathrm{Ann}_R(M)$，则 $M$ 的子群 $N$ 是 $R$-子模$\Leftrightarrow N$ 是 $R/I$-子模，并且

$$\mathrm{Hom}_R(M,N)=\mathrm{Hom}_{R/I}(M,N),$$
$$\mathrm{Lat}(M_R)=\mathrm{Lat}(M_{R/I}).$$

## §2.3　同态分解

将给定的同态分解为两个(其中至少有一个具有所需要的性质)同态之积常常是有益的.下面的同态定理就是这样一种分解的典型实例.

**定理 2.3.1(同态定理)**　每个模同态 $\alpha:A\to B$ 都可分解为 $\alpha=\alpha' v$ 的形式，其中 $v:A\to A/\mathrm{Ker}\alpha$ 是自然满同态，而

$$\alpha':A/\mathrm{Ker}\alpha\ni a+\mathrm{Ker}\alpha\mapsto \alpha(a)\in B$$

是单同态.此外，$\alpha'$是同构当且仅当 $\alpha$ 是满同态.

**证** 首先验证$\alpha'$是$A/\mathrm{Ker}\alpha$到$B$的映射. 事实上,令

$$a+\mathrm{Ker}\alpha=a_1+\mathrm{Ker}\alpha,$$

则$a_1=a+u$,$u\in\mathrm{Ker}\alpha$,于是

$$\begin{aligned}\alpha'(a_1+\mathrm{Ker}\alpha)&=\alpha(a_1)=\alpha(a+u)=\alpha(a)+\alpha(u)\\&=\alpha(a)=\alpha'(a+\mathrm{Ker}\alpha).\end{aligned}$$

其次,$\alpha'$显然是一同态映射.

$\forall a_1+\mathrm{Ker}\alpha\in A/\mathrm{Ker}\alpha$,令$\alpha'(a_1+\mathrm{Ker}\alpha)=\alpha(a_1)=0$,故$a_1\in\mathrm{Ker}\alpha$,从而

$$a_1+\mathrm{Ker}\alpha=0+\mathrm{Ker}\alpha=0\in A/\mathrm{Ker}\alpha,$$

亦即$\alpha'$是单同态.

最后,$\forall a\in A$,$\alpha'(v(a))=\alpha'(a+\mathrm{Ker}\alpha)=\alpha(a)$.

综上有 $\alpha=\alpha'v$.

因为$\alpha'$是单同态且$\mathrm{Im}\alpha'=\mathrm{Im}\alpha$,故若$\alpha$是满同态,则$\alpha'$也是满同态,从而必然是同构. 反之,若$\alpha'$是同构,$\alpha'$当然是满同态,故$\alpha$也是满同态. □

**推论 2.3.2** 若$\alpha:A\to B$是一模同态,则

$$\hat{\alpha}:A/\mathrm{Ker}\alpha\ni a+\mathrm{Ker}\alpha\mapsto\alpha(a)\in\mathrm{Im}\alpha$$

是一同构,从而$A/\mathrm{Ker}\alpha\cong\mathrm{Im}\alpha$.

**证** $\hat{\alpha}$是从$\alpha'$通过把$\mathrm{Cod}\alpha'=\mathrm{Cod}\alpha=B$限制到$\mathrm{Im}\alpha$而得到的. □

由于环$R$可视为模$R_R$或${}_RR$或${}_RR_R$,故有关模同态的上述结果很容易转移到环同态的相应结果上去,下面的情形也是如此. 故如不特别说明,下面提及的同态都指模同态.

**定理 2.3.3**(第一同构定理) 若$B\hookrightarrow A\wedge C\hookrightarrow A$,则我们有

$$(B+C)/C\cong B/(B\cap C).$$

**证** 首先,考察自然满同态

$$v:B+C\to(B+C)/C,$$

它的核$\mathrm{Ker}v=C$. 再考察$v$在子模$B$上的限制

$$\alpha:=v|_B:B\to(B+C)/C,$$

它的核$\mathrm{Ker}\alpha=B\cap C$. 于是由推论 2.3.2 得

$$(B+C)/C\cong\mathrm{Im}v=v(B+C)=v(B)+v(C)=v(B)$$

以及 $$B/(B\cap C)\cong\mathrm{Im}\alpha=\alpha(B)=v(B).$$

故 $$(B+C)/C\cong B/(B\cap C).\quad\square$$

**注** 本定理也可以不援引推论 2.3.2 而直接验证

$$B/(B\cap C)\ni b+(B\cap C)\mapsto b+C\in(B+C)/C$$

是一同构映射.

**推论 2.3.4**　$A=B\oplus C\Rightarrow A/C\cong B$.

**证**　$A/C=(B+C)/C\cong B/(B\cap C)=B/0\cong B$.　□

**引理 2.3.5**(Zassenhaus)　令 $U'\hookrightarrow U\hookrightarrow A\wedge V'\hookrightarrow V\hookrightarrow A$，则

$$(U'+(U\cap V))/(U'+(U\cap V'))$$
$$\cong(V'+(U\cup V))/(V'+(U'\cap V)).$$

**证**　首先证明，左端同构于 $(U\cap V)/((U'\cap V)+(V'\cap U))$.

由于这一表达式关于 $U$ 及 $V$ 是对称的，故右端也同构于它，从而获证.

因 $U\cap V'\hookrightarrow U\cap V$，故

$$U'+(U\cap V)=(U\cap V)+(U'+(U+V')).$$

此外，依照模律 1.3.16，

$$(U\cap V)\cap(U'+(U\cap V'))=(U\cap V\cap U')+(U\cap V')$$
$$=(U'\cap V)+(U\cap V').$$

由第一同构定理得

$$(U'+(U\cap V))/(U'+(U\cap V'))$$
$$=((U\cap V)+(U'+(U\cap V')))/(U'+(U\cap V'))$$
$$\cong(U\cap V)/((U\cap V)\cap(U'+(U\cap V')))$$
$$=(U\cap V)/((U'\cap V)+(U\cap V')).\quad\square$$

**定理 2.3.6**(第二同构定理)　令 $C\hookrightarrow B\hookrightarrow A$，则

$$A/B\cong(A/C)/(B/C).$$

**证**　令
$$v_1:A\to A/C,$$
$$v_2:A/C\to(A/C)/(B/C)$$

分别是自然满同态，此处，由于 $C\hookrightarrow B\hookrightarrow A$，故 $B/C\hookrightarrow A/C$，所以 $v_2$ 确实是从模 $A/C$ 到它的商模的一个自然满同态. 由引理 2.1.6，合成映射 $v_2v_1$ 也是满同态，且由推论 2.3.2，

$$A/\mathrm{Ker}(v_2v_1)\cong(A/C)/(B/C).$$

而按照引理 2.1.8，

$$\mathrm{Ker}(v_2v_1)=v_1^{-1}(\mathrm{Ker}v_2)=v_1^{-1}(B/C)$$
$$=v_1^{-1}(v_1(B))=B+\mathrm{Ker}v_1=B+C=B.\quad\square$$

**例**　$\mathbf{Z}/3\mathbf{Z}\cong(\mathbf{Z}/6\mathbf{Z})/(3\mathbf{Z}/6\mathbf{Z})$.

下面将要介绍的定理可以看作同态定理 2.3.1 的推广.

**定理 2.3.7**　令 $\alpha:A\to B$ 是一同态，$\varphi:A\to C$ 是一满同态，且 $\mathrm{Ker}\varphi\hookrightarrow\mathrm{Ker}\alpha$，则存在唯一同态 $\lambda:C\to B$，使

(1) $\alpha=\lambda\varphi$;

(2) $\mathrm{Im}\lambda=\mathrm{Im}\alpha$;

(3) $\lambda$ 是一单同态$\Leftrightarrow \mathrm{Ker}\varphi=\mathrm{Ker}\alpha$.

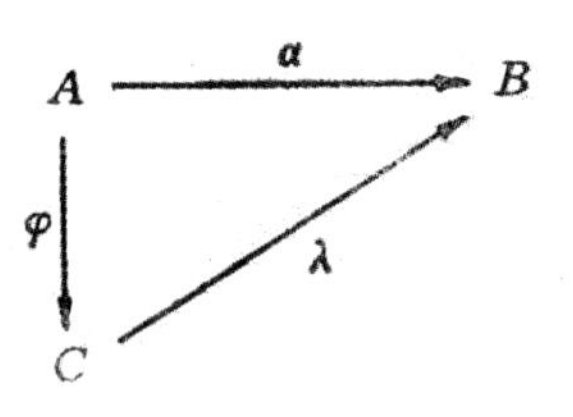

图 2.3.1

**注** (1) 意味着图 2.3.1 可交换.

**证** 因为 $\varphi$ 是一满同态，所以 $\forall c\in C$，$\exists a\in A$，使 $\varphi(a)=c$. $\forall c\in C$，可选择一固定的 $a_c\in A$，使 $\varphi(a_c)=c$（援引选择公理），则通过令 $\lambda(c)=\alpha(a_c)$，定义一映射 $\lambda:C\to B$. 为了验证 $\lambda$ 确实是一映射，必须表明，$\lambda(c)=\alpha(a_c)$ 与 $c$ 在 $\varphi$ 下的原像 $a_c$ 的选择无关. 事实上，$\forall a,a_c\in A$，若 $\varphi(a)=\varphi(a_c)=c$，则 $\varphi(a-a_c)=0$，即

$$(a-a_c)\in \mathrm{Ker}\varphi\hookrightarrow \mathrm{Ker}\alpha,$$

从而 $\alpha(a-a_c)=0$，故 $\alpha(a)=\alpha(a_c)=\lambda(c)$，所以 $\lambda$ 确是映射. 以下证明 $\lambda$ 是模同态.

$\forall c_1,c_2\in C$ 及 $\forall r_1,r_2\in R$，由于 $\varphi$ 是一同态满射，故存在 $a_1,a_2\in A$，使 $\varphi(a_i)=c_i$，$i=1,2$，于是

$$\varphi(a_1r_1+a_2r_2)=\varphi(a_1)r_1+\varphi(a_2)r_2=c_1r_1+c_2r_2,$$

从而
$$\lambda(c_1r_1+c_2r_2)=\alpha(a_1r_1+a_2r_2)=\alpha(a_1)r_1+\alpha(a_2)r_2$$
$$=\lambda(c_1)r_1+\lambda(c_2)r_2.$$

至于(1)，(2)可由 $\lambda$ 的定义直接推出，并且 $\lambda$ 的唯一性可由 $\varphi$ 的右可消性（见定义 2.1.4）推出. 以下证明(3).

首先，假设 $\lambda$ 是一单同态. $\forall a\in \mathrm{Ker}\alpha$，$0=\alpha(a)=\lambda(\varphi(a))\Rightarrow\varphi(a)=0\Rightarrow\alpha\in \mathrm{Ker}\varphi$，故 $\mathrm{Ker}\alpha\hookrightarrow \mathrm{Ker}\varphi$. 再由题设推得 $\mathrm{Ker}\varphi=\mathrm{Ker}\alpha$.

其次，假设 $\mathrm{Ker}\varphi=\mathrm{Ker}\alpha$，则由 $\lambda(c)=0$ 及 $c=\varphi(a)$ 推得 $\alpha(a)=0\Rightarrow a\in \mathrm{Ker}\alpha=\mathrm{Ker}\varphi\Rightarrow c=\varphi(a)=0$. 故 $\lambda$ 是单同态. □

提醒注意，定理 2.3.7 有下述两个特款：

(1) 令 $\alpha:A\to B$，$A'\hookrightarrow \mathrm{Ker}\alpha$，$C=A/A'$，$\varphi=v:A\to A/A'$，则图 2.3.2 可交换，此处 $\lambda(a+A')=\alpha(a)$. 对于 $A'=\mathrm{Ker}\alpha$ 这一情况，(1)便是同态定理 2.3.1.

(2) 令 $A''\hookrightarrow A'\hookrightarrow A$，$\alpha=v':A\to A/A'$，$C=A/A''$，$\varphi=v'':A\to A/A''$，则图 2.3.3可交换，此处 $\lambda(a+A'')=a+A'$.

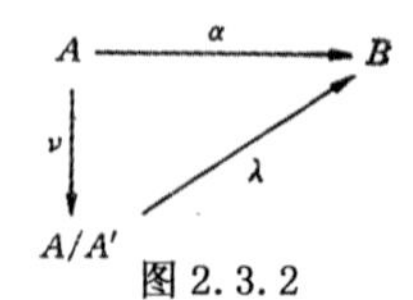

图 2.3.2

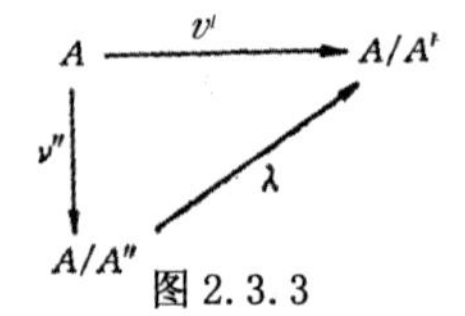

图 2.3.3

现在，令 $\lambda=\beta\alpha$ 是一给定的同态 $\lambda$ 的一个给定分解. 我们探求 $\lambda$ 的性质与

$B$ 的分解性质两者之间存在何种关系. 在着手从事此项探求工作之前, 让我们回顾(内)直和的定义 1.4.1:

$$B=B_0\oplus B_1 \Leftrightarrow B=B_0+B_1 \wedge B_0\cap B_1=0.$$

**定义 2.3.8**　(1) 子模 $B_0 \smile B$ 称作 $B$ 的直和项:$\Leftrightarrow \exists B_1 \smile B$ 使 $B=B_0\oplus B_1$.

(2) 单同态 $\alpha: A\to B$ 说是可裂的:$\Leftrightarrow \mathrm{Im}\alpha$ 是 $B$ 的直和项.

(3) 满同态 $\beta: B\to C$ 说是可裂的:$\Leftrightarrow \mathrm{Ker}\alpha$ 是 $B$ 的直和项.

**引理 2.3.9**　设图 2.3.4 可交换, 亦即 $\lambda=\beta\alpha$, 则

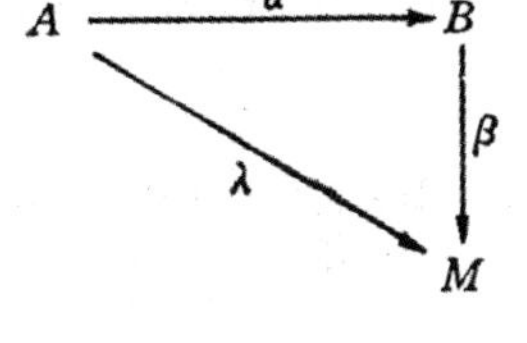

图 2.3.4

(1) $\mathrm{Im}\alpha+\mathrm{Ker}\beta=\beta^{-1}(\mathrm{Im}\lambda)$.

(2) $\mathrm{Im}\alpha\cap\mathrm{Ker}\beta=\alpha(\mathrm{Ker}\lambda)$.

**证**　(1) $\lambda=\beta\alpha\Rightarrow\mathrm{Im}\lambda=\mathrm{Im}(\beta\alpha)=\beta(\mathrm{Im}\alpha)$

$\Rightarrow\beta^{-1}(\mathrm{Im}\lambda)=\beta^{-1}(\beta(\mathrm{Im}\lambda))=\mathrm{Im}\alpha+\mathrm{Ker}\beta$.

(2) $\mathrm{Ker}\lambda=\mathrm{Ker}(\beta\alpha)=\alpha^{-1}(\mathrm{Ker}\beta)$, 由引理 2.1.8,

$\alpha(\mathrm{Ker}\lambda)=\alpha(\alpha^{-1}(\mathrm{Ker}\beta))=\mathrm{Im}\alpha\cap\mathrm{Ker}\beta$.　□

**推论 2.3.10**　(1) $\lambda$ 是一满同态$\Rightarrow\mathrm{Im}\alpha+\mathrm{Ker}\beta=\beta^{-1}(M)=B$.

(2) $\lambda$ 是一单同态$\Rightarrow\mathrm{Im}\alpha\cap\mathrm{Ker}\beta=\alpha(0)=0$.

(3) $\lambda$ 是一同构$\Rightarrow\mathrm{Im}\alpha\oplus\mathrm{Ker}\beta=B$.

**证**　由引理 2.3.9 直接推出.　□

**推论 2.3.11**　(1) 关于 $\alpha: A\to B$, 下列命题等价:

(a) $\alpha$ 是可裂单同态;

(b) 存在一同态 $\beta: B\to A$ 使得 $\beta\alpha=1_A$.

(2) 关于 $\beta: B\to C$, 下列命题等价:

(a) $\beta$ 是可裂满同态;

(b) 存在一同态 $\gamma: C\to B$ 使得 $\beta\gamma=1_C$.

**证**　(1) (a)$\Rightarrow$(b): 令 $B=\mathrm{Im}\alpha\oplus B_1$, 且令 $\pi: B\to\mathrm{Im}\alpha$ 是通过令 $\pi(\alpha(a)+b_1):=\alpha(a)$, $\alpha(a)\in\mathrm{Im}\alpha$, $b_1\in B_1$ 所定义的 $B$ 到 $\mathrm{Im}\alpha$ 上的射影. 此外, 令 $\alpha_0$ 是把 $\alpha$ 的值域 $B$ 限制于 $\mathrm{Im}\alpha$ 的结果, 亦即

$$\alpha_0: A\in a\mapsto\alpha(a)\in\mathrm{Im}\alpha.$$

令 $\beta=\alpha_0{}^{-1}\pi$, 我们有

$$\beta\alpha(a)=\alpha_0^{-1}\pi\alpha(a)=\alpha_0^{-1}(\alpha(a))=a,\quad a\in A,$$

亦即 $\beta\alpha=1_A$.

(b)$\Rightarrow$(a): 因为 $\beta\alpha=1_A$, 由推论 2.3.10(3) 知, $1_A$ 是同构$\Rightarrow\mathrm{Im}\alpha\oplus\mathrm{Ker}\beta=B$ $\Leftrightarrow\alpha$ 是可裂单同态.

(2) (a)$\Rightarrow$(b): 令 $B=\mathrm{Ker}\beta\oplus B_1$, 且 $\iota: B_1\ni b\mapsto b\in B$ 是 $B_1$ 到 $B$ 中的包含

映射.此外,令 $\beta_1$ 是 $\beta$ 在 $B_1$ 上的限制,则 $\beta_1$ 是单同态且因 $\mathrm{Ker}\beta_1=\mathrm{Ker}\beta\cap B_1=0$,故 $\beta_1$ 是同构.令 $\gamma:=\iota\beta_1^{-1}$,于是 $\forall c\in C$,

$$\beta\gamma(c)=\beta\iota\beta_1^{-1}(c)=\beta(\beta_1^{-1}(c))=c,$$

亦即 $\beta\gamma=1_C$.

(b)⇒(a):因为 $\beta\gamma=1_C$,由推论 2.3.10(3)知,$\beta$ 是可裂满同态. □

我们需要特别指出推论 2.3.11 的重要特款是:$\alpha$ 是子模 $A\hookrightarrow B$ 的包含映射而 $\beta:B\to B/A$ 是自然满射的情形.

# §2.4 Jordan-Hölder-Schreier 定理

首先考察一模 $A$ 的子模的有限链及其相关概念.令

$$0=B_0\hookrightarrow B_1\hookrightarrow B_2\hookrightarrow B_3\hookrightarrow\cdots\hookrightarrow B_{k-1}\hookrightarrow B_k=A,$$

$$0=C_0\hookrightarrow C_1\hookrightarrow C_2\hookrightarrow C_3\hookrightarrow\cdots\hookrightarrow C_{l-1}\hookrightarrow C_l=A.$$

我们分别用 $\boldsymbol{B}$,$\boldsymbol{C}$ 表示第一、第二个链,并且有以下定义.

**定义 2.4.1** (1) 链 $\boldsymbol{B}$ 的长度:$=k$.

(2) 链 $\boldsymbol{B}$ 的因子依次指的是商模 $B_i/B_{i-1}$,$i=1,2,\cdots,k$,其中 $B_i/B_{i-1}$ 称作链 $\boldsymbol{B}$ 的第 $i$ 个因子.

(3)链 $\boldsymbol{B}$ 与 $\boldsymbol{C}$ 称作是同构的,$\boldsymbol{B}\cong\boldsymbol{C}$:⇔在 $\boldsymbol{B}$ 的指标集 $I$ 与 $\boldsymbol{C}$ 的指标集 $J$ 之间存在一双射 $\delta$,使得

$$B_i/B_{i-1}\cong C_{\delta(i)}/C_{\delta(i)-1},\quad i=1,2,\cdots,k.$$

(4) 链 $\boldsymbol{C}$ 称作链 $\boldsymbol{B}$ 的一个加细同时 $\boldsymbol{B}$ 称作 $\boldsymbol{C}$ 的一个子链:⇔或 $\boldsymbol{B}=\boldsymbol{C}$(平凡加细)或 $\boldsymbol{B}$ 是从 $\boldsymbol{C}$ 中删去某些项 $C_j$ 而得.

(5) 模 $A$ 的链 $\boldsymbol{B}$ 称作一合成列:⇔ $\forall i=1,2,\cdots,k$〔$B_{i-1}$ 在 $B_i$ 中极大〕(⇔ $\forall i=1,2,\cdots,k$〔$B_i/B_{i-1}$ 是单模〕(由推论 2.1.14)).

(6) 模 $A$ 称作是有限长的:⇔$A=0$ 或 $A$ 有一合成列.

**注** 若 $\boldsymbol{B}\cong\boldsymbol{C}$ 且对某固定的 $i$,$B_i=B_{i-1}$,则必定存在一个 $j$,使得从 $\boldsymbol{B}$ 中删去 $B_i$ 又从 $\boldsymbol{C}$ 中删去 $C_j$,所得的两个链仍然是同构的.

事实上,因为 $B_i=B_{i-1}$,故 $B_i/B_{i-1}=0$,从而 $C_{\delta(i)}/C_{\delta(i)-1}=0$,亦即 $C_{\delta(i)}=C_{\delta(i)-1}$.删去 $B_i$ 及 $C_{\delta(i)}$ 后,事实上只是删去了商模 $B_i/B_{i-1}=C_{\delta(i)}/C_{\delta(i)-1}=0$,而其他的商模不变,所以,所得到的两个链自然仍是同构的.

今后,我们将援引这一注,而不特别加以指明.此外,显然在(3)中定义的

链同构是模 $A$ 的形如 $\boldsymbol{B}$ 的一切链的集合的等价关系.

**例**　(1) 令 $V=V_k$ 是一向量空间,而令 $\{x_1,x_2,\cdots,x_n\}$ 是 $V$ 的一基,则

$$0\hookrightarrow x_1K\hookrightarrow x_1K+x_2K\hookrightarrow\cdots\hookrightarrow\sum_{i=1}^{n-1}x_iK\hookrightarrow\sum_{i=1}^{n}x_iK=V$$

是 $V$ 的一合成列.

(2) $\mathbf{Z}_\mathbf{Z}$ 的每一链都有真加细.若

$$0\hookrightarrow B_1\hookrightarrow\cdots\hookrightarrow\mathbf{Z}$$

是这样一个链,使 $B_1\neq0$,则由于 $\mathbf{Z}_\mathbf{Z}$ 不含单子模,故 $B_1$ 不是单的,于是在 0 与 $B_1$ 之间总有 $B_1$ 的非零真子模可插入其间.所以,$\mathbf{Z}_\mathbf{Z}$ 没有合成列.

(3) 在 $\mathbf{Q}_\mathbf{Z}$ 中,每个链

$$0\hookrightarrow B_1\hookrightarrow B_2\hookrightarrow\cdots\hookrightarrow B_k=\mathbf{Q}_\mathbf{Z},$$

其中 $B_1\neq0$,$B_{k-1}\neq B_k=\mathbf{Q}$.在 0 与 $B_1$ 及 $B_{k-1}$ 与 $\mathbf{Q}$ 之间可以真正地加细.因为模 $\mathbf{Q}_\mathbf{Z}$ 既不含极小(即单)子模也不含极大子模,从而模 $\mathbf{Q}_\mathbf{Z}$ 也没有合成列.

下面,我们来证明 Jordan-Hölder-Schreier 定理.由此,可以得到一个最重要的推论,那就是,如果一模有一合成列,那么这个列在同构的意义下是唯一确定的.

**定理 2.4.2**(Jordan-Hölder-Schreier 定理)　一模的任意两个(有限)链具有同构的加细.

**证**　令 $\boldsymbol{B}$ 与 $\boldsymbol{C}$ 是模 $A$ 的两个给定的有限链,则模

$$B_{i,j}=B_i+(B_{i+1}\cap C_j),\quad j=1,2,\cdots,l$$

是插在 $B_i$ 及 $B_{i+1}(i=0,1,2,\cdots,k-1)$ 之间,并且明显地有

$$B_i=B_{i,0}\hookrightarrow B_{i,1}\hookrightarrow B_{i,2}\hookrightarrow\cdots\hookrightarrow B_{i,l}=B_{i+1}.$$

类似地模 $C_{i,j}=C_j+(C_{j+1}\cap B_i)$,$i=0,1,2,\cdots,k$,是插在 $C_j$ 及 $C_{j+1}(j=0,1,2,\cdots,l-1)$ 之间并且明显地有

$$C_j=C_{0,j}\hookrightarrow C_{1,j}\hookrightarrow\cdots\hookrightarrow C_{k,j}=C_{j+1}.$$

加细后的链分别用 $\boldsymbol{B}^*$ 及 $\boldsymbol{C}^*$ 表示,它们有同样的长 $kl$,从引理 2.3.5 推出

$$B_{i,j+1}/B_{i,j}\cong C_{i+1,j}/C_{i,j},\quad i=0,1,\cdots,k-1;j=0,1,\cdots,l-1.$$

由于在这里,$kl$ 个同构实际上是 $\boldsymbol{B}^*$ 的全部 $kl$ 个因子及 $\boldsymbol{C}^*$ 的全部 $kl$ 个因子间的双射,故 $\boldsymbol{B}^*\cong\boldsymbol{C}^*$.　□

**推论 2.4.3**　令 $A$ 是一有限长的模,则

(1) 形如 $0=B_0\subsetneqq B_1\subsetneqq\cdots\subsetneqq B_k=A$ 的每个链 $\boldsymbol{B}$ 可以加细为一合成列.

(2) $A$ 的任意两个合成列是同构的.

**证**　(1) 由假设,存在 $A$ 的一个合成列 $\boldsymbol{C}$,按照 Jordan-Hölder-Schreier

定理,$\boldsymbol{B}$ 及 $\boldsymbol{C}$ 有同构的加细列 $\boldsymbol{B}^*$ 及 $\boldsymbol{C}^*$. 由于 $\boldsymbol{C}$ 作为一合成列只有平凡的加细,故由定义 2.4.1 下面的注,存在 $\boldsymbol{B}$ 的加细 $\boldsymbol{B}^0$ 使得 $\boldsymbol{B}^0 \cong \boldsymbol{C}$,由于 $\boldsymbol{C}$ 的全部因子都是单的,所以 $\boldsymbol{B}^0$ 的全部因子都是单的,亦即 $\boldsymbol{B}^0$ 是一合成列.

(2) 令 $\boldsymbol{B}$ 及 $\boldsymbol{C}$ 都是合成列且在(1)的术语中,$\boldsymbol{B}^0 \cong \boldsymbol{C}$. 因为 $\boldsymbol{B}^0$ 是 $\boldsymbol{B}$ 的一加细并且两者都是合成列,故推出 $\boldsymbol{B}^0 = \boldsymbol{B}$,从而 $\boldsymbol{B} \cong \boldsymbol{C}$. □

**定义 2.4.4** 令 $A$ 是一有限长的模,则 $A$ 的长度 $\mathrm{Le}(A):=A$ 的任意一个合成列的长度.

**推论 2.4.5** 令 $A \hookrightarrow M$,则我们有:$M$ 是一有限长的模当且仅当 $A$ 与 $M/A$ 都是有限长的模,并且

$$\mathrm{Le}(M)=\mathrm{Le}(A)+\mathrm{Le}(M/A).$$

**证** $\Rightarrow$:若 $A=0$ 或 $A=M$,则结论是明显的. 现令 $0 \subsetneqq A \subsetneqq M$ 且 $M$ 是有限长的,于是链 $0 \hookrightarrow A \hookrightarrow M$ 可加细成合成列

$$0 \hookrightarrow A_1 \hookrightarrow A_2 \hookrightarrow \cdots \hookrightarrow A_k = A \hookrightarrow \cdots \hookrightarrow A_n = M.$$

这链的前段止于 $A$,显然是 $A$ 的合成列. 我们再考察链

$$0 = A/A \hookrightarrow A_{k+1}/A \hookrightarrow \cdots \hookrightarrow A_n/A = M/A,$$

按照第二同构定理,

$$(A_{k+i+1}/A)/(A_{k+i}/A) \cong A_{k+i+1}/A_{k+i}$$

是单模,故上述链是 $M/A$ 的合成列,从而

$$\mathrm{Le}(M)=\mathrm{Le}(A)+\mathrm{Le}(M/A).$$

$\Leftarrow$:令 $A$ 及 $M/A$ 是有限长的且令

$$0 \hookrightarrow A_1 \hookrightarrow A_2 \hookrightarrow \cdots \hookrightarrow A_k = A,$$

$$0 \hookrightarrow \overline{B}_1 \hookrightarrow \overline{B}_2 \hookrightarrow \cdots \hookrightarrow \overline{B}_l = M/A$$

分别是 $A$ 及 $M/A$ 的合成列. 令 $v: M \to M/A$ 是自然满同态且 $B_i := v^{-1}(\overline{B}_i)$,则 $A \hookrightarrow B_i$ 且 $v(B_i)=B_i/A=\overline{B}_i$. 由于 $\overline{B}_{i+1}/\overline{B}_i$ 是单的,且

$$\overline{B}_{i+1}/\overline{B}_i = (B_{i+1}/A)/(B_i/A) \cong B_{i+1}/B_i$$

也是单的,从而推知

$$0 \hookrightarrow A_1 \hookrightarrow A_2 \hookrightarrow \cdots \hookrightarrow A_k = A \hookrightarrow B_1 \hookrightarrow B_2 \hookrightarrow \cdots \hookrightarrow B_l = M$$

是 $M$ 的一个合成列,亦即 $M$ 是有限长的,且

$$\mathrm{Le}(M)=k+l=\mathrm{Le}(A)+\mathrm{Le}(M/A). \quad □$$

从上述证明中可以看出是怎样从 $A$ 的合成列及 $M/A$ 的合成列制作出 $M$ 的一个合成列来的.

**例** $\mathbf{Z}$-模 $\mathbf{Z}/6\mathbf{Z}$ 有两个合成列

$$0 \hookrightarrow 2\mathbf{Z}/6\mathbf{Z} \hookrightarrow \mathbf{Z}/6\mathbf{Z}$$

以及

$$0 \hookrightarrow 3\mathbf{Z}/6\mathbf{Z} \hookrightarrow \mathbf{Z}/6\mathbf{Z}.$$

第一个的因子依次是

$$2\mathbf{Z}/6\mathbf{Z} \cong \mathbf{Z}/3\mathbf{Z};(\mathbf{Z}/6\mathbf{Z})/(2\mathbf{Z}/6\mathbf{Z}) \cong \mathbf{Z}/2\mathbf{Z}.$$

第二个的因子依次是

$$3\mathbf{Z}/6\mathbf{Z} \cong \mathbf{Z}/2\mathbf{Z};(\mathbf{Z}/6\mathbf{Z})/(3\mathbf{Z}/6\mathbf{Z}) \cong \mathbf{Z}/3\mathbf{Z}.$$

由此立刻看出，这两个链是同构的. 从以下的考察中，关于有限长的模的 Jordan-Hölder-Schreier 定理的重要性变得很明显. 令 $A$ 是一有限长的模，而 $B$ 是 $A$ 的任意子模，$C$ 是 $B$ 的极大子模，则 $B/C$ 就是 $A$ 的一个合成因子. 因为，考察链

$$0 \hookrightarrow C \hookrightarrow B \hookrightarrow A,$$

则此链可加细成一个合成列，由于 $C$ 在 $B$ 中极大，故在该合成列中，没有模真正安插在 $C$ 与 $B$ 之间，从而 $B/C$ 是 $A$ 的一个合成因子. 在同构的意义下，它是 $A$ 的有限个合成因子中唯一确定的一个.

## §2.5　模的自同态环

由前面§2.2的注(2)知，对每个模 $A_R$，$\mathrm{Hom}_R(A,A)$是一加法阿贝尔群. 另外，$\forall \alpha,\beta \in \mathrm{Hom}_R(A,A)$，作为它们的合成 $\beta\alpha$ 仍然是 $A_R$ 的一个自同态，亦即 $\beta\alpha \in \mathrm{Hom}_R(A,A)$，且映射的合成明显地具有结合性，同时，$A$ 上的恒等映射 $1_A$ 也就是这个(合成)乘法的单位元.

**定理 2.5.1**　$\mathrm{Hom}_R(A,A)$是一具单位元的环，如果它的加法、乘法分别定义为：$\forall \alpha_1,\alpha_2 \in \mathrm{Hom}_R(A,A)$，$a \in A$，

$$(\alpha_1+\alpha_2)(a):=\alpha_1(a)+\alpha_2(a),$$
$$(\alpha_1\alpha_2)(a):=\alpha_1(\alpha_2(a)).$$

**证**　鉴于前面提到 $\mathrm{Hom}_R(A,A)$关于上述加法已是阿贝尔群，关于乘法满足结合律，故只需验证分配律也适合就可以了.

$$\begin{aligned}((\alpha_1+\alpha_2)\alpha_3)(a)&=(\alpha_1+\alpha_2)(\alpha_3(a))=\alpha_1(\alpha_3(a))+\alpha_2(\alpha_3(a))\\&=(\alpha_1\alpha_3)(a)+(\alpha_2\alpha_3)(a)=(\alpha_1\alpha_3+\alpha_2\alpha_3)(a)\end{aligned}$$

$$\Rightarrow (\alpha_1+\alpha_2)\alpha_3=\alpha_1\alpha_3+\alpha_2\alpha_3,\ \forall \alpha_1,\alpha_2,\alpha_3 \in \mathrm{Hom}_R(A,A).$$

$$\begin{aligned}(\alpha_3(\alpha_1+\alpha_2))(a)&=\alpha_3((\alpha_1+\alpha_2)(a))=\alpha_3(\alpha_1(a)+\alpha_2(a))\\&=\alpha_3(\alpha_1(a))+\alpha_3(\alpha_2(a))=(\alpha_3\alpha_1+\alpha_3\alpha_2)(a)\end{aligned}$$

$\Rightarrow \alpha_3(\alpha_1+\alpha_2)=\alpha_3\alpha_1+\alpha_3\alpha_2, \forall \alpha_1,\alpha_2,\alpha_3 \in \mathrm{Hom}_R(A,A)$. □

**定义 2.5.2** 在定理 2.5.1 中给出的环 $\mathrm{Hom}_R(A,A)$通常称作模 $A_R$ 的自同态环(又称 $A$ 的 $R$-自同态环),也记作 $\mathrm{End}(A_R)$或 $\mathrm{End}_R(A)$.

**例** 若 $V=V_K$ 是域 $K$ 上的向量空间,则 $\mathrm{End}(V_K)$就是 $V$ 到其自身的线性变换环.

**注** 若 $V_K$ 是 $n$ 维向量空间,$0<n<\infty$,则 $\mathrm{End}(V_K)$同构于域 $K$ 上 $n\times n$ 方阵环.这一事实的证明,将在稍后更一般的场合下给出.

现在我们希望,由任意环 $R$ 去确定 $\mathrm{End}(R_R)$.为此我们考察,对任一固定的 $r_0\in R$,作映射

$$r_0^{(l)}:R\ni x\mapsto r_0x\in R.$$

根据环的分配律与结合律推知,$r_0^{(l)}\in \mathrm{End}(R_R)$. $r_0^{(l)}$ 称作是由 $r_0$ 诱导的左乘.令 $\varphi\in \mathrm{End}(R_R)$,则 $\forall x\in R$ 及单位元 $1_R\in R$,

$$\varphi(x)=\varphi(1\cdot x)=\varphi(1_R)\cdot x=\varphi(1)^{(l)}(x),$$

亦即 $\varphi=\varphi(1_R)^{(l)}$,于是得

$$R^{(l)}=\mathrm{End}(R_R).$$

**引理 2.5.3** 映射 $\rho:R\ni r\mapsto r^{(l)}\in R^{(l)}$是一环同构.

**证** $\forall r_1,r_2,x\in R$,

$$\begin{aligned}(r_1+r_2)^{(l)}(x)&=(r_1+r_2)x=r_1x+r_2x\\&=r_1^{(l)}(x)+r_2^{(l)}(x)=(r_1^{(l)}+r_2^{(l)})(x)\end{aligned}$$

$$\Rightarrow (r_1+r_2)^{(l)}=r_1^{(l)}+r_2^{(l)}.$$

$$\begin{aligned}(r_1r_2)^{(l)}(x)&=(r_1r_2)(x)=r_1(r_2x)=r_1^{(l)}(r_2^{(l)}(x))\\&=(r_1^{(l)}r_2^{(l)})(x)\end{aligned}$$

$$\Rightarrow (r_1r_2)^{(l)}=r_1^{(l)}r_2^{(l)}.$$

于是 $\rho$ 是一环同态.

其次,$r_1^{(l)}=r_2^{(l)}\Rightarrow \forall x\in R, r_1^{(l)}(x)=r_2^{(l)}(x)\Rightarrow r_1x=r_2x$.令 $x=1_R\Rightarrow r_1\cdot 1_R=r_2\cdot 1_R\Rightarrow r_1=r_2\Rightarrow \rho$ 是单射.

显然,$\rho$ 是满射. □

类似地,我们考察 $R$ 的右乘环 $R^{(r)}$,同时也有

$$R\cong R^{(r)}=\mathrm{End}({}_RR).$$

现在,我们推导关于一个单模的自同态环的重要结果.为此,我们先证明如下引理.

**引理 2.5.4** 令 $A,B$ 是两个单 $R$-模,则 $A$ 到 $B$ 的每个同态或为 0 或为同构.

**证** 令 $\alpha:A\to B$ 是一同态. 由于 $\mathrm{Ker}\alpha \hookrightarrow A$ 且 $A$ 是单模,故或 $\mathrm{Ker}\alpha=A$,这时 $\alpha=0$,或 $\mathrm{Ker}\alpha=0$,这时 $\alpha$ 是单射. 又由于 $\mathrm{Im}\alpha\hookrightarrow B$ 且 $B$ 是单模,故或 $\mathrm{Im}\alpha=0$,这时 $\alpha$ 是零同态,或 $\mathrm{Im}\alpha=B$,这时 $\alpha$ 是满射. 于是我们断言,$\alpha\neq 0\Rightarrow\alpha$ 是同构. □

**引理 2.5.5**(Schur) 一单模的自同态环必定是除环.

**证** 由引理 2.5.4 知,任一非零自同态都是一自同构,从而它在自同态环中必有逆元,故该自同态环是除环. □

现在我们转而考察 $A_R$ 是任意模这一更为一般的情形. 令 $S=\mathrm{End}(A_R)$,在右模里,我们常把自同态算子写在 $A$ 的元素的左边,而在左模里,则写在右边,并且,对于 $\alpha\in S,a\in A$,常把 $\alpha(a)$ 简写作 $\alpha a$,则容易验证,$A_R$ 也是一个左 $S$-模,并且,$\forall\,\alpha\in S,a\in A,r\in R,\alpha(ar)=\alpha(a)r=(\alpha a)r$,故 $A$ 事实上是$S$-$R$-双模. 往后,我们将多次提及这一双模结构,而且 $A_R$,${}_SA$ 以及${}_SA_R$ 这些结构的关系,在某些场合起着重要作用.

# §2.6 对 偶 模

正如同在向量空间情形那样,在模论里,对偶模的概念及其相互关系起着重要作用.

前已提及,对任二 $R$-模 $A,B$,可赋予其同态的集合 $\mathrm{Hom}_R(A,B)$以阿贝尔群结构,但一般不能作成 $R$-模. 然而,在 $B=R$ 为正则模 $R_R$ 这一特殊场合,我们有一种自然的方法来定义它的模运算,使 $\mathrm{Hom}_R(A,B)$作成 $R$-模. 当 $A_R$ 给定后,具体做法如下:

**定义 2.6.1** $\forall\, f\in\mathrm{Hom}_R(A,R),\lambda\in R$,

$$(\lambda f)(a):=\lambda[f(a)],\ \forall\, a\in A.$$

不难验证:$(\lambda f)\in\mathrm{Hom}_R(A,R)$.

**定义 2.6.2** 对模 $A_R$ 来说,给阿贝尔群 $\mathrm{Hom}_R(A,R)$赋予模运算$(\lambda,f)\mapsto\lambda f$,则 $\mathrm{Hom}_R(A,R)$是一左 $R$-模,称它为 $A_R$ 的对偶模,记作 $A_R^d$.

**注** 对左 $R$-模 $A$,及 $f\in\mathrm{Hom}_R(A,R),\lambda\in R$,相应地,令

$$(f\lambda)(a):=f(a)\lambda,\ \forall\, a\in A.$$

则同样地可验证$(f\lambda)\in\mathrm{Hom}_R(A,R)$,于是在模运算

$$(f,\lambda)\mapsto f\lambda$$

之下,阿贝尔群 $\mathrm{Hom}_R(A,R)$ 作为一右 $R$-模,也称为$_RA$ 的对偶模,记作$_RA^d$. 注意,对偶模 $A^d$ 中的元素 $a^d$ 称作模 $A$ 上的线性型.

**例** 作为 $\mathbf{Z}$-模,可以证明,$\mathbf{Q}^d=0$,$(\mathbf{Z}/2\mathbf{Z})^d=0$ 以及 $\mathbf{Z}^d\cong\mathbf{Z}$. 证明留给读者.

作为 $\mathbf{Z}/2\mathbf{Z}$-模,$(\mathbf{Z}/2\mathbf{Z})^d\cong\mathbf{Z}/2\mathbf{Z}$. 因为

$$f\mapsto f(1/2\mathbf{Z})$$

是从$(\mathbf{Z}/2\mathbf{Z})^d$ 到 $\mathbf{Z}/2\mathbf{Z}$ 的 $\mathbf{Z}/2\mathbf{Z}$-同构.

为了运算上方便,下面引入一新记号:

$$\forall\, x\in A \text{ 及 } y^d\in A^d,\text{令}\langle x,y^d\rangle:=y^d(x),$$

于是立得

(1) $\langle x+y,x^d\rangle=\langle x,x^d\rangle+\langle y,x^d\rangle$;

(2) $\langle x,x^d+y^d\rangle=\langle x,x^d\rangle+\langle x,y^d\rangle$;

(3) $\langle \lambda x,x^d\rangle=\lambda\langle x,x^d\rangle$;

(4) $\langle x,x^d\lambda\rangle=\langle x,x^d\rangle\lambda$.

此处 $x,y\in {_RA}$,$x^d,y^d\in {_RA^d}$,$\lambda\in R$.

记$_RA^{dd}:=(_RA^d)^d=\mathrm{Hom}_R(_RA^d,R)$,称为 $A$ 的双对偶.

现考察 $A^{dd}$ 与 $A$ 的关系如何. 为此,$\forall\, x\in {_RA}$,定义映射 $x^{dd}:{_RA^d}\mapsto R$ 如下:

$$\forall\, y^d\in {_RA^d},\text{令 } x^{dd}(y^d)=y^d(x)=\langle x,y^d\rangle.$$

由(2)及(4)知,$x^{dd}\in {_RA^{dd}}$.

**定理 2.6.3** 映射 $x\mapsto x^{dd}$ 是模$_RA$ 到它的双对偶$_RA^{dd}$的一个 $R$-同态.(称它为从$_RA$ 到$_RA^{dd}$的典范同态)

**证** 由上述(1)及(3)立得. □

**注** 在 $A$ 是有限维向量空间的场合,由高等代数知识知,上述映射 $x\mapsto x^{dd}$ 是 $R$-同构. 但一般情形下,上述 $R$-同态既非单的亦非满的.

**定义 2.6.4** 若 $R$-同态 $x\mapsto x^{dd}$ 是单的,就称模$_RA$ 是无挠的. 若 $x\mapsto x^{dd}$ 是同构,就称模$_RA$ 是自反的.

# §2.7 正 合 列

在§2.3同态分解的讨论中,我们引进过表示若干同态之间相互关系的所谓交换图并初步领略过它们的直观作用.这里,再引进表示一族(有限或可列无限)同态之间相互关系的重要概念.

**定义 2.7.1** $R$ 是任一环,$\{M_i\}$是一族 $R$-模,$\{\alpha_i\}$是相应的一族 $R$-同态,其中 $\alpha_i: M_i \to M_{i+1}$.

(1) $R$-模及 $R$-同态的序列(以后简称序列)

$$\cdots \to M_{i-1} \xrightarrow{\alpha_i} M_i \xrightarrow{\alpha_{i+1}} M_{i+1} \to \cdots$$

说是在 $i$(或 $M_i$)处正合,如果 $\mathrm{Im}\alpha_i = \mathrm{Ker}\alpha_{i+1}$.又称处处正合的序列为正合列.

(2) 形如

$$0 \to A \xrightarrow{f} M \xrightarrow{g} B \to 0$$

的正合列称作短正合列.

(3) 形如

$$N \xrightarrow{g} P \to 0(\text{相应地},0 \to M \xrightarrow{f} N)$$

的序列称作可裂正合的,如果 $g$ 是裂的满同态,亦即它是正合的,而且存在 $R$-同态$\pi: P \to N$ 使得 $g \circ \pi = \mathrm{id}_P$ 为模 $P$ 的恒等同态(相应地,如果 $f$ 是裂的单同态,亦即它是正合的且存在 $R$ 同态 $\rho: N \to M$ 使得 $\rho \circ f = \mathrm{id}_M$ 为模 $M$ 的恒等同态).这时 $\pi$ 及 $\rho$ 分别称作相应可裂正合列的裂同态.

短正合列

$$0 \to M \xrightarrow{f} N \xrightarrow{g} P \to 0$$

称作右可裂(相应地,左可裂)的,如果 $N \to P \to 0$(相应地,$0 \to M \to N$)是可裂的.

**注** (1) 序列 $0 \to A \xrightarrow{f} M$ 的正合性意味着 $\mathrm{Ker}f = 0$,亦即表示 $f$ 是一单同态.同理 $M \xrightarrow{g} W \to 0$ 的正合性意味着 $\mathrm{Im}g = W$,亦即表示 $g$ 是满同态.

(2) 显然,作为单射的 $f$,总存在一映射 $\rho: M \to A$ 使得 $\rho \circ f = \mathrm{id}_A$.同理作为满射的 $g$,总存在映射 $\pi: W \to M$,使得 $\pi \circ g = \mathrm{id}_M$.但并不意味着,正合列

$0\to A\xrightarrow{f}M$(相应地,$M\xrightarrow{g}W\to 0$)总是可裂的,因为上述映射 $\rho$ 与 $\pi$ 一般未必是 $R$-同态.

**例** (1) 若 $f:A\to B$ 是 $\mathbf{Z}$-同态,则有正合列

$$0\to \mathrm{Ker}f\xrightarrow{\iota}A\xrightarrow{f}B\xrightarrow{\pi}\mathrm{Coker}f.$$

(2) 若 $f:A\to B$ 是单 $\mathbf{Z}$-同态,则有短正合列

$$0\to A\xrightarrow{f}B\xrightarrow{\pi}\mathrm{Coker}f.$$

若 $f:A\to B$ 是满 $\mathbf{Z}$-同态,则有短正合列

$$0\to \mathrm{Ker}f\xrightarrow{\iota}A\xrightarrow{f}B\to 0.$$

(3) 若 $f:A\to B$ 是任意 $\mathbf{Z}$-同态,则有短正合列

$$0\to \mathrm{Ker}f\xrightarrow{\iota}A\xrightarrow{\pi}\mathrm{Coim}f,$$

也有短正合列

$$0\to \mathrm{Im}f\xrightarrow{\iota}B\xrightarrow{\pi}\mathrm{Coker}f.$$

以上 $\iota$ 及 $\pi$ 分别表示典范包含及典范满射.

**引理 2.7.2** 若 $f:M\to N$ 是 $R$-同态,则

(1) $f$ 是单的当且仅当 $0\to M\xrightarrow{f}N$ 正合;

(2) $f$ 是满的当且仅当 $M\xrightarrow{f}N\to 0$ 正合;

(3) $f$ 是同构当且仅当 $0\to M\xrightarrow{f}N\to 0$ 正合.

**引理 2.7.3**(四引理) 设 $R$-模及 $R$-同态的图(见图 2.7.1)

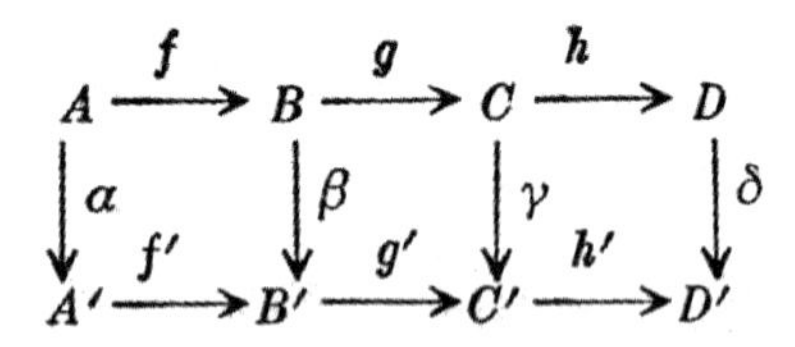


图 2.7.1

可换且各行皆正合,则

(1) $\alpha$ 是满的,且 $\beta,\delta$ 皆单$\Rightarrow\gamma$ 是单的;

(2) $\delta$ 是单的,且 $\alpha,\gamma$ 皆满$\Rightarrow\beta$ 是满的.

**证** 下面的证明采用富于启发性的所谓图形追赶法进行.

(1) 任取 $c\in\mathrm{Ker}\gamma$,由图 2.7.1 的可换性,$\delta[h(c)]=h'[\gamma(c)]=0\Rightarrow h(c)\in\mathrm{Ker}\delta=0\Rightarrow c\in\mathrm{Ker}h=\mathrm{Im}g$. 故存在 $b\in B$,使 $c=g(b)$,但 $0=\gamma(c)=\gamma[g(b)]=g'[\beta(b)]$,从而 $\beta(b)\in\mathrm{Ker}g'=\mathrm{Im}f'$. 又存在 $a'\in A'$,使 $\beta(b)=f'(a')$,由于

$\alpha$ 是满同态,故存在 $a\in A$,使 $\alpha(a)=a'$,故 $\beta(b)=f'[\alpha(a)]=\beta[f(a)]$,由于 $\beta$ 是单同态,故 $b=f(a)$,又由行的正合性知 $g\circ f=0$,所以 $c=g(b)=g[f(a)]=gf(a)=0$,亦即 $\mathrm{Ker}\gamma=0$.

(2) 任取 $b'\in B'$,因 $\gamma$ 是满同态,故存在 $c\in C$,使 $g'(b')=\gamma(c)$. 由图 2.7.1的交换性,

$$\delta[h(c)]=h'[\gamma(c)]=h'[g'(b')].$$

由行的正合性知,$h'\circ g'=0$,从而 $h(c)\in\mathrm{Ker}\delta=0$,故 $c\in\mathrm{Ker}h=\mathrm{Im}g$. 又有 $b\in B$ 使 $c=g(b)$,所以

$$g'(b')=\gamma(c)=\gamma[g(b)]=g'[\beta(b)],$$

从而 $b'-\beta(b)\in\mathrm{Ker}g'=\mathrm{Im}f'$,故存在 $a'\in A'$,使 $f'(a')=b'-\beta(b)$. 又因 $\alpha$ 是满的,故存在 $a\in A$,使 $a'=\alpha(a)$,于是

$$b'-\beta(b)=f'(a')=f'[\alpha(a)]=\beta[f(a)],$$

所以 $b'=\beta[f(a)]+\beta(b)=\beta[f(a)+b]\in\mathrm{Im}\beta$,即 $\beta$ 是满的. □

**引理 2.7.4**(五引理)　设 $R$-模及 $R$-同态的图(见图 2.7.2)

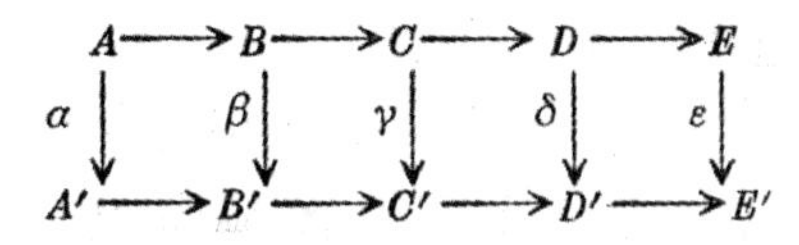


图 2.7.2

可交换且各行皆正合,则

$$\alpha,\beta,\delta,\varepsilon\text{ 皆是同构}\Rightarrow\gamma\text{ 是同构}.$$

证明留作练习.

**引理 2.7.5**(短五引理)　设 $R$-模与 $R$-同态的图(见图 2.7.3)

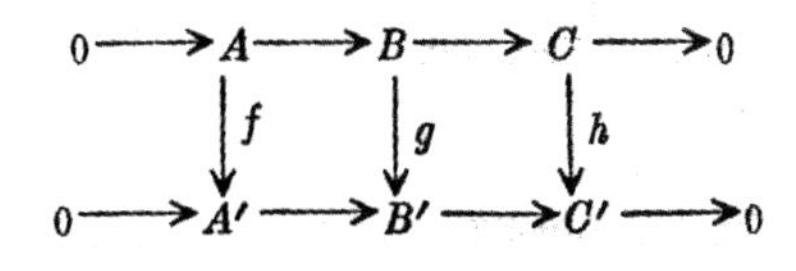


图 2.7.3

可交换且各行皆正合,则

(1) $f$ 与 $h$ 皆单$\Rightarrow g$ 单;

(2) $f$ 与 $h$ 皆满$\Rightarrow g$ 满;

(3) $f$ 与 $h$ 是同构$\Rightarrow g$ 是同构.

证明留作练习.

现在,让我们来考察可裂短正合列的性态. 令

$$0\to A\xrightarrow{f}M\xrightarrow{g}W\to 0$$

是短正合列.

**引理 2.7.6** 令 $A:=0\to A\xrightarrow{f}M\xrightarrow{g}W\to 0$ 是短正合列,则

(1) 下列断语等价:

(a) $A$ 可裂; (b) $A$ 左可裂; (c) $A$ 右可裂.

(2) 若 $A$ 可裂且 $f_0$ 与 $g_0$ 是其相应的裂同态,则

$$0\leftarrow A\xleftarrow{f_0}M\xleftarrow{g_0}W\leftarrow 0$$

亦是可裂正合的.

**证** (1) (a)$\Leftrightarrow$(b)由推论 2.3.11(1)知,(a)$\Leftrightarrow$(c)由推论 2.3.11(2)知.

(2) 令 $f_0:M\to A$ 是 $f$ 相应的裂同态,即 $f_0f=1_A$. 由推论 2.3.10(3)推知

$$M=\mathrm{Im}f\oplus\mathrm{Ker}f_0=\mathrm{Ker}g\oplus\mathrm{Ker}f_0.$$

由此推知

$$g|_{\mathrm{Ker}f_0}:\mathrm{Ker}f_0\to W$$

是同构映射. 故有逆映射 $h:W\to\mathrm{Ker}f_0$ 也是同构映射.

令 $g_0:=\iota\circ h:W\to M$ 是单同态,其中 $\iota:\mathrm{Ker}f_0\to M$ 为典范包含. 由于 $g|_{\mathrm{Ker}f_0}$ 是 $\mathrm{Ker}f_0\to W$ 的同构映射,故

$$W=\{g(x)\mid x\in\mathrm{Ker}f_0\}.$$

于是 $gg_0(g(x))=g\iota h(g(x))=g\iota(hg(x))=g\iota(x)=g(x)$,亦即 $gg_0=1_W$. 又由题 $f_0f=1_A$,故由(1)知

$$0\leftarrow A\xleftarrow{f_0}M\xleftarrow{g_0}W\leftarrow 0$$

可裂.

# 练　　习

1. 设 $A,L\in M_R$,$\alpha:A\to L$ 是 $R$-同态,且 $B\hookrightarrow A$,$C\hookrightarrow A$,$M\hookrightarrow L$,$N\hookrightarrow L$. 证明下列命题等价:

(1) $\alpha(B\cap C)=\alpha(B)\cap\alpha(C)$;

(2) $(B+\mathrm{Ker}\alpha)\cap(C+\mathrm{Ker}\alpha)=B\cap C+\mathrm{Ker}\alpha$;

(3) $(B\cap\mathrm{Ker}\alpha)+(C\cap\mathrm{Ker}\alpha)=(B+C)\cap\mathrm{Ker}\alpha$.

下列命题等价:

(4) $\alpha^{-1}(M+N)=\alpha^{-1}(M)+\alpha^{-1}(N)$;

(5) $(M\cap \mathrm{Im}\alpha)+(N\cap \mathrm{Im}\alpha)=(M+N)\cap \mathrm{Im}\alpha$;

(6) $(M+\mathrm{Im}\alpha)\cap(N+\mathrm{Im}\alpha)=(M\cap N)+\mathrm{Im}\alpha$.

2. 对任意模 $M_R$，证明 $\mathrm{Hom}_R(R,M)\cong M$.

3. 作为 $\mathbf{Z}$-模，证明 $\mathbf{Q}^d=0$，$(\mathbf{Z}/2\mathbf{Z})^d=0$，$\mathbf{Z}^d\cong\mathbf{Z}$ 以及 $(\mathbf{Z}/n\mathbf{Z})^d=0$. 但作为 $\mathbf{Z}/n\mathbf{Z}$-模，$(\mathbf{Z}/n\mathbf{Z})^d\cong\mathbf{Z}/n\mathbf{Z}$.

4. 若 $V_K$ 是向量空间，证明其自同态环 $\mathrm{End}(V_K)$ 是正则的.

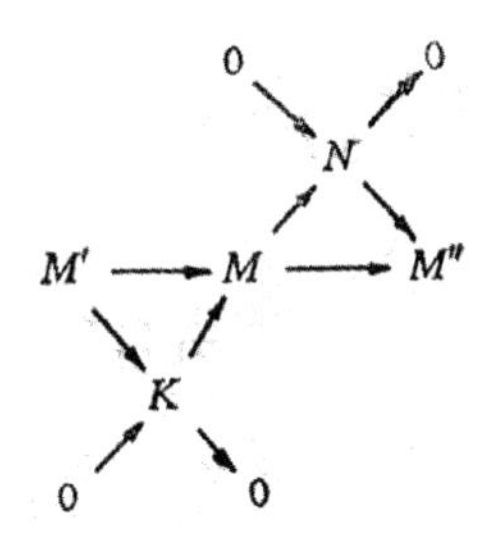


5. 若 $M_R$ 是单模，证明 $\mathrm{End}_R(M)$ 是除环.

6. 证明：$R$-模及 $R$-同态的序列

$$M'\xrightarrow{f}M\xrightarrow{g}M''$$

正合的充要条件是存在右面交换图，其中“对角线”序列全都正合.

# 第三章　直积、直和与自由模

在模的结构理论中，一方面，我们试图通过加性分解或剩余类分解，把给定模归约为较简单的模；另一方面，我们力图从给定模去构造新模．当然，这种构造并非随心所欲，其中一个指导原则是，涉及模的问题往往具有所谓的泛性性质，模的积与余积就是这类问题之一．

## §3.1　积与余积的构造

首先回顾一下某些集论的概念．令$\{A_i \mid i\in I\}$是具指标集$I\neq\varnothing$的集族，则这个族的积$\prod\limits_{i\in I}A_i$是一切映射

$$\alpha: I\to\bigcup_{i\in I}A_i,\quad \forall i\in I, \alpha(i)\in A_i$$

的集合．

约定记号：

(1) $a_i:=\alpha(i)$称作$\alpha$的第$i$个分量．

(2) $(a_i):=(\alpha(i)):=\alpha$．

在上述约定记法之下，显然，$\forall (a_i),(a_i{}')\in\prod\limits_{i\in I}A_i$，

$$(a_i)=(a_i{}')\Leftrightarrow\forall i\in I[a_i=a_i{}'],$$

此处，指标集$I$不必是可列的，但若$I$是可列集，比方说$I=\{1,2,3,\cdots\}$，则记号

$$(a_1,a_2,a_3,\cdots):=(a_i)=\alpha$$

也经常使用．若$I$是有限集，比方说$I=\{1,2,3,\cdots,n\}$，则令

$$(a_1,a_2,\cdots,a_n):=(a_i)=\alpha.$$

如果对每个$i\in I$，$A_i$都是具相同基环$R$的右$R$-模，那么按照分量方式定

义加法及模乘法，$\prod_{i\in I}A_i$ 可作成有单位元的右 $R$-模，具体叙述如下.

**定义 3.1.1**　$(a_i),(b_i)\in\prod_{i\in I}A_i, r\in R$.

加法：$(a_i)+(b_i)=(a_i+b_i)$；

模乘法：$(a_i)r=(a_ir)$.

若我们再写 $\alpha=(a_i)$，$\beta=(b_i)$，则上述定义变作

$$(\alpha+\beta)(i)=\alpha(i)+\beta(i), i\in I.$$
$$(\alpha r)(i)=\alpha(i)r, \qquad i\in I.$$

不难验证，$\prod_{i\in I}A_i$ 关于上述加法及模乘法作成一右 $R$-模，而零映射

$$I\ni i\mapsto 0_i\in\bigcup_{i\in I}A_i$$

就是 $\prod A_i$ 的零元.此处，$0_i$ 是模 $A_i$ 的零元，而 $-\alpha:=(-a_i)$ 是 $\alpha=(a_i)$ 关于加法的逆元.

**定义 3.1.2**　元素 $(a_i)\in\prod_{i\in I}A_i$ 称作是有限支承的：$\Leftrightarrow$ 使得 $a_i\neq 0$ 的 $i\in I$ 的集是有限集(空集也看作是有限集，故零元也是有限支承的，具有限支承的元有时称作几乎是零元).

从子模的判别法可以看出，$\prod A_i$ 的所有具有有限支承的元素所组成的集合作成 $\prod A_i$ 的一子模.

**定义 3.1.3**　(1) 若 $\{A_i\mid i\in I\}$ 是一族右 $R$-模，则右 $R$-模 $\prod_{i\in I}A_i$ 就称作这个族 $\{A_i\mid i\in I\}$ 的直积.

(2) $\prod_{i\in I}A_i$ 的一切具有限支承的元素所成的子模就称作族 $\{A_i\mid i\in I\}$ 的外直和(或对偶地，称作族 $\{A_i\mid i\in I\}$ 的余积)，并记作 $\coprod_{i\in I}A_i$.

**注 3.1.4**　若 $I$ 是有限集，则 $\prod_{i\in I}A_i=\coprod_{i\in I}A_i$. 对 $j\in I$，我们考察下面的映射：

$$\pi_j:\prod_{i\in I}A_i\ni(a_i)\mapsto a_j\in A_j;$$
$$\sigma:\coprod_{i\in I}A_i\ni(a_i)\mapsto(a_i)\in\prod_{i\in I}A_i;$$
$$\eta_j:A_j\ni a_j\mapsto \boldsymbol{a}_j\in\coprod_{i\in I}A_i\text{，使 }\boldsymbol{a}_j(i)=\begin{cases}0\text{，当 }i\neq j;\\ a_j\text{，当 }i=j.\end{cases}$$

此处 $\pi_j$ 称作 $\prod A_i$ 的第 $j$ 个典范射影，$\eta_j$ 称作 $A_j$ 对 $\coprod A_i$ 的典范嵌入(或典

范内射). 不难直接验证下面的引理.

**引理 3.1.5** (1) $\pi_j$ 及 $\pi_j\sigma$ 是满同态.

(2) $\eta_j$ 及 $\sigma\eta_j$ 是单同态.

(3) $\pi_k\sigma\eta_j=\begin{cases}1_{A_j}, & \text{当 } k=j \text{ 时};\\ 0, & \text{当 } k\neq j \text{ 时}.\end{cases}$

(4) $(\sigma\eta_j\pi_j)^2=\sigma\eta_j\pi_j, (\eta_j\pi_j\sigma)^2=\eta_j\pi_j\sigma$.

(5) 若 $I=\{1,2,\cdots,n\}$,则

$$(\eta_j\pi_j)^2=\eta_j\pi_j,\quad 1_{\pi A_i}=\sum_{j=1}^{n}\eta_j\pi_j.$$

**定理 3.1.6** $\{A_i\mid i\in I\}$为给定一族 $R$-模,则它的积 $\prod A_i$ 与余积 $\coprod A_i$ 分别具有下述所谓泛性质:

(1) 对每个 $R$-模 $C$ 及每个 $R$-同态 $\gamma_i:C\to A_i$ 的族$\{\gamma_i\mid i\in I\}$,都存在唯一 $R$-同态 $\gamma: C\to\prod A_i$,使得 $\forall i\in I$ 皆有 $\gamma_i=\pi_i\gamma$.

(2) 对每个 $R$-模 $B$ 及每个 $R$-同态 $\beta_i:A_i\to B$ 的族$\{\beta_i\mid i\in I\}$,都存在唯一的 $R$-同态 $\beta$: $\coprod A_i\to B$, 使得 $\forall i\in I,\beta_i=\beta\eta_i$,其中 $\pi$ 及 $\eta_i$ 分别是典范射影与嵌入.

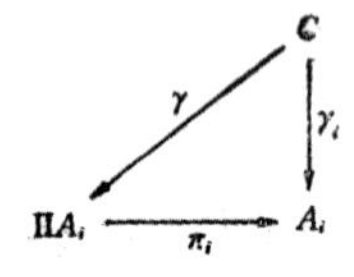

图 3.1.1

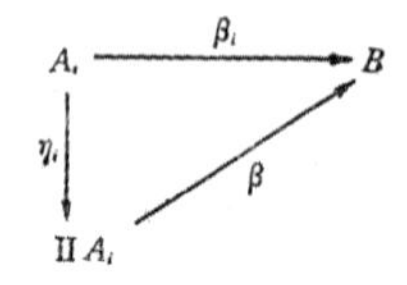

图 3.1.2

**证** (1) 首先利用给定的同态族$\{\gamma_i\mid i\in I\}$构造所要求的 $R$-同态 $\gamma$: $C\to\prod A_i$,而这只需令 $\forall c\in C$, $\gamma(c)=(\gamma_i(c))\in\prod A_i$,显然 $\gamma$ 是一 $R$-同态,且 $\forall c\in C,(\pi_j\gamma)(c)=\pi_j[\gamma(c)]=\pi_j[(\gamma_i(c))]=\gamma_j(c)$,从而 $\forall j\in I,\pi_j\gamma=\gamma_j$. 至于唯一性,显然容易推得. 事实上,若设 $\gamma':C\to\prod A_i$ 是$R$-同态且 $\pi_j\gamma'=\gamma_j$,则 $\forall c\in C$,

$$\gamma_j(c)=(\pi_j\gamma')(c)=\pi_j(\gamma'(c))=\pi_j(\gamma(c)).$$

从而 $\gamma'(c)=(\gamma_i(c))=\gamma(c)$,亦即 $\gamma'=\gamma$.

(2) 类似地,首先利用所给的 $R$-同态族$\{\beta_i\mid i\in I\}$构造映射 $\beta$. 为此, $\forall(a_i)\in\coprod A_i$,令 $\beta[(a_i)]=\sum\limits_{\substack{i\in I\\ a_i\neq0}}\beta_i(a_i)$,且令 $\beta[(0)]=0$,此处$(0)$为 $\coprod A_i$ 的零元. 由于 $\coprod A_i$ 的元素$(a_i)(i\in I)$中至多有有限个 $a_i\neq0$,所以上述定义 $\beta$

中的和 $\sum$ 只是有限和，因而是有意义的．至于 $\beta$ 是一 $R$-同态且满足 $\beta\eta_j=\beta_j$，$\forall j\in I$ 的唯一 $R$-同态的推证过程，与(1)中的 $\gamma$ 完全类似．　□

**注 3.1.7**　(1) 定理 3.1.6 中的泛性性质，显然在同构意义下，分别唯一地决定了积 $\prod A_i$ 与余积 $\coprod A_i$.

(2) 定理 3.1.6 中唯一的 $R$-同态 $\gamma:C\to\prod A_i$ 及 $\beta:\coprod A_i\to B$ 分别称作同态族 $\{\gamma_i\mid i\in I\}$ 的积及同态族 $\{\beta_i\mid i\in I\}$ 的余积，并分别记作 $\gamma=\prod\gamma_i$ 及 $\beta=\coprod\beta_i$，于是便有等式 $\pi_i(\prod\gamma_j)=\gamma_i$ 及 $(\coprod\beta_j)\eta_i=\beta_i$.

# §3.2　内直和与外直和的关系

在前面两章里，我们先后引入了内直和与外直和两种概念．现在我们证明，这两个概念并不存在本质的差异，所以，在大多数场合，我们都把它们等同起来而不致发生误会．

首先，因为我们有典范内射

$$\eta_j: A_j\ni a_j\mapsto \boldsymbol{a}_j\in\coprod_{i\in I}A_i,$$

此处

$$\boldsymbol{a}_j(i)=\begin{cases}0,\ 对\ i\neq j;\\ a_j,对\ i=j.\end{cases}$$

令 $A'_j:=\eta_i(A_j)$，则 $A'_j\cong A_j$ 且 $A'_j\hookrightarrow\coprod A_i$．若 $I=\{1,2,\cdots,n\}$，则推知

$$\boldsymbol{a}_j=(0,\cdots,0,a_j,0,\cdots,0)$$

↑第 $j$ 个位置

且

$$A'_j=\{(0,\cdots,0,a_j,0,\cdots,0)\mid a_j\in A_j\}.$$

↑第 $j$ 个位置

**定理 3.2.1**　令 $\{A_i\mid i\in I\}$ 是一族 $R$-模，则

$$\coprod_{i\in I}A_i=\bigoplus_{i\in I}A'_i\quad 且\ A_i\cong A'_i.$$

换言之，$A_i$ 的外直和等于 $\coprod_{i\in I}A_i$ 的同构于 $A_i$ 的子模 $A'_i$ 的内直和．

**证**　首先由 $A'_i$ 的定义推知，$\sum_{i\in I}A'_i\hookrightarrow\coprod_{i\in I}A_i$．反之，令

$$0\neq(a_i)\in\coprod_{i\in I}A_i$$

且令 $a_{i_1}\neq 0, a_{i_2}\neq 0, \cdots, a_{i_n}\neq 0$,而对其余一切 $i\in I$,都有 $a_i=0$,则

$$(a_i)\in A'_{i_1}+A'_{i_2}+\cdots+A'_{i_n},$$

亦即

$$\prod_{i\in I}A_i \subseteq \sum_{i\in I}A'_i,$$

从而

$$\prod_{i\in I}A_i = \sum_{i\in I}A'_i.$$

其次,若 $(a_i)\in A'_j\cap \sum_{\substack{i\neq j\\ i\in I}}A'_i$,则 $(a_i)=0$,故推知

$$A'_j\cap \sum_{\substack{i\neq j\\ i\in I}}A'_i=0,$$

亦即

$$\sum_{i\in I}A'_i=\bigoplus_{i\in I}A'_i.$$

最后,由于 $A_i\ni a_i\mapsto \eta_i(a_i)=a_i\in \prod_{i\in I}A_i$ 是一单同态,故

$$A_i\cong \eta_i(A_i)=A'_i\subseteq \prod_{i\in I}A_i. \quad \square$$

**注** 由于定理 3.2.1,故通常内、外直和的差别被忽略,而径直称它们两者为直和,并记作 $\oplus A_i$.

## §3.3 直积与直和的同态

令 $\{A_i\mid i\in I\}$,$\{B_i\mid i\in I\}$ 是给定的两族 $R$-模,而 $\{\alpha_i\mid i\in I\}$ 是同态 $\alpha_i: A_i\to B_i$ 的族,则我们有

**引理 3.3.1** 通过

$$\prod_{i\in I}\alpha_i: \prod_{i\in I}A_i\ni (a_i)\mapsto (\alpha_i(a_i))\in \prod_{i\in I}B_i,$$

$$\bigoplus_{i\in I}\alpha_i: \bigoplus_{i\in I}A_i\ni (a_i)\mapsto (\alpha_i(a_i))\in \bigoplus_{i\in I}B_i$$

定义的映射是同态并使得

(1) $\prod\alpha_i$ 是单的 $\Leftrightarrow \oplus\alpha_i$ 是单的 $\Leftrightarrow \forall i\in I[\alpha_i$ 是单的];

(2) $\prod\alpha_i$ 是满的 $\Leftrightarrow \oplus\alpha_i$ 是满的 $\Leftrightarrow \forall i\in I[\alpha_i$ 是满的];

(3) $\prod\alpha_i$ 是同构 $\Leftrightarrow \oplus\alpha_i$ 是同构 $\Leftrightarrow \forall i\in I[\alpha_i$ 是同构].

证明留作练习.

**引理 3.3.2** 除保持上面的假设外,进一步令

$$\iota_i: \mathrm{Ker}\alpha_i \ni a_i \mapsto a_i \in A_i,$$
$$\iota_i': \mathrm{Im}\alpha_i \ni b_i \mapsto b_i \in B_i, \quad i \in I,$$

则下面的映射都是同构：

(1) $\prod\limits_{i\in I} \mathrm{Ker}\alpha_i \ni (a_i) \mapsto (\iota_i(a_i)) \in \mathrm{Ker}(\prod\limits_{i\in I}\alpha_i)$；

(2) $\bigoplus\limits_{i\in I} \mathrm{Ker}\alpha_i \ni (a_i) \mapsto (\iota_i(a_i)) \in \mathrm{Ker}(\bigoplus\limits_{i\in I}\alpha_i)$；

(3) $\prod\limits_{i\in I} \mathrm{Im}\alpha_i \ni (b_i) \mapsto (\iota_i'(b_i)) \in \mathrm{Im}(\prod\limits_{i\in I}\alpha_i)$；

(4) $\bigoplus\limits_{i\in I} \mathrm{Im}\alpha_i \ni (b_i) \mapsto (\iota_i'(b_i)) \in \mathrm{Im}(\bigoplus\limits_{i\in I}\alpha_i)$.

从而
$$\prod_{i\in I} \mathrm{Ker}\alpha_i \cong \mathrm{Ker}(\prod_{i\in I}\alpha_i),\ \bigoplus_{i\in I} \mathrm{Ker}\alpha_i \cong \mathrm{Ker}(\bigoplus_{i\in I}\alpha_i),$$
$$\prod_{i\in I} \mathrm{Im}\alpha_i \cong \mathrm{Im}(\prod_{i\in I}\alpha_i),\ \bigoplus_{i\in I} \mathrm{Im}\alpha_i \cong \mathrm{Im}(\bigoplus_{i\in I}\alpha_i).$$

**证**　首先验证 $\forall (a_i) \in \prod\limits_{i\in I} \mathrm{Ker}\alpha_i$，它的像$(\iota_i(a_i))$属于 $\mathrm{Ker}(\prod\limits_{i\in I}\alpha_i)$．这是因为$(\prod\limits_{i\in I}\alpha_i)(\iota_i(a_i)) = (\alpha_i(\iota_i(a_i))) = (\alpha_i(a_i)) = 0$．其次，因为 $\iota_i: \mathrm{Ker}\alpha_i \to A_i$ 是单同态，故由引理 3.3.1 知
$$\prod_{i\in I}\iota_i: \prod_{i\in I} \mathrm{Ker}\alpha_i \ni (a_i) \mapsto (\iota_i(a_i)) \in \prod_{i\in I} A_i$$
也是单同态，而为了证明 $\prod\limits_{i\in I}\iota_i$ 是 $\prod\limits_{i\in I} \mathrm{Ker}\alpha_i$ 到 $\mathrm{Ker}(\prod\limits_{i\in I}\alpha_i)$ 的同构，只需验证
$$\mathrm{Im}(\prod_{i\in I}\iota_i) = \mathrm{Ker}(\prod_{i\in I}\alpha_i)$$
即可.前面已证
$$\mathrm{Im}(\prod_{i\in I}\iota_i) \subseteq \mathrm{Ker}(\prod_{i\in I}\alpha_i),$$
故 $\forall (a_i') \in \mathrm{Ker}(\prod\limits_{i\in I}a_i)$，有$(\prod\limits_{i\in I}a_i)(a_i') = 0$，$(\alpha_i(a_i')) = 0$，$\forall i \in I$，$\alpha_i(a_i') = 0$，即 $a_i' \in \mathrm{Ker}\alpha_i$.所以 $\forall i \in I$，
$$(a_i') \in \prod_{i\in I} \mathrm{Ker}\alpha_i,\ (a_i') = (\iota_i(a_i')) \in \mathrm{Im}(\prod_{i\in I}\iota_i).$$

(2)，(3)，(4)的证明类似.　□

**引理 3.3.3**　设 $\{A_i \mid i \in I\}$，$\{B_j \mid j \in J\}$ 是给定的两族 $R$-模，则 $\mathrm{Hom}_R(\bigoplus\limits_{i\in I}A_i, \prod\limits_{j\in J}B_j) \ni \varphi \mapsto (\pi_j\varphi\eta_i) \in \prod\limits_{(i,j)\in I\times J} \mathrm{Hom}_R(A_i, B_j)$ 是一群同构.

**证**　$\because \eta_i$ 是 $A_i$ 到$\bigoplus\limits_{i\in I}A_i$ 的典范内射，$\varphi$ 是$\bigoplus\limits_{i\in I}A_i$ 到 $\prod\limits_{i\in I}B_i$ 的同态，$\pi_j$ 是 $\prod\limits_{i\in I}B_i$ 到 $B_j$ 的典范射影，故 $\forall \varphi \in \mathrm{Hom}_R(\bigoplus\limits_{i\in I}A_i, \prod\limits_{j\in J}B_j)$，有

$$(\pi_j\varphi\eta_i) \in \prod_{(i,j)\in I\times J} \mathrm{Hom}_R(A_i, B_j).$$

并且，$\forall \varphi,\psi \in \mathrm{Hom}_R(\bigoplus_{i\in I} A_i, \prod_{j\in J} B_j)$，

$$(\varphi+\psi)\mapsto(\pi_j(\varphi+\psi)\eta_i)=\pi_j\varphi\eta_i+\pi_j\psi\eta_i,$$

故这一映射显然是一群同态. 以下分别证明它是单的及满的.

先证是单的. $\forall 0 \neq \varphi \in \mathrm{Hom}_R(\bigoplus A_i, \prod B_j)$，$\exists (a_i) \in \bigoplus A_i$ 使得 $\varphi((a_i))\neq 0$. 因为 $(a_i) = \sum_{a_i\neq 0} a_i$，于是，$\varphi((a_i)) = \varphi(\sum a_i) = \sum \varphi(a_i) \neq 0 \Rightarrow \exists i \in I$，使得 $\varphi(a_i) \neq 0$ 但 $a_i = \eta_i(a_i)$，故 $0 \neq \varphi(\eta_i(a_i)) = (\varphi\eta_i)(a_i) \in \prod_{j\in J} B_j \Rightarrow \exists j \in J$ 使得 $\pi_j\varphi\eta_i(a_i) \neq 0 \Rightarrow \pi_j\varphi\eta_i \neq 0$.

再证是满的. $\forall (\alpha_{ji}) \in \prod \mathrm{Hom}_R(A_i, B_j)$，对固定的 $i\in I$ 考虑由

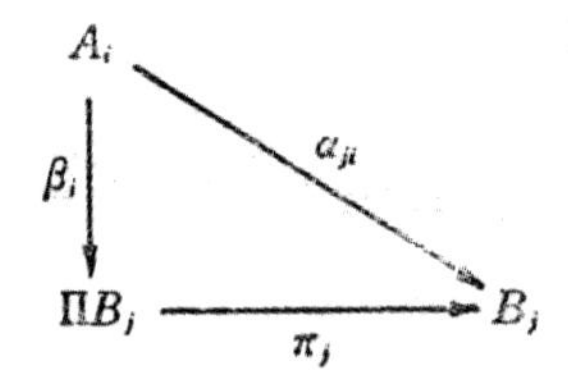


图 3.3.1

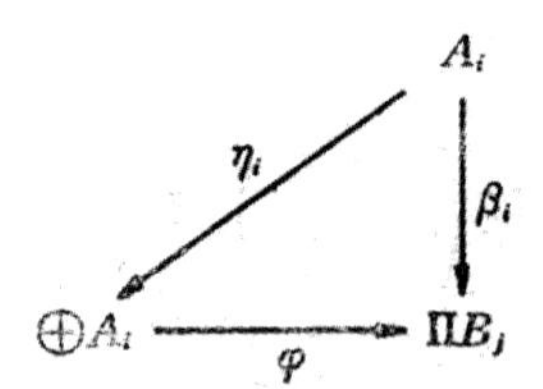


图 3.3.2

同态 $\alpha_{ji}: A_i \to B_j$ 所组成的族 $\{\alpha_{ji} \mid j \in J\}$. 由定理 3.1.6(1)，存在一同态 $\beta_i$: $A_i \to \prod_{j\in J} B_j$，使得图 3.3.1 可交换.

再考虑同态 $\beta_i: A_i \to \prod B_j$ 的族 $\{\beta_i \mid i\in I\}$，由定理 3.1.6(2) 存在一同态 $\varphi: \bigoplus A_i :\to \prod B_j$，使得图 3.3.2 可交换. 于是，$\alpha_{ji} = \pi_j\beta_i = \pi_j\varphi\eta_i$，故同态是满的. □

特别情形是

$$\mathrm{Hom}_R(\bigoplus_{i\in I} A_i, B) \cong \prod_{i\in I} \mathrm{Hom}_R(A_i, B)，这时\ \varphi \mapsto (\varphi\eta_i);$$

$$\mathrm{Hom}_R(A, \prod_{j\in J} B_j) \cong \prod_{j\in J} \mathrm{Hom}_R(A, B_j)，这时\ \varphi \mapsto (\pi_j\varphi).$$

## §3.4 自　由　模

模既然是向量空间的推广，必然保有向量空间的某些属性. 向量空间的许

多属性源于它的基. 本节对拥有基的模——自由模予以刻画.

**定义 3.4.1**　令 $R$ 是含幺环而 $S$ 是非空集. 所谓集 $S$ 上的自由 $R$-模指的是一 $R$-模 $F$ 连同一映射 $f:S\to F$, 使得对任一 $R$-模 $M$ 及任一映射 $g:S\to M$, 都存在唯一的 $R$-同态 $h:F\to M$, 使得图 3.4.1 可换, 亦即 $hf=g$. 这样的一个自由模记作 $(F,f)$.

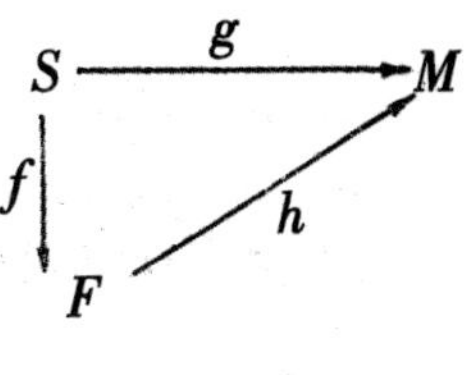


图 3.4.1

**定理 3.4.2**　若 $(F,f)$ 是非空集 $S$ 上的自由 $R$-模, 则 $f$ 必是单射且 $\mathrm{Im}f$ 是 $F$ 的生成集.

**证**　$f$ 是单射: 若 $S$ 是单元素集, 则 $f$ 显然是单射. 故令 $\forall x\neq y\in S$, 需要证 $f(x)\neq f(y)$. 为此, 不妨选定至少含两个相异元素的 $R$-模 $M$, 以及选定使 $g(x)\neq g(y)$ 的映射 $g:S\to M$, 又令 $h:F\to M$ 是使 $h\cdot f=g$ 的唯一同态, 于是

$$h[f(x)]=g(x)\neq g(y)=h[f(y)],$$

从而导出 $f(x)\neq f(y)$.

$\mathrm{Im}f$ 生成 $F$: 首先令 $A$ 是由 $\mathrm{Im}f$ 生成的 $F$ 的子模, 考察图 3.4.2. 其中 $\iota$ 是 $\mathrm{Im}f$ 到 $A$ 的包含映射, $\iota_A$ 是 $A$ 到 $F$ 的包含映射, 而 $f^+:S\to\mathrm{Im}f$ 是通过令 $\forall x\in S$, $f^+(x)=f(x)$ 给定的. 由于 $F$ 在 $S$ 上是自由的, 故存在唯一的 $R$-同态 $h:F\to A$, 使得 $h\circ f=\iota\circ f^+$. 令 $k=\iota_A\circ h:F\to F$ 是一映射, 则显然它是使 $k\circ f=\iota_A\circ\iota\circ f^+$ 的 $R$-同态. 但 $F$ 在 $S$ 上的自由性决定了只有唯一的 $R$-同态 $\theta:F\to F$ 使 $\theta\circ f=\iota_A\circ\iota\circ f^+$, 而显然 $\theta=\mathrm{id}_F$ ($F\to F$的恒等映射) 正是这样的 $R$-同态, 故必然有 $\iota_A\circ h=k=\mathrm{id}_F$. 由于 $\iota_A\circ h$ 是满射, 故依引理 2.1.6, $\iota_A$ 也是满射, 亦即 $A=F$, 从而 $\mathrm{Im}f$ 是 $F$ 的生成集. □

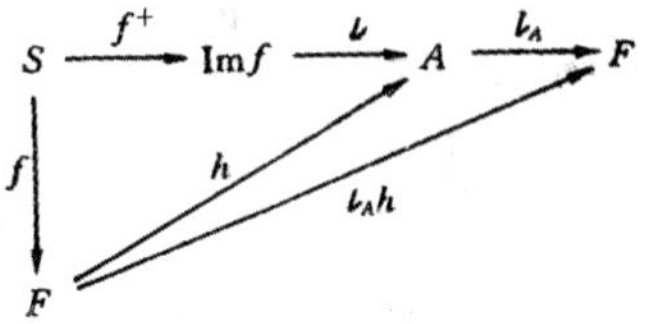

图 3.4.2

**定理 3.4.3**(唯一性)　令 $(F,f)$ 是非空集 $S$ 上一自由模, 则 $(F',f')$ 也是 $S$ 上的自由模当且仅当存在唯一的 $R$-同构 $j:F\to F'$, 使得 $j\circ f=f'$.

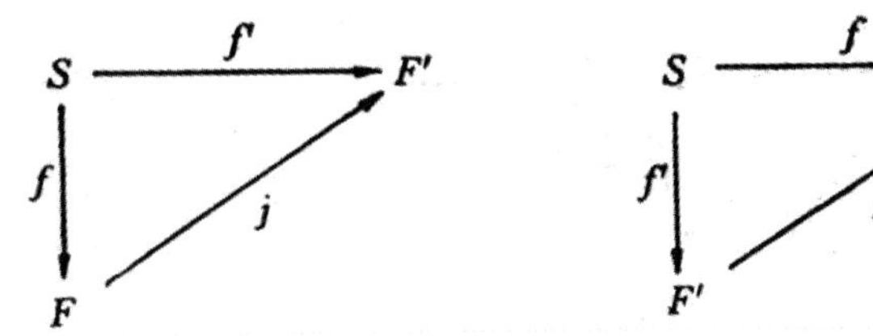


图 3.4.3　　图 3.4.4

**证**　$\Rightarrow$: $(F',f')$ 也是 $S$ 上的自由模, 故存在 $R$-同态 $j:F\to F'$ 及 $k:F'\to F$

使得图 3.4.3 和 3.4.4 分别可换. 于是有 $k\circ j\circ f=k\circ f'=f$,于是,我们又有可换图(见图 3.4.5). 但显然 $F\to F$ 的恒等同态 $\mathrm{id}_F$ 也可使图 3.4.3 和 3.4.4 完备化. 由唯一性知 $k\circ j=\mathrm{id}_F$,类似地可以证明 $j\circ k=\mathrm{id}_{F'}$,故知 $j,k$ 是互逆的 $R$-同构.

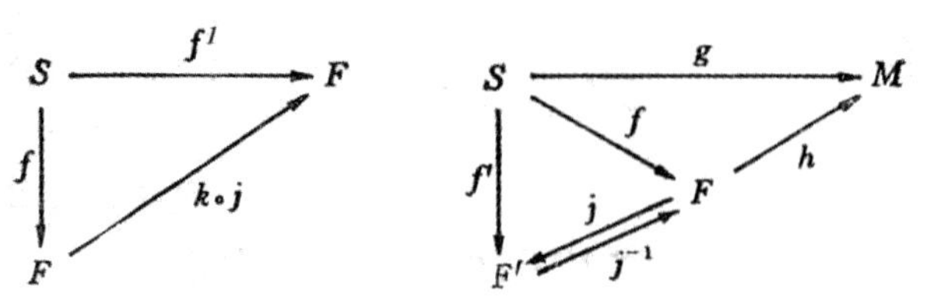


图 3.4.5　　图 3.4.6

⇐:假定条件已满足,亦即存在唯一的 $R$-同构 $j:F\to F'$ 使 $j\circ f=f'$,于是有 $f=j^{-1}\circ f'$,利用这一事实,我们来证明 $(F',f')$ 在 $S$ 上也是自由的. 事实上,由 $(F,f)$ 在 $S$ 上的自由性质,对任意 $R$-模 $M$ 及任意映射 $g:S\to M$,图 3.4.6可换,其中 $h\circ j^{-1}\circ f'=h\circ f=g$.

若 $t:F'\to M$ 也是使 $t\circ f'=g$ 的 $R$-同态,则因为 $t\circ f'=t\circ j\circ f=g$,由 $h$ 的唯一性得 $t\circ j=h$,从而得 $t=h\circ j^{-1}$. 故 $(F',f')$ 也是 $S$ 上的自由模. □

**定理 3.4.4**(存在性)　对每个含幺环 $R$ 及每个非空集 $S$,总存在 $S$ 上的自由 $R$-模.

**证**　由注 3.1.7(2)知,$R_R$ 的 $S$ 个拷贝的直和 $R^{(S)}$ 仍是一个 $R$-模. 以下只需证明 $(R^{(S)},f)$ 就是 $S$ 上的自由 $R$-模,其中映射 $f:S\to R^{(S)}$ 由下式确定:

$$\forall s\in S,\text{令}[f(s)](t)=\begin{cases}1_R, & \text{当 } t=s;\\ 0_R, & \text{当 } t\neq s.\end{cases}$$

为此,令 $M$ 是任一 $R$-模且 $g:S\to M$ 是任一映射,定义映射 $h:R^{(S)}\to M$ 如下:$\forall\theta\in R^{(S)}$,令

$$h(\theta)=\sum_{s\in S}\theta(s)g(s). \qquad (*)$$

由于 $\theta$ 的有限支承性,故 $(*)$ 右边只有有限项非零. 不难验证,$h$ 是 $R$-同态,且

$$\forall s\in S,h[f(s)]=\sum_{t\in S}[f(s)](t)\cdot g(t)=g(s),$$

即 $h\circ f=g$. 其次,$\forall\theta\in R^{(S)},t\in S$,有

$$\theta(t)=\theta(t)1_R=\sum_{s\in S}\theta(s)\cdot[f(s)](t)=\Big(\sum_{s\in S}\theta(s)f(s)\Big)(t),$$

从而

$$\forall\theta\in R^{(S)},\theta=\sum_{s\in S}\theta(s)f(s). \qquad (**)$$

假若 $h':R^{(S)}\to M$ 也是满足 $h'\circ f=g$ 的 $R$-同态，则由（∗）及（∗∗），对任意 $\theta\in R^{(S)}$，

$$h'(\theta)=h'\Big[\sum_{s\in S}\theta(s)f(s)\Big]=\sum_{s\in S}\theta(s)h'[f(s)]$$
$$=\sum_{s\in S}\theta(s)g(s)=h(\theta),$$

从而 $h'=h$，表明 $(R^{(S)},f)$ 确是 $S$ 上的自由 $R$-模．　□

以上定理表明，在同构的意义下，在给定非空集 $S$ 上只存在唯一的自由 $R$-模，而作为一个模型，$S$ 上的自由 $R$-模指的就是模 $R_R$ 的 $S$ 个拷贝的直和 $R^{(S)}=\bigoplus\limits_{i\in S}A_i$，其中 $\forall\, i\in S, A_i\cong R_R$．

**定义 3.4.5**　称 $R$-模 $M$ 是自由的，如果存在某非空集 $S$ 上的自由 $R$-模 $(F,f)$ 使得 $M$ 与 $F$ 同构．

**定理 3.4.6**　$(F,f)$ 是非空集 $S$ 的上自由 $R$-模，则 $\mathrm{Im}f$ 是 $F$ 的基．此处 $F\cong R^{(S)}$．

**证**　由于定理 3.4.2 已经证明 $\mathrm{Im}f$ 是 $F$ 的生成集，所以剩下只需证明集 $\mathrm{Im}f$ 是自由的．为此，令 $f(x_1),f(x_2),\cdots,f(x_m)$ 是 $\mathrm{Im}f$ 的任意有限多个互异元素，并且

$$\sum_{i=1}^{m}\alpha_i f(x_i)=\sum_{i=1}^{m}\beta_i f(x_i),\quad \alpha_i,\beta_i\in R.$$

只需证明 $\forall\, i=1,2,\cdots,m,\alpha_i=\beta_i$ 就够了．为此令

$$\theta(x)=\begin{cases}0, & \text{当}(\forall\, i)x\neq x_i;\\ \alpha_i, & \text{当}(\exists\, i)x=x_i,\end{cases}$$
$$\xi(x)=\begin{cases}0, & \text{当}(\forall\, i)x\neq x_i,\\ \beta_i, & \text{当}(\exists\, i)x=x_i\end{cases}$$

是 $S\to R$ 的两个映射，亦即 $\theta,\xi\in R^{(S)}$，则由上面定理 3.4.4 证明中的等式（∗∗），

$$\theta=\sum_{s\in S}\theta(s)f(s)=\sum_{i=1}^{m}\alpha_i f(x_i),$$
$$\xi=\sum_{s\in S}\xi(s)f(s)=\sum_{i=1}^{m}\beta_i f(x_i),$$

推得 $\theta=\xi$，从而 $\forall\, i=1,2,\cdots,m,\theta(x_i)=\xi(x_i)$，即 $\alpha_i=\beta_i$．　□

**推论 3.4.7**　若 $(M,\alpha)$ 是非空集 $S$ 上的自由 $R$-模，则 $\mathrm{Im}\alpha$ 是 $M$ 的一基．

**证**　由定理 3.4.3，存在 $R$-同构 $j:R^{(S)}\to M$．因为已知 $\mathrm{Im}f$ 是自由模 $(R^{(S)},f)$ 的基，故 $j(\mathrm{Im}f)=\mathrm{Im}\alpha$ 自然就是 $M$ 的基了，因为同构映射总把基映成基．　□

下面我们对 $R$-模的自由性建立一种简易直观的判据.

**定理 3.4.8** 任一 $R$-模 $M$ 是自由的当且仅当 $M$ 具有基.

**证** $\Rightarrow$:推论 3.4.7 已证明了 $M$ 有基.

$\Leftarrow$:假设 $S$ 是 $M$ 的一基,且令$(R^{(S)},f)$是 $S$ 上的自由 $R$-模,于是,对于包含映射 $\iota_S:S\to M$,必存在唯一的 $R$-同态 $h:R^{(S)}\to M$,使得 $h\circ f=\iota_S$,以下只需证明 $h$ 是一 $R$-同构,从而推出 $M$ 是自由 $R$-模.

首先,$\mathrm{Im}h$ 是 $M$ 的子模,并且由于

$$S\hookrightarrow \mathrm{Im}\iota_S\hookrightarrow \mathrm{Im}h$$

而 $S$ 又是 $M$ 的生成集,故 $\mathrm{Im}h=M$,从而 $h$ 是满射. 其次,由定理 3.4.4 证明中的等式($*$)推知,$\forall\,\theta\in \mathrm{Ker}h\hookrightarrow R^{(S)}$,

$$0=h(\theta)=\sum_{s\in S}\theta(s)\iota_S(s)=\sum_{s\in S}\theta(s)\cdot s.$$

此处,由于 $\theta$ 的有限支承性,存在 $S$ 的有限子集$\{x_1,\cdots,x_n\}$使得

$$\theta(x)=0,\quad \forall\,x\in S\backslash\{x_1,\cdots,x_n\}.$$

故上式变为

$$\sum_{i=1}^{n}\theta(x_i)x_i=0.$$

由于 $x_1,x_2,\cdots,x_n$ 是基 $S$ 中的 $n$ 个互异元素,当然$\{x_1,\cdots,x_n\}$也是自由的,故 $\forall\,i=1,2,\cdots,n,\theta(x_i)=0$,从而 $\theta=0$,$h$ 是单射. □

**推论 3.4.9** 若 $M$ 是一自由 $R$-模,则 $M$ 必 $R$-同构于若干 $R_R$ 的拷贝的直和,更确切地说,若$\{a_i\mid i\in I\}$是 $M$ 的一基,则 $M=\bigoplus\limits_{i\in I}a_iR$,此处 $\forall\,i\in I,a_iR\cong R_R$.

**证** 由于$\{a_i\mid i\in I\}$是 $M$ 的基,故 $M=\bigoplus\limits_{i\in I}a_iR$. 令 $f_i(r)=a_ir$ 是映射 $f_i:R\to a_iR$,容易验证,$f_i$ 是 $R$-同构. □

**定理 3.4.10** 令$\{a_i\mid i\in I\}$是自由 $R$-模 $M$ 的基,而$\{b_i\mid i\in I\}$是任一 $R$-模 $N$ 的一族元素,则存在唯一的 $R$-同态 $f:M\to N$,使得$(\forall\,i\in I)\,f(a_i)=b_i$.

**证** 因 $M$ 中每一元素皆可唯一地表作基元素的有限线性组合,故 $\forall\,x\in M$,$\exists\,n\in\mathbf{N},\lambda_i\in R$,使

$$x=\sum_{i=1}^{n}a_i\lambda_i.$$

令
$$f(x)=f\Big(\sum_{i=1}^{n}a_i\lambda_i\Big)=\sum_{i=1}^{n}b_i\lambda_i.$$

显然 $f:M\to N$ 是一映射,而且是 $R$-同态,并且 $\forall\,i\in I,f(a_i)=b_i$.

假若 $g:M\to N$ 也是使 $\forall\,i\in I,g(a_i)=b_i$ 的 $R$-同态,则 $\forall\,x=\sum\limits_{i=1}^{n}a_i\lambda_i$,

$$g(x)=g(\sum_{i=1}^{n}a_i\lambda_i)=\sum_{i=1}^{n}g(a_i)\lambda_i=\sum_{i=1}^{n}b_i\lambda_i=f(x),$$

从而 $g=f$，$f$ 的唯一性获证. □

**推论 3.4.11**　令 $B$ 是 $R$-模 $M$ 的一非空子集，而令 $\iota_B:B\to M$ 是包含映射，则 $B$ 是 $M$ 的基当且仅当$(M,\iota_B)$是 $B$ 上的自由 $R$-模.

**证**　⇒：若 $B$ 是 $M$ 的一基，$N$ 是任一 $R$-模，且 $g:B\to N$ 是任一映射，由定理 3.4.10 知，存在唯一的 $R$-同态 $f:M\to N$，使得 $\forall b\in B$，$f(b)=g(b)$，亦即使得 $f\circ\iota_B=g$，故$(M,\iota_B)$是 $B$ 上的自由 $R$-模.

⇐：若$(M,\iota_B)$是 $B$ 上的自由 $R$-模，则由推论 3.4.7，$\mathrm{Im}\iota_B=B$ 便是 $M$ 的基. □

**推论 3.4.12**　若 $R$-模 $M=\bigoplus_{\lambda\in I}M_\lambda$，且 $\forall\lambda\in I$，$B_\lambda$ 是 $M_\lambda$ 的基，则 $\bigcup_{\lambda\in I}B_\lambda$ 是 $M$ 的基.

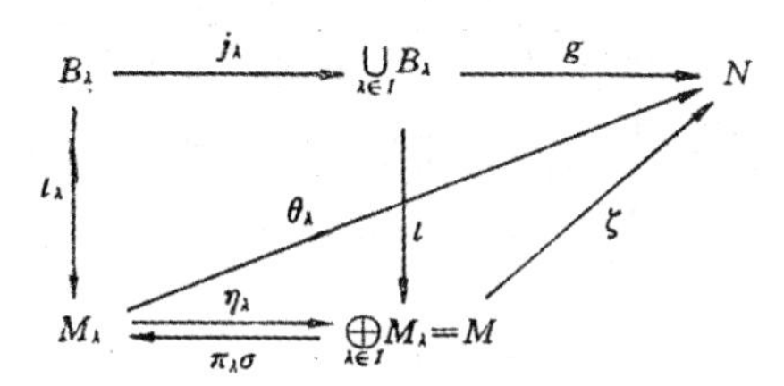


图 3.4.7

**证**　对给定的 $M_\lambda$ 的基 $B_\lambda$，考察图 3.4.7，其中 $\iota_\lambda$，$j_\lambda$，$\iota$ 均是包含映射，$\eta_\lambda$ 是典范内射，$\pi_\lambda$ 是典范投射，$\sigma$ 是$\bigoplus M_\lambda$ 对 $\prod M_\lambda$ 的嵌入映射，$g$ 是$\bigcup_{\lambda\in I}B_\lambda$ 到任意 $R$-模 $N$ 的任意映射. 因为 $B_\lambda$ 是 $M_\lambda$ 的基，故由推论 3.4.11，$(M_\lambda,\iota_\lambda)$是 $B_\lambda$ 上的自由模，从而存在唯一的 $R$-同态 $\theta_\lambda:M_\lambda\to N$，使得 $\theta_\lambda\iota_\lambda=gj_\lambda$.

$\forall y\in\bigoplus_{\lambda\in I}M_\lambda$，令

$$\xi(y)=\sum_{\mu\in I}(\theta_\mu\cdot\pi_\mu\sigma)(y).\qquad(*)$$

由于 $y$ 的有限支承性，$(*)$定义了 $M\to N$ 的一个 $R$-同态，并且 $\forall x\in B_\lambda$，我们有

$$\begin{aligned}(\xi\circ\iota\circ j_\lambda)(x)&=\sum_{\mu\in I}(\theta_\mu\circ\pi_\mu\sigma\circ\iota\circ j_\lambda)(x)\\&=\sum_{\mu\in I}[\theta_\mu\circ(\pi_\mu\sigma\eta_\lambda)\circ\iota_\lambda](x)\\&=(\theta_\lambda\circ\mathrm{id}_{M_\lambda}\circ\iota_\lambda)(x)=(\theta_\lambda\circ\iota_\lambda)(x)\\&=(g\circ j_\lambda)(x).\end{aligned}$$

由于 $j_\lambda$ 是包含映射，而$\{B_\lambda\mid\lambda\in I\}$是集$\bigcup_{\lambda\in I}B_\lambda$ 的一个部分.［因若 $\lambda\neq\mu$，

$B_\lambda \cap B_\mu \subseteq M_\lambda \cap M_\mu = \{0\}$ 且 $0 \overline{\in} B_\lambda$，故 $B_\lambda \cap B_\mu = \varnothing$]. 所以 $\forall x \in \bigcup_{\lambda \in I} B_\lambda$ 也有 $(\xi \circ \iota)(x) = g(x)$，即 $\xi \circ \iota = g$.

又若 $k: \bigoplus_{\lambda \in I} M_\lambda \to N$ 也是使 $k \circ \iota = g$ 的一 $R$-同态，则 $\forall \lambda \in I, k \circ \iota \circ j_\lambda = g \circ j_\lambda$，从而 $k \circ \eta_\lambda \circ \iota_\lambda = g \circ j_\lambda$. 但由 $\theta_\lambda$ 的唯一性知，$k \circ \eta_\lambda = \theta_\lambda$，于是 $\forall y \in \bigoplus_{\lambda \in I} M_\lambda$，

$$k(y) = (k \circ \mathrm{id}_{\oplus M_\lambda})(y) = k \circ (\sum_{\lambda \in I} \eta_\lambda \pi_\lambda \sigma)(y) = \sum_{\lambda \in I} (k \eta_\lambda \pi_\lambda \sigma)(y)$$
$$= \sum_{\lambda \in I} (\theta_\lambda \pi_\lambda \sigma)(y) = \xi(y),$$

故 $k = \xi$. 这表明$(\bigoplus_{\lambda \in I} M_\lambda, \iota)$是$\bigcup_{\lambda \in I} B_\lambda$ 上的自由 $R$-模，且 $\mathrm{Im}\iota = \bigcup_{\lambda \in I} B_\lambda$ 是$\bigoplus_{\lambda \in I} M_\lambda$ 的一基. □

**定理 3.4.13** 每一模 $M_R$ 都是某一自由 $R$-模的满同态像. 此外，若 $M_R$ 是有限生成的，则 $M_R$ 便是具有限基的自由 $R$-模的满同态像.

**证** 显然，$M \neq \varnothing$. 故由定理 3.4.4，存在 $M$ 上的自由 $R$-模 $(F, f)$，使得图 3.4.8 可换，亦即 $h \circ f = \mathrm{id}_M$. 由于 $h \circ f$ 是满射，故由引理 2.1.6，$h$ 也是满射，从而 $M$ 是自由 $R$-模 $F$ 的满同态像.

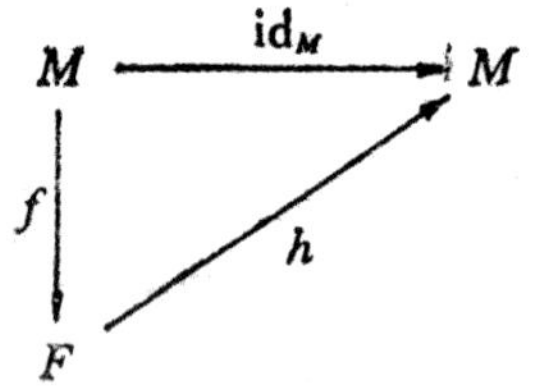

后一部分证明类似. □



图 3.4.8

自由模的下一属性，往后有重要作用.

**推论 3.4.14** 若 $\varphi: A_R \to F_R$ 是一满同态且 $F_R$ 是自由模，则 $\varphi$ 是可裂的(参见定义 2.3.8(3)).

**证** 令 $Y$ 是 $F_R$ 的一基，且 $\forall b \in Y$，从 $b$ 在 $\varphi$ 的原像中，选定 $a_b \in A$，并令

$$\varphi': F \ni \sum b r_b \mapsto \sum a_b r_b \in A. \qquad (*)$$

由于 $Y$ 是 $F_R$ 的基，且对每一 $b \in Y$，援引选择公理可选定 $a_b \in A$ 使 $\varphi(a_b) = b$，故(*)式定义了 $F \to A$ 的映射，并且可以验证是 $R$-同态. $\forall \sum_{b \in Y'} b r_b \in F_R$，此处 $Y'$为 $Y$ 的有限子集，亦即 $\sum$ 对 $Y$ 中有限个 $b$ 求和.

$$\varphi\varphi'(\sum b r_b) = \varphi(\sum a_b r_b) = \sum \varphi(a_b) r_b = \sum b r_b \in F_R,$$

亦即 $\varphi\varphi' = \mathrm{id}_F$. 由推论 2.3.11(2)知，$\varphi$ 可裂. □

# 练　　习

1. 令 $N_i \hookrightarrow M_i \hookrightarrow M_R$，$i=1,2,\cdots,n$，且 $M=\bigoplus_{i=1}^{n} M_i$. 证明：

(1) $\sum_{i=1}^{n} N_i = \bigoplus_{i=1}^{n} N_i$；　(2) $\bigoplus_{i=1}^{n} M_i / \bigoplus_{i=1}^{n} N_i \cong \bigoplus_{i=1}^{n} M_i/N_i$.

2. 若模 $M_R$ 是有限长的，则 $\forall f \in \mathrm{Hom}_R(M,N)$，存在 $n\in \mathbf{N}$，使得 $M=\mathrm{Im}(f^n)\oplus \mathrm{Ker} f^n$.

3. 称 $R$-同态 $f:M_R\to N_R$ 是正则的，若存在 $R$-同态 $g:N_R\to M_R$，使得 $f\circ g\circ f=f$，证明下列命题等价：

(1) $f$ 是正则的；

(2) $\mathrm{Ker} f$ 是 $M$ 的直和项；

(3) $\mathrm{Im} f$ 是 $N$ 的直和项.

4. 若 $M$ 是一 $R$-模，且 $f:M\to M$ 是一 $R$-同态，证明下列命题等价：

(1) $M=\mathrm{Im} f\oplus \mathrm{Ker} f$；　(2) $f=f\circ f$.

5. 令 $M_R\neq 0$ 是使 $M_R\cong M_R\oplus M_R$ 的 $R$-模，而 $S=\mathrm{End}(M_R)$. 证明 $\forall n\in \mathbf{N}$，模 $S_S$ 具有 $n$ 元基，并构造这样一个模的实例.

6. 证明：环 $R\neq 0$ 是除环当且仅当每个右 $R$-模都是自由模.

7. 设 $R$ 是含幺交换环. 若 $R$ 的每个理想都是自由 $R$-模，证明 $R$ 必定是主理想整环.

8. 证明：若 $\beta:B_R\to C_R$ 是一满同态，而 $\varphi:F_R\to C_R$ 是一同态，且 $F_R$ 是一自由模，则存在一 $\varphi':F_R\to B_R$ 使 $\varphi=\beta\varphi'$.

又当 $F_R$ 是自由模的直和项时，结论仍成立.

9. $p$ 是一素数，$\mathbf{Q}_p=\{z/p^n \mid z\in \mathbf{Z}\wedge n\in \mathbf{Z}\}$. 证明：

$$\mathbf{Q}/\mathbf{Z}=\bigoplus_{p\text{为素数}} \mathbf{Q}_p/\mathbf{Z}.$$

# 第四章　内射模与投射模

内射模与投射模在代数的近代发展中起着重要作用. 本章将介绍它们的一般属性并且往后几章还会多次提及它们.

作为研究内射模及投射模的一种工具,我们需要引入大、小子模. 这些概念在其他场合(比如在谈到根与座时)也是不可少的.

## §4.1　大子模与小子模

**定义 4.1.1**　(1) 模 $M$ 的子模 $A$ 称作在 $M$ 中是小的,记作 $A \overset{\circ}{\hookrightarrow} M$(相应地,称作在 $M$ 中是大的,记作 $A \overset{*}{\hookrightarrow} M$):$\Leftrightarrow$

$$\forall U \hookrightarrow M[A+U=M \Rightarrow U=M]$$

(相应地,$\forall U \hookrightarrow M[A \cap U=0 \Rightarrow U=0]$).

(2) 同态 $\alpha: A \to B$ 称作小的(相应地,大的):$\Leftrightarrow$

$$\operatorname{Ker}\alpha \overset{\circ}{\hookrightarrow} A\text{(相应地,}\operatorname{Im}\alpha \overset{*}{\hookrightarrow} B\text{)}.$$

**注**　由上述定义我们立刻推得:

(1) $A \overset{\circ}{\hookrightarrow} M \Leftrightarrow \forall U \subsetneqq M[A+U \subsetneqq M]$;

(2) $A \overset{*}{\hookrightarrow} M \Leftrightarrow \forall U \hookrightarrow M, U \neq 0[A \cap U \neq 0]$;

(3) $M \neq 0 \wedge A \overset{\circ}{\hookrightarrow} M \Rightarrow A \neq M$;

(4) $M \neq 0 \wedge A \overset{*}{\hookrightarrow} M \Rightarrow A \neq 0$.

**例**　(1) 对每个模 $M$,我们都有 $0 \overset{\circ}{\hookrightarrow} M, M \overset{*}{\hookrightarrow} M$.

(2) 如果每一子模都是它的直和项,就称该模是半单的. $M$ 是半单模$\Rightarrow 0$ 是 $M$ 唯一的小子模并且 $M$ 自身是 $M$ 的唯一的大子模.

**证**　$A \hookrightarrow M \Rightarrow$ 存在 $U \hookrightarrow M$ 使 $A \oplus U=M$. 若 $A \overset{\circ}{\hookrightarrow} M$,则 $U=M$,从而 $A=0$. 若 $A \overset{*}{\hookrightarrow} M$,则 $U=0$,从而 $A=M$.　□

(3) 平凡子模 0 是任一自由 $\mathbf{Z}$-模的唯一小子模.

**证**　令 $F=\bigoplus\limits_{i\in I}x_i\mathbf{Z}$ 是以 $\{x_i\mid i\in I\}$ 为基的自由 $\mathbf{Z}$-模. $\forall\, 0\neq A\hookrightarrow F$，存在 $0\neq a\in A$，使

$$a=x_{i_1}z_1+x_{i_2}z_2+\cdots+x_{i_m}z_m,$$

其中 $z_i\in\mathbf{Z}$ 且 $z_1\neq 0$. 取素数 $n>z_1$，故有 $p,q\in\mathbf{Z}$，使 $z_1p+nq=1$，于是 $x_{i_1}=x_{i_1}z_1p+x_{i_1}nq$. 令

$$U=\bigoplus_{\substack{i\in I\\ i\neq i_1}}x_i\mathbf{Z}+x_{i_1}n\mathbf{Z},$$

显见 $x_{i_1}\overline{\in}U$，由于 $x_{i_1}z_1$ 及 $x_{i_1}n$ 皆是 $A+U$ 的元素，故 $x_{i_1}\in A+U$，从而 $A+U=F$，但 $U\neq F$，所以 $A$ 不是 $F$ 的小子模.　□

(4) $\mathbf{Q}_{\mathbf{Z}}$ 的每个有限生成子模都是 $\mathbf{Q}_{\mathbf{Z}}$ 的小子模.

**证**　令 $q_1,q_2,\cdots,q_n\in\mathbf{Q}$，且 $U\hookrightarrow\mathbf{Q}_{\mathbf{Z}}$，使得

$$q_1\mathbf{Z}+\cdots+q_n\mathbf{Z}+U=\mathbf{Q},$$

则 $\{q_2,q_2,\cdots,q_n\}\cup U$ 是 $\mathbf{Q}$ 的生成集，但由命题 1.3.7，$U$ 已经是 $\mathbf{Q}$ 的生成集，从而 $U=\mathbf{Q}$.　□

**引理 4.1.2**　(1) $A\hookrightarrow B\hookrightarrow M\hookrightarrow N\wedge B\ll M\Rightarrow A\ll N$；

(2) $A_i\ll M,\ i=1,2,\cdots,n\Rightarrow\sum\limits_{i=1}^{n}A_i\ll M$；

(3) $A\ll M\wedge\varphi\in\mathrm{Hom}_R(M,N)\Rightarrow\varphi(A)\ll N$；

(4) 若 $\alpha:A\to B$，$\beta:B\to C$ 是两个小的满同态，则 $\beta\alpha:A\to C$ 也是小的满同态.

**证**　(1) 令 $A+U=N$，则 $B+U=N$，从而 $B+(U\cap M)=M$（根据模律）. 因此，$U\cap M=M$（因为 $B\ll M$），从而 $M\hookrightarrow U$. 又由题设 $A\hookrightarrow M$，故导出 $U=A+U=N$，即 $A\ll N$.

(2) 对 $n$ 进行归纳证法. 由题设，$n=1$ 时，断语正确，今假设 $A:=A_1+\cdots+A_{n-1}\ll M$. 由题设 $A_n\ll M$，于是 $\forall\, U\hookrightarrow M$，$A+A_n+U=M$. 由归纳假设

$$A\ll M\Rightarrow A_n+U=M\Rightarrow U=M,$$

亦即
$$A+A_n=\sum_{i=1}^{n}A_i\ll M.$$

(3) 令 $\forall\, U\hookrightarrow N$，$\varphi(A)+U=N$，则 $\forall\, m\in M$，

$$\begin{aligned}
&\varphi(m)=\varphi(a)+u,\ a\in A,\ u\in U\\
&\Rightarrow\varphi(m-a)=u\Rightarrow(m-a)\in\varphi^{-1}(U)\\
&\Rightarrow m\in A+\varphi^{-1}(U)\Rightarrow A+\varphi^{-1}(U)=M\Rightarrow\varphi^{-1}(U)=M\\
&\Rightarrow\varphi(M)=\varphi\varphi^{-1}(U)=U\cap\mathrm{Im}\varphi\Rightarrow\varphi(A)\hookrightarrow\varphi(M)\hookrightarrow U\\
&\Rightarrow U=\varphi(A)+U=N,
\end{aligned}$$

即 $\varphi(A)\underset{\circ}{\hookrightarrow} N$.

(4) $\forall U \hookrightarrow A$, $\mathrm{Ker}(\beta\alpha)+U=A$,则由引理 2.1.8(4),

$$\mathrm{Ker}(\beta\alpha)=\alpha^{-1}(\mathrm{Ker}\beta),$$

从而推出

$$\alpha(\mathrm{Ker}(\beta\alpha))+\alpha(U)=\mathrm{Ker}\beta+\alpha(U)=\alpha(A)=B.$$

由题设 $\mathrm{Ker}\beta\underset{\circ}{\hookrightarrow} B$,推得 $\alpha(U)=B$. 但

$$A=\alpha^{-1}(B)=\alpha^{-1}(\alpha(U))=\mathrm{Ker}\alpha+U. \qquad (\text{由引理 } 2.1.8)$$

又由题设 $\mathrm{Ker}\alpha\underset{\circ}{\hookrightarrow} A$,故推出 $U=A$,亦即 $\mathrm{Ker}(\beta\alpha)\underset{\circ}{\hookrightarrow} A$. □

一般地说,循环子模未必是小子模.

**引理 4.1.3** $\forall a\in M_R$, $aR$ 在 $M$ 中不是小子模$\Leftrightarrow$存在一极大子模 $C\hookrightarrow M$,使 $a\overline{\in} C$.

**证** $\Leftarrow$:若 $C$ 是 $M$ 的极大子模,且 $a\overline{\in} C$,则推知 $aR+C=M$,而 $C\neq M$,故 $aR$ 在 $M$ 中不是小子模.

$\Rightarrow$:令

$$\Gamma:=\{B\mid B\underset{\neq}{\hookrightarrow} M\wedge aR+B=M\}.$$

因为 $aR$ 在 $M$ 中不是小子模,故至少存在一 $B\in\Gamma$. 令 $\Lambda\neq\varnothing$ 是 $\Gamma$ 的一全序子集(关于$\hookrightarrow$),则 $B_0:=\bigcup\limits_{B\in\Lambda}B$ 是 $\Lambda$ 的一个上界. 若 $a\in B_0$,则存在一 $B\in\Lambda$,使得 $a\in B$,从而 $aR\hookrightarrow B$,于是 $B=aR+B=M$,矛盾. 故 $a\overline{\in} B_0$,亦即 $B_0\underset{\neq}{\hookrightarrow} M$. 又因

$$\forall B\in\Lambda, B\hookrightarrow B_0\Rightarrow aR+B_0=M,$$

因此 $B_0\in\Gamma$,亦即 $\Lambda$ 在 $\Gamma$ 中有一上界,由佐恩引理知,$\Gamma$ 含有一极大元 $C$. 我们断言,$C$ 就是 $M$ 的一个极大子模. 事实上,令 $C\underset{\neq}{\hookrightarrow} U\hookrightarrow M$,则由于 $C$ 在 $\Gamma$ 中极大,故 $U\overline{\in}\Gamma$. 但

$$M=aR+C\hookrightarrow aR+U\hookrightarrow M,$$

推知 $aR+U=M$. 由于 $U\overline{\in}\Gamma$,故必然 $U=M$,亦即 $C$ 是 $M$ 的极大子模,并且由于 $C\underset{\neq}{\hookrightarrow} M\wedge aR+C=M$,故 $a\overline{\in} C$. □

现在,我们转而讨论大子模. 为此,首先给出引理 4.1.2 的对偶.

**引理 4.1.4** (1) $A\hookrightarrow B\hookrightarrow M\hookrightarrow N\wedge A\underset{\bullet}{\hookrightarrow} N\Rightarrow B\underset{\bullet}{\hookrightarrow} M$.

(2) $A_i\underset{\bullet}{\hookrightarrow} M, i=1,2,\cdots,n\Rightarrow\bigcap\limits_{i=1}^{n}A_i\underset{\bullet}{\hookrightarrow} M$.

(3) $B\underset{\bullet}{\hookrightarrow} N\wedge\varphi\in\mathrm{Hom}_R(M,N)\Rightarrow\varphi^{-1}(B)\underset{\bullet}{\hookrightarrow} M$.

(4) 令 $\alpha:A\to B$, $\beta:B\to C$ 是大的单同态,则 $\beta\alpha:A\to C$ 也是大的单同态.

**证** (1) $\forall U\hookrightarrow M\wedge B\cap U=0$,故 $A\cap U=0$. 由于 $U\hookrightarrow M\hookrightarrow N$ 且 $A\underset{\bullet}{\hookrightarrow} N$,故 $U=0$,从而 $B\underset{\bullet}{\hookrightarrow} M$.

(2) 对 $n$ 进行归纳证法，证明留给读者.

(3) $\forall U \hookrightarrow M \wedge \varphi^{-1}(B)\cap U=0$

$\Rightarrow \varphi\varphi^{-1}(B)\cap\varphi(U)=\varphi(0)=0$

$\Rightarrow B\cap \mathrm{Im}\varphi\cap\varphi(U)=0$

$\Rightarrow B\cap\varphi(U)=0, B\overset{\cdot}{\hookrightarrow} N$

$\Rightarrow \varphi(U)=0$

$\Rightarrow U\hookrightarrow \mathrm{Ker}\varphi=\varphi^{-1}(0)\hookrightarrow\varphi^{-1}(B)$

$\Rightarrow U=\varphi^{-1}(B)\cap U=0$,

即 $\varphi^{-1}(B)\overset{\cdot}{\hookrightarrow} M$.

(4) $\forall U\hookrightarrow C, \mathrm{Im}(\beta\alpha)\cap U=0$，因 $\beta$ 是单同态，故

$$\begin{aligned}0&=\beta^{-1}(0)=\beta^{-1}(\mathrm{Im}(\beta\alpha))\cap\beta^{-1}(U)\\&=\beta^{-1}(\beta(\mathrm{Im}\alpha))\cap\beta^{-1}(U)\\&=(\mathrm{Im}\alpha+\mathrm{Ker}\beta)\cap\beta^{-1}(U)\\&=\mathrm{Im}\alpha\cap\beta^{-1}(U).\end{aligned}$$

因 $\mathrm{Im}\alpha\overset{\cdot}{\hookrightarrow} B$，故

$$\beta^{-1}(U)=0\Rightarrow\beta\beta^{-1}(U)=\beta(0)=0\Rightarrow U\cap\mathrm{Im}\beta=0.$$

又因 $\mathrm{Im}\beta\overset{\cdot}{\hookrightarrow} C$，故 $U=0$，亦即 $\mathrm{Im}(\beta\alpha)\overset{\cdot}{\hookrightarrow} C$. □

下面关于大子模的判别准则用起来是很方便的.

**引理 4.1.5**　令 $A\hookrightarrow M_R$，则

$$A\overset{\cdot}{\hookrightarrow} M_R\Leftrightarrow\forall m\in M, m\neq0, \exists r\in R[mr\neq0\wedge mr\in A].$$

**证**　$\Rightarrow$：$\forall m\in M$ 且 $m\neq0\Rightarrow mR\neq0$. 因 $A\overset{\cdot}{\hookrightarrow} M_R$，从而 $A\cap mR\neq0\Rightarrow\exists r\in R$ 使 $0\neq mr\in A$.

$\Leftarrow$：$\forall 0\neq B\hookrightarrow M\Rightarrow\exists 0\neq m\in B$，令 $0\neq mr\in A$，则

$$0\neq mr\in A\cap B\Rightarrow A\overset{\cdot}{\hookrightarrow} M.\quad\square$$

**推论 4.1.6**　令 $M=\sum\limits_{i\in I}M_i$，$\forall i\in I, A_i\overset{\cdot}{\hookrightarrow} M_i$，且

$$A:=\sum_{i\in I}A_i=\bigoplus_{i\in I}A_i,$$

则

$$A\overset{\cdot}{\hookrightarrow} M \text{ 且 } M=\bigoplus_{i\in I}M_i.$$

**证**　$A\overset{\cdot}{\hookrightarrow} M$：因 $M$ 的每个元都只在有限多个 $M_i$ 的和中，故为了证明本结论，利用引理 4.1.5，只需对一有限指标集，比方说 $I=\{1,2,\cdots,n\}$ 来论证就足够了. 为此，我们对指标集的基数 $n$ 进行归纳证法.

当 $n=1$ 时，题设 $A_1\overset{\cdot}{\hookrightarrow} M_1$ 即是 $A\overset{\cdot}{\hookrightarrow} M$，故引理成立. 假设引理对 $n-1$ 也正确，亦即假设

$$A_1+\cdots+A_{n-1}\trianglelefteq' M_1+\cdots+M_{n-1},$$

于是,令 $0\neq m=m_1+\cdots+m_{n-1}+m_n$,其中 $m_i\in M_i$,$\forall i\in I$. 若 $m_1+\cdots+m_{n-1}=0$,则 $m=m_n\neq 0$. 因 $A_n\trianglelefteq' M_n$,故存在 $r\in R$,使得 $0\neq mr=m_nr\in A_n$(根据引理4.1.5). 因此,令 $m_1+\cdots+m_{n-1}\neq 0$. 由归纳假设,存在 $r\in R$,使得

$$0\neq(m_1+\cdots+m_{n-1})r\in A_1+\cdots+A_{n-1}.$$

若对这个 $r$ 进一步有 $m_nr=0$,则证明完毕. 于是令 $m_nr\neq 0$,则由于 $A_n\trianglelefteq' M_n$,且 $0\neq m_nr\in M_n$,所以存在 $s\in R$ 使得 $0\neq m_nrs\in A_n$,从而

$$mrs=m_1rs+\cdots+m_nrs\in A_1+\cdots+A_n=A.$$

由这些 $A_i$ 的和的直性,且 $m_nrs\neq 0$,所以 $0\neq mrs\in A$. 由引理 4.1.5,$A\trianglelefteq' M$.

$M=\bigoplus_{i\in I}M_i$:仍旧只需假定 $I=\{1,2,\cdots,n\}$ 来证本结论就足够了. 于是,假设

$$M_n\cap\sum_{i=1}^{n-1}M_i\neq\{0\},$$

故存在

$$0\neq m_n=m_1+\cdots+m_{n-1}\in M_n\cap\sum_{i=1}^{n-1}M_i.$$

由归纳假设

$$A_1+\cdots+A_{n-1}\trianglelefteq' M_1+\cdots+M_{n-1},$$

存在 $r\in R$ 使

$$0\neq(m_1+\cdots+m_{n-1})r\in\sum_{i=1}^{n-1}A_i,$$

亦即

$$0\neq m_nr=(m_1+\cdots+m_{n-1})r\in M_n\cap\sum_{i=1}^{n-1}A_i.$$

由于 $A_n\trianglelefteq' M_n$,故由引理 4.1.5 存在 $s\in R$,使得 $0\neq m_nrs\in A_n$,从而推出

$$0\neq m_nrs=(m_1+\cdots+m_{n-1})rs\in A_n\cap\sum_{i=1}^{n-1}A_i.$$

这与题设 $A=\bigoplus_{i\in I}A_i$ 相冲突. □

**推论 4.1.7** 令 $M=\bigoplus_{i\in I}M_i$,$A_i\trianglelefteq' M_i$,$\forall i\in I$,则

$$A_i=\sum_{i\in I}A_i=\bigoplus_{i\in I}A_i,\text{且 }A\trianglelefteq' M.$$

**证** 从 $M=\bigoplus_{i\in I}M_i$ 及 $A_i\trianglelefteq' M_i$ 直接推得 $A=\bigoplus_{i\in I}A_i$,再由推论 4.1.6 推出 $A\trianglelefteq' M$. □

**推论 4.1.8**　令 $M=\bigoplus_{i\in I}M_i$ 且 $B\smile M$，则下列条件等价：

(1) $\forall i\in I[(B\cap M_i)\curlyvee M_i]$；

(2) $\bigoplus_{i\in I}(B\cap M_i)\curlyvee M$；

(3) $B\curlyvee M$.

**证**　(1)⇒(2)：依推论 4.1.7 推出.

(2)⇒(3)：依引理 4.1.4(1)及 $\bigoplus(B\cap M_i)\smile B$ 推出.

(3)⇒(1)：由于 $B\curlyvee M$ 且 $M_i\smile M$，故 $\forall i\in I$，$\forall 0\neq m_i\in M_i\smile M$，依引理 4.1.5，存在 $r\in R$ 使 $0\neq m_ir\in B$，故 $0\neq m_ir\in B\cap M_i$. 依引理 4.1.5 知，$(B\cap M_i)\curlyvee M_i$.　□

# §4.2　内射模与投射模

**定理 4.2.1**　(1) 关于模 $Q_R$，下列命题等价：

(a) 每个单同态 $\xi:Q\to B$ 是可裂的(亦即 $\mathrm{Im}\xi$ 是 $B$ 的直和项).

(b) 对每个单同态 $\alpha:A\to B$ 及每个同态 $\varphi:A\to Q$ 总存在同态 $\kappa:B\to Q$ 使 $\varphi=\kappa\alpha$. 换言之，图 4.2.1 可交换.

(c) 对每个单同态 $\alpha:A\to B$，其诱导同态 $\alpha^*=\mathrm{Hom}(\alpha,1_Q):\mathrm{Hom}_R(B,Q)\to\mathrm{Hom}_R(A,Q)$是满同态，此处 $\forall\psi\in\mathrm{Hom}_R(B,Q)$，$\alpha^*(\psi):=\psi\alpha$.

(2) 与(1)形成对偶的是，关于模 $P_R$，下述命题等价：

(a) 每个满同态 $\xi:B\to P$ 可裂(亦即 $\mathrm{Ker}\xi$ 是 $B$ 的直和项).

(b) 对每个满同态 $\beta:B\to C$ 及每个同态 $\psi:P\to C$，总存在同态 $\lambda:P\to B$ 使得 $\psi=\beta\lambda$. 换言之，图 4.2.2 可交换.

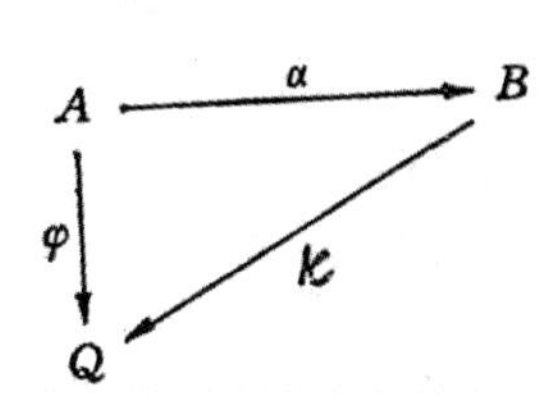


图 4.2.1

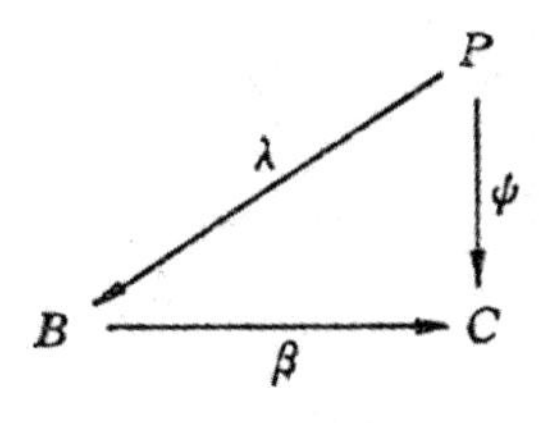


图 4.2.2

(c) 对每个满同态 $\beta:B\to C$，其诱导同态

$$\beta_*=\mathrm{Hom}(1_P,\beta):\mathrm{Hom}_R(P,B)\to\mathrm{Hom}_R(P,C)$$

也是满同态.此处,$\forall\ \psi\in \mathrm{Hom}_R(P,B)$,$\beta_*(\psi):=\beta\psi$.

**证** (1) (b)⇔(c):由诱导同态 $\alpha^*=\mathrm{Hom}(\alpha,1_Q)$的定义立知.

(b)⇒(a):由推论 2.3.11(1)立得.

(a)⇒(b):留作练习.

(2) (b)⇔(c):由诱导同态 $\beta_*=\mathrm{Hom}(1_P,\beta)$的定义立知.

(b)⇒(a):由推论 2.3.11(2)立得.

(a)⇒(b):留作练习. □

**定义 4.2.2** (1) 满足定理 4.2.1(1)诸条件之一的模 $Q_R$ 称作内射模.

(2) 满足定理 4.2.1(2)诸条件之一的模 $P_R$ 称作投射模.

上述内射、投射模的定义是通过外在的所谓泛性质界定的.于是,产生了这样的问题,即:我们能否用模自身的内在特性予以刻画?对于投射模,回答是肯定的.不久将证明,$P_R$ 是投射模当且仅当它同构于某自由模的直和项.遗憾的是,对于内射模,回答就不那么容易了,至今尚未找出如此简单的刻画.不过,对基环 $R=\mathbf{Z}$ 整数环这一特款,类似这种简单的刻画也是有的,那就是模 $M_{\mathbf{Z}}$ 是内射的当且仅当它是可除的.

下面若干简单结果都可从定义直接推出.

**推论 4.2.3** (1) $Q$ 是内射模 $\wedge\ Q\cong A\Rightarrow A$ 是内射模.

(2) $P$ 是投射模 $\wedge\ P\cong C\Rightarrow C$ 是投射模.

**定理 4.2.4** (1) 设 $Q=\prod\limits_{i\in I}Q_i$,则

$$Q\text{ 是内射模}\Leftrightarrow\forall\ i\in I[Q_i\text{ 是内射模}].$$

(2) $P=\coprod\limits_{i\in I}P_i$(或 $P=\bigoplus\limits_{i\in I}P_i$),则

$$P\text{ 是投射模}\Leftrightarrow\forall\ i\in I[P_i\text{ 是投射模}].$$

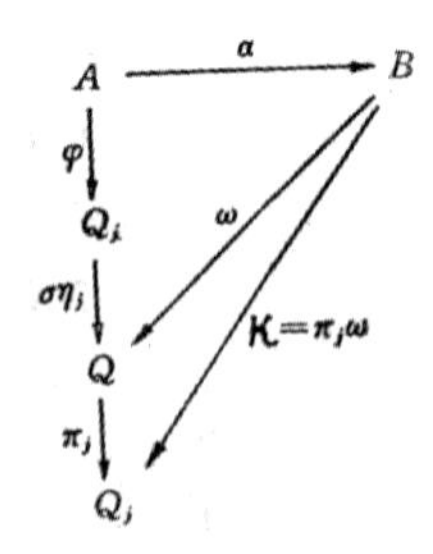


图 4.2.3

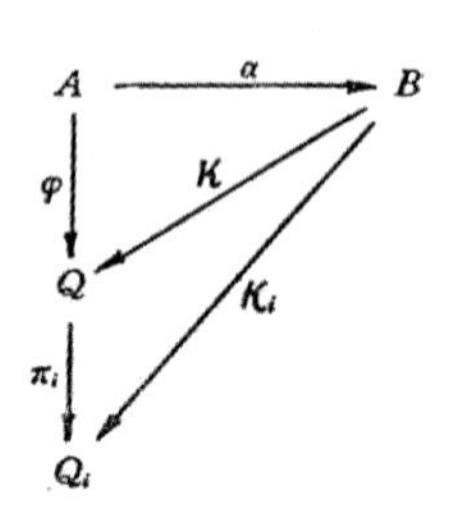


图 4.2.4

**证** (1) ⇒:令 $Q$ 是内射模而 $\alpha:A\to B$ 是单同态,同时,$\forall\ j\in I$ 令 $\varphi:A\to Q_j$ 是同态(见图 4.2.3).于是,对同态 $\sigma\eta_j\varphi:A\to Q$,存在同态 $\omega:B\to Q$,使得

$\sigma\eta_j\varphi=\omega\alpha$. 令 $\kappa:=\pi_j\omega:B\to Q_j$，则

$$\kappa\alpha=(\pi_j\omega)\alpha=\pi_j(\omega\alpha)=\pi_j(\sigma\eta_j\varphi)=(\pi_j\sigma\eta_j)\varphi=1_{Q_j}\varphi=\varphi.$$

故 $Q_j$ 是内射模.

$\Leftarrow$：$\forall i\in I$，令 $Q_i$ 是内射模而 $\alpha:A\to B$ 是单同态，$\varphi:A\to Q$ 是任一同态（见图 4.2.4）. 于是，对同态 $\pi_i\varphi:A\to Q_i$ 必定存在同态 $\kappa_i:B\to Q_i$ 使 $\pi_i\varphi=\kappa_i\alpha$. 由题设 $Q=\prod\limits_{i\in I}Q_i$，故依定理 3.1.6(1)，必定存在同态 $\kappa:B\to Q$ 使 $\kappa_i=\pi_i\kappa$，从而推得 $\pi_i\varphi=\kappa_i\alpha=\pi_i\kappa\alpha$. 由定理 3.1.6 的唯一性推知，$\varphi=\kappa\alpha$，亦即 $Q$ 是内射模.

至于投射模 $P=\coprod\limits_{i\in I}P_i$ 的相应命题的证明，可依对偶性原则，故从略.

(2) $\Rightarrow$：$P$ 是投射模. 如图 4.2.5 所示，由 $P$ 的投射性，存在同态 $\omega:P\to B$ 使 $\psi\pi_j\sigma=\beta\omega$. 令 $\lambda:=\omega\eta_j:P_j\to B$，则

$$\beta\lambda=\beta(\omega\eta_j)=(\psi\pi_j\sigma)\eta_j=\psi(\pi_j\sigma\eta_j)=\psi,$$

亦即 $\forall j\in I$，$P_j$ 是投射模.

$\Leftarrow$：$\forall i\in I$，$P_i$ 是投射模. 如图 4.2.6 所示，由 $P_i$ 的投射性，存在同态 $\lambda_i$：$P_i\to B$ 使得 $\psi\eta_i=\beta\lambda_i$. 由题设 $P=\coprod\limits_{i\in I}P_i$，依定理 3.1.6(2)，存在同态 $\lambda:P\to B$ 使 $\lambda\eta_j=\lambda_i$，则

$$\psi\eta_i=\beta\lambda_i=\beta(\lambda\eta_i)=(\beta\lambda)\eta_i.$$

依定理 3.1.6(2)的唯一性知，$\psi=\beta\lambda$，亦即 $P$ 是投射模. □

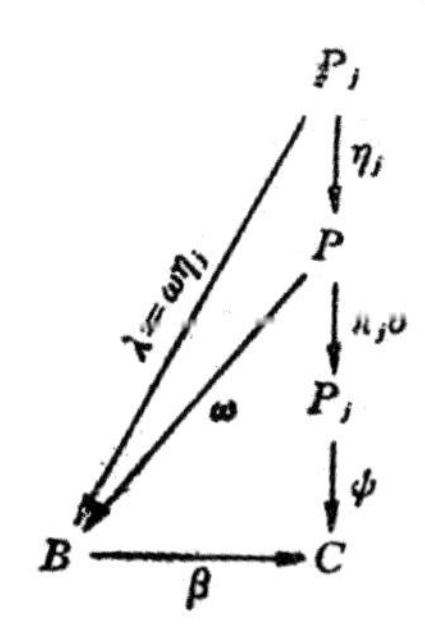

图 4.2.5

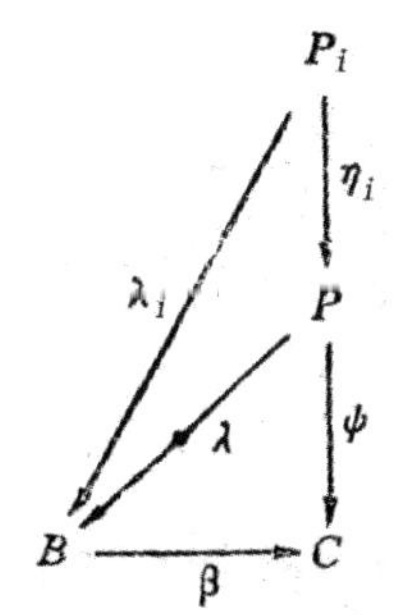

图 4.2.6

特别地，由本定理推知，投射模的直和项仍是投射模. 并且，对有限指标集来说，直和与直积是一致的，故内射模的直和项也仍是内射模.

下面我们用内在的特征对投射模进行刻画.

**定理 4.2.5**　$R$-模是投射模当且仅当它同构于某自由 $R$-模的直和项.

**证**　$\Rightarrow$：令 $P$ 是投射模. 由定理 3.4.13，存在自由 $R$-模 $F$ 及满同态 $\xi:F\to P$. 由定理 4.2.1(2)，$\xi$ 是裂的，亦即存在 $F_0\hookrightarrow F$ 使得 $F=\mathrm{Ker}\xi\oplus F_0$，从而

$$P \cong F/\mathrm{Ker}\xi \cong F_0.$$

$\Leftarrow$:令自由模 $F=F_0 \oplus A$ 且 $F_0 \cong P$,则由推论 3.4.14 知 $F$ 是投射模.再由推论 4.2.3(2),投射模 $F_0 \cong P$ 也是投射模. □

虽然每个自由模都是投射模,但投射模却未必都是自由模.

**例** (1) 设 $F$ 是域,$R=\mathrm{Mat}_{2\times 2}(F)$ 是 $F$ 上二阶全阵环,显然 $R_R$ 是自由模,并且其子模

$$L=\left\{\begin{pmatrix} a & b \\ 0 & 0 \end{pmatrix} \middle| a \wedge b \in F\right\}$$

是 $R_R$ 的直和项,从而 $L_R$ 是投射模,但 $L_R$ 不是自由模.否则,若 $L_R$ 是自由模,则不妨假定$\{e_1,e_2,\cdots,e_n\}$是它的基,但显然自由模 $R_F$ 有基

$$E_1=\begin{pmatrix} 1 & 0 \\ 0 & 0 \end{pmatrix}, E_2=\begin{pmatrix} 0 & 1 \\ 0 & 0 \end{pmatrix}, E_3=\begin{pmatrix} 0 & 0 \\ 1 & 0 \end{pmatrix}, E_4=\begin{pmatrix} 0 & 0 \\ 0 & 1 \end{pmatrix}.$$

不难验证,自由模 $L_F$ 的基是

$$\{E_ie_j \mid i=1,2,3,4;j=1,2,\cdots,n\}.$$

然而,由于$[L:F] \mid [R:F]=4$,且 $F \neq L \neq R$,故$[L:F]=2$,这与前面证实 $L_F$ 的基元数是 4 的整倍数矛盾,所以 $L_R$ 是投射模但不是自由模.

(2) 设 $R=\mathbf{Z}_6$,则作为 $\mathbf{Z}_6$-模 $\mathbf{Z}_6$ 是自由模,并且含有直和项 $\mathbf{Z}_6$-模 $\mathbf{Z}_2$ 与 $\mathbf{Z}_3$.当然这两个直和项也是投射 $\mathbf{Z}_6$-模,但它们都不是自由 $\mathbf{Z}_6$-模.否则,令$[\mathbf{Z}_3:\mathbf{Z}_6]=k$,则 $3=|\mathbf{Z}_3|=|\mathbf{Z}_6|^k=6^k$,这是不可能的.

**推论 4.2.6** 每个投射 $\mathbf{Z}$-模 $P$ 都是自由模.

**证** 由定理 4.2.5,每个投射 $\mathbf{Z}$-模 $P$ 都同构于某自由 $\mathbf{Z}$-模的直和项.由于自由 $\mathbf{Z}$-模的每个子模也是自由 $\mathbf{Z}$-模(参见练习),故 $P$ 是自由 $\mathbf{Z}$-模.

下面的所谓对偶基引理非常有效地刻画了投射模,在投射模的研究中起着重要作用.

**定理 4.2.7**(对偶基引理) 下列命题是等价的:

(1) $P_R$ 是投射模.

(2) 对 $P_R$ 的每个生成集$\{y_i \mid i\in I\}$都相应地有其对偶模 $P_R^*=\mathrm{Hom}_R(P,R)$ 的子集$\{\varphi_i \mid i\in I\}$,使得

(a) $\forall p\in P$[除有限多个 $i\in I$ 外,$\varphi_i(p)=0$];

(b) $\forall p \in P[p=\sum y_i\varphi_i(p)]$,其中 $\sum$ 是对 $i\in I$ 及 $\varphi_i(p)\neq 0$ 求和;

(3) 存在 $P$ 的一子集$\{y_i \mid i\in I\}$及 $P^*=\mathrm{Hom}_R(P,R)$的子集$\{\varphi_i \mid i\in I\}$使得(2)中的(a),(b)都成立.

**证**　(1)⇒(2)：依定理 3.4.13，有自由 $R$-模 $F$ 及满同态 $\xi:F\to P$ 使 $\xi(x_i)=y_i$，此处 $\{x_i\mid i\in I\}$ 是自由模 $F_R$ 的基. 于是 $\forall j\in I$，令

$$\pi_j:F\ni\sum x_ir_i\to r_j\in R,$$

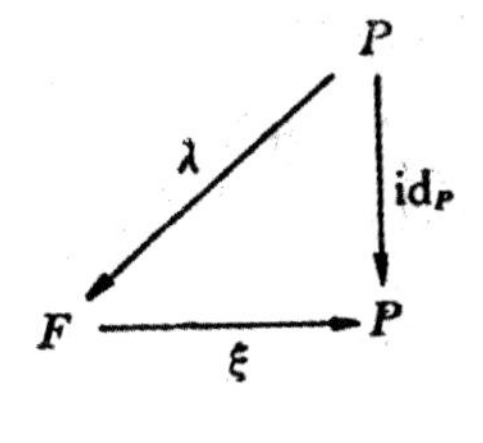

图 4.2.7

但若 $j$ 不在和式 $\sum x_ir_i$ 中出现时，即意味着 $r_j=0$ 就是了. 故 $\forall a\in F$，只对有限多个 $j\in I$，$\pi_j(a)\neq 0$，并且 $a=\sum x_i\pi_i(a)$. 又由 $P_R$ 的投射性知，有同态 $\lambda:P\to F$ 使 $\xi\lambda=\mathrm{id}_P$（见图 4.2.7）. 于是 $\forall i\in I$，

$$\varphi_i:=\pi_i\lambda\in P^*=\mathrm{Hom}_R(P,R),$$

并且 $\forall p\in P$，$\varphi_i(p)=\pi_i\lambda(p)\neq 0$ 只对有限多个 $i\in I$ 成立，从而有

$$p=\mathrm{id}_P(p)=\xi\lambda(p)=\xi\left[\sum x_i\pi_i(\lambda p)\right]=\sum\xi(x_i)\pi_i\lambda(p)$$

$$=\sum y_i\varphi_i(p).$$

(2)⇒(3)：显然.

(3)⇒(1)：从(2)的(b)表明，$\{y_i\mid i\in I\}$ 是 $P_R$ 的生成集. 现令 $\xi:F\to P$ 是在(1)⇒(2)过程中给定的满同态，此外令 $\tau:P\to F$ 使

$$\tau(p)=\sum x_i\varphi_i(p),\ \forall p\in P.$$

由于 $\varphi_i(p)$ 由 $p$ 及 $\varphi_i$ 唯一确定，且 $\varphi_i(p)$ 只对有限个 $i\in I$ 不为零，故 $\tau$ 不只是映射而且实际上是 $R$-同态. 并且 $\forall p\in P$，

$$\xi\tau(p)=\xi\left[\sum x_i\varphi_i(p)\right]=\sum\xi(x_i)\varphi_i(p)=\sum y_i\varphi_i(p)=p,$$

从而 $\xi\tau=1_p$，亦即 $\xi$ 是裂的. 由定理 4.2.5 的证明，$P$ 同构于 $F$ 的直和项，故 $P_R$ 是投射模.　□

除非基环 $R=\mathbf{Z}$，否则一般用内在性质对内射模进行刻画时不可能像对投射模那样简单.

**定义 4.2.8**　群 $A$ 称作可除的：$\Leftrightarrow\forall z\in\mathbf{Z}[z\neq 0\Rightarrow Az=A]$.

**例**　有理数加群 $\mathbf{Q}$ 及其剩余类群 $\mathbf{Q}/\mathbf{Z}$ 都是可除的，但加群 $\mathbf{Z}$ 不是可除的.

**定理 4.2.9**　$\mathbf{Z}$-模 $Q$ 是内射的 $\Leftrightarrow Q$ 是可除的.

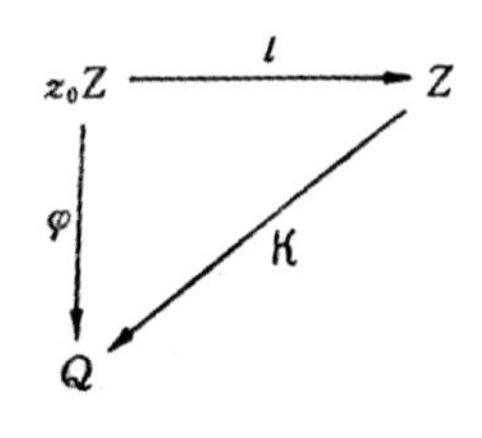

图 4.2.8

**证**　⇒：令 $Q_{\mathbf{Z}}$ 是内射的，$\forall q_0\in Q$ 及 $0\neq z_0\in\mathbf{Z}$，令 $\varphi(z_0)=q_0$. 显然映射 $\varphi(z_0)=q_0$ 可自然地延拓成 $\mathbf{Z}_{\mathbf{Z}}$ 的子模 $z_0\mathbf{Z}\to Q_{\mathbf{Z}}$ 的 $\mathbf{Z}$-同态，如图 4.2.8 所示，其中 $\iota$ 是包含映射. 由 $Q_{\mathbf{Z}}$ 的内射性，依 4.2.1(1) 存在 $\mathbf{Z}$-同态 $\kappa:\mathbf{Z}\to Q$ 使得 $\varphi=\kappa\iota$. 于是

$$q_0=\varphi(z_0)=\kappa\iota(z_0)=\kappa(z_0)=\kappa(1_{z_0})=\kappa(1)z_0\in Q_{z_0},$$

亦即 $\forall\, 0\neq z_0\in \mathbf{Z}, Q=Q_{z_0}$,即 $Q$ 是可除的.

$\Leftarrow$:设 $D_{\mathbf{Z}}$ 是可除的,依定理 4.2.1(1),只需证明,对任意模 $B_{\mathbf{Z}}$,任意单同态 $\varphi:D_{\mathbf{Z}}\to B_{\mathbf{Z}}$ 都是裂的,即表明了 $D_{\mathbf{Z}}$ 是内射模.为此,不失一般性,不妨把 $D_{\mathbf{Z}}$ 看作是 $B_{\mathbf{Z}}$ 的子模且 $\varphi=\iota$ 是包含映射.

令 $\Gamma=\{U|U\hookrightarrow B\wedge D\cap U=0\}$,由于 $0\in\Gamma$,故 $\Gamma\neq\varnothing$.显然,$\Gamma$ 作为偏序集(对包含关系)是归纳的,因为 $\Gamma$ 的全序子集的并仍是 $\Gamma$ 的元素,由佐恩引理知 $\Gamma$ 含有极大元 $U$,于是 $D+U=D\oplus U\hookrightarrow B$.以下只需证明 $D+U=B$ 即可.

$\forall\, b\in B$,令 $I_1=\{z\in\mathbf{Z}|bz\in D+U\}$.不难验证,$I_1$ 是 $\mathbf{Z}$ 的理想(自然是主理想),不妨设 $I_1=z_0\mathbf{Z}, z_0\neq 0$.令 $bz_0=d+u$,其中 $d\in D, u\in U$.由于 $D$ 的可除性,$Dz_0=D$,故存在 $d_0\in D$ 使 $d_0z_0=d$,于是 $u=bz_0-d_0z_0=(b-d_0)z_0$.再令

$$I_2=\{z\in\mathbf{Z}|(b-d_0)z\in D+U\}.$$

同样,$I_2$ 也是含有 $z_0$ 的 $\mathbf{Z}$ 的主理想,故 $I_2=z_0\mathbf{Z}=I_1$.以下证明 $U+(b-d_0)\mathbf{Z}$ 是 $\Gamma$ 的元素.事实上,$U+(b-d_0)\mathbf{Z}\hookrightarrow B$,故只需证明

$$\forall\, d_1\in D\cap[U+(b-d_0)\mathbf{Z}]\Rightarrow d_1=0$$

即可.为此不妨设

$$d_1=u_1+(b-d_0)z_1,\text{其中 } u_1\in U, z_1\in\mathbf{Z},$$

于是
$$d_1-u_1=(b-d_0)z_1\in D+U,$$

亦即
$$z_1\in I_2=z_0\mathbf{Z}.$$

故存在 $t\in\mathbf{Z}$ 使 $z_1=z_0t$,从而

$$d_1=u_1+(b-d_0)z_0t=u_1+ut,\text{其中 } u\in U,$$

进而
$$0=d_1-(u_1+ut)\in D+U=D\oplus U,$$

故 $d_1=0$.由于

$$U\hookrightarrow U+(b-d_0)\mathbf{Z}\in\Gamma,$$

且由 $U$ 在 $\Gamma$ 中的极大性推知

$$U=U+(b-d_0)\mathbf{Z},(b-d_0)\in U, b\in D+U,$$

亦即 $B=D+U, \varphi:D_{\mathbf{Z}}\to B_{\mathbf{Z}}$ 是裂的,故 $D_{\mathbf{Z}}$ 是内射模. □

对基环是任意含幺环 $R$ 而言,投射模可以满同态地映到任意 $R$-模上.这一命题的对偶——任意 $R$-模都可单同态地映入内射模——也成立.

**引理 4.2.10** 若 $D$ 是可除(亦即内射)$\mathbf{Z}$-模,则 $\mathrm{Hom}_{\mathbf{Z}}(R,D)$ 必是内射 $R$-模.

**证** 如图 4.2.9 所示,令 $\alpha:A\to B$ 是单的 $R$-同态,$\varphi:A\to\mathrm{Hom}_{\mathbf{Z}}(R,D)$ 是

$R$-同态. 首先令

$$\sigma: \mathrm{Hom}_{\mathbf{Z}}(R,D) \ni f \to f(1) \in D,$$

不难验证,$\sigma$ 是 $\mathbf{Z}$-同态. 其次可把 $\alpha$ 及 $\varphi$ 都看作 $\mathbf{Z}$-同态,这时由于 $D$ 是 $\mathbf{Z}$-内射的,故存在 $\mathbf{Z}$-同态 $\tau: B \to D$ 使 $\sigma\varphi = \tau\alpha$.

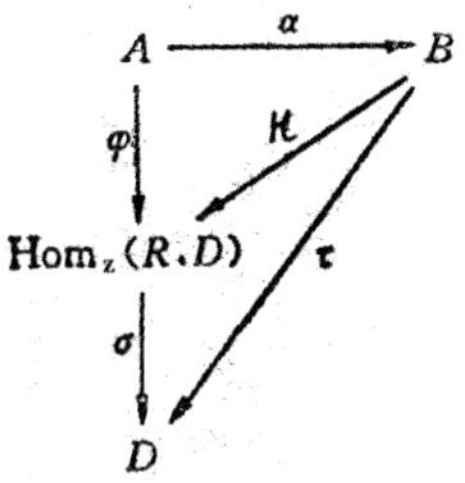

$\forall b \in B, r \in R$, 令 $\kappa(b)(r) := \tau(br)$, 则 $\kappa: B \to \mathrm{Hom}_{\mathbf{Z}}(R,D)$. 对固定的 $b \in B$,显然 $\kappa(b) \in \mathrm{Hom}_{\mathbf{Z}}(R,D)$, 并且

$$\begin{aligned}\kappa(br_1)(r) &= \tau(br_1 r) = \kappa(b)(r_1 r)\\ &= (\kappa(b)r_1)(r), \forall r_1, r \in R,\end{aligned}$$

亦即 $\kappa(b)r_1 = \kappa(br_1)$,故 $\kappa$ 是 $R$-同态. 此外

图 4.2.9

$$\begin{aligned}\kappa\alpha(a)(r) &= \tau(\alpha(a)r)\\ &= \tau(\alpha(ar)) = \tau\alpha(ar) = \sigma\varphi(ar)\\ &= \varphi(ar)(1) = (\varphi(a)r)(1) = \varphi(a)(r1) = \varphi(a)(r), \forall a \in A, r \in R,\end{aligned}$$

亦即 $\kappa\alpha(a) = \varphi(a)$, $\forall a \in A$,从而 $\kappa\alpha = \varphi$. 所以 $\mathrm{Hom}_{\mathbf{Z}}(R,D)$是内射 $R$-模.

**定理 4.2.11**　每一 $R$-模 $M$ 都能单同态地映入某内射 $R$-模.

**证**　首先证明,$M$ 作为 $\mathbf{Z}$-模能单同态地映入某内射 $\mathbf{Z}$-模. 事实上,由于任一 $\mathbf{Z}$-模都是自由 $\mathbf{Z}$-模的满同态像,故存在一自由 $\mathbf{Z}$-模 $F$ 及满同态 $\varphi: F \to M$. 令

$$\bar{x} = x + \mathrm{Ker}\varphi \in F/\mathrm{Ker}\varphi,$$

则

$$\hat{\varphi}: F/\mathrm{Ker}\varphi \ni \bar{x} \to \varphi(x) \in M$$

是同构映射. 令 $Y$ 是自由模 $F = F_{\mathbf{Z}}$ 的一基,

$$D := \mathbf{Q}^{(Y)} = \bigoplus_{b \in Y} b\mathbf{Q},$$

此处有理数加群 $\mathbf{Q}_{\mathbf{Z}} \cong b\mathbf{Q}_{\mathbf{Z}}$ 自然是可除的,亦即是内射 $\mathbf{Z}$-模. 由推论 4.2.3,$D$ 也是内射 $\mathbf{Z}$-模.

因为 $F = \bigoplus_{b \in Y} b\mathbf{Z}$,故 $F \hookrightarrow D$,从而

$$\mathrm{Ker}\varphi \hookrightarrow F \hookrightarrow D.$$

令 $\pi: D \to \overline{D} = D/\mathrm{Ker}\varphi$ 是典范满同态,故 $\forall 0 \neq z \in \mathbf{Z}$, $\overline{D}z = \pi(D)z = \pi(Dz) = \pi(D) = \overline{D}$. 故 $\overline{D}$ 也是可除的,从而 $\overline{D}$ 是内射 $\mathbf{Z}$-模.

令 $\iota$ 是 $F/\mathrm{Ker}\varphi$ 到 $D/\mathrm{Ker}\varphi = \overline{D}$ 的包含映射,则 $\iota\hat{\varphi}^{-1}$ 便把 $\mathbf{Z}$-模 $M$ 单同态地映入到 $\mathbf{Z}$-模 $\overline{D}$ 内. 但由引理 4.2.10, $\mathrm{Hom}_{\mathbf{Z}}(R,\overline{D})$ 也是内射 $R$-模, $\forall m \in M$, $\forall r \in R$,令

$$\rho(m)(r) := (\iota\hat{\varphi}^{-1})(mr),$$

则 $\rho(m)\in \mathrm{Hom}_{\mathbf{Z}}(R,\overline{D})$. 不难验证,$\rho$ 是 $M$ 到 $\mathrm{Hom}_{\mathbf{Z}}(R,\overline{D})$的 $R$-单同态. □

**定理 4.2.12** $Q_R$ 是内射的$\Leftrightarrow Q_R$ 是形如 $\mathrm{Hom}_{\mathbf{Z}}(R,D)$的内射 $R$-模的直和项的拷贝. 此处 $D$ 是某可除阿贝尔群.

**证** 由定理 4.2.11 的证明过程知,存在着单同态

$$\rho: Q_R\to \mathrm{Hom}_{\mathbf{Z}}(R,D).$$

又由定理 4.2.1(1)知 $\rho$ 可裂,故 $Q_R$ 是 $R$-模 $\mathrm{Hom}_{\mathbf{Z}}(R,D)$的一直和项的拷贝(即同构像).

$\Leftarrow$:由引理 4.2.10 知 $\mathrm{Hom}_{\mathbf{Z}}(R,D)$是内射 $R$-模,又由定理 4.2.4(1)及推论 4.2.3(1)知 $Q_R$ 是内射的. □

本定理权当对内射模内在特征的刻画.

**推论 4.2.13** 每个模都是某内射模的子模.

**证** 根据定理 4.2.11 并借助同构嵌入技巧(嵌入技巧参见张禾瑞《近世代数基础》)即可证得. □

定理 4.2.1(1)中提供了一个检验一模 $Q_R$ 是不是内射模的方法,即对每个单同态 $\alpha: A\to B$ 及每个 $\varphi: A\to Q$ 是否存在一同态 $\kappa: B\to Q$ 使得 $\varphi=\kappa\alpha$. 现在提出这样的问题:是否可以限制"受检"单同态的类? Reinhold Baer 对此作了肯定的回答. 他指出,实际上只需把"受检"单同态的类局限于所有右理想(相应地,左理想)$U\hookrightarrow R_R$ 的包含映射就足够了.

**定理 4.2.14**(Baer 判别法) 模 $Q_R$ 是内射的当且仅当对每个右理想 $U\hookrightarrow R_R$及每个同态 $\rho: U\hookrightarrow Q$ 总存在一同态 $\tau: R_R\to Q_R$ 使得 $\rho=\tau\iota$,此处 $\iota$ 是 $U\to R$的包含映射(实际上 $\tau$ 是 $\rho$ 的扩张).

**证** 必要性已包含在定理 4.2.1(1)中,以下分两个步骤来推证充分性.

第一步:$\alpha: A\to B$ 是任意给定的单同态,且 $\forall \varphi\in \mathrm{Hom}_R(A,Q)$,令 $R$-模 $C$ 使得 $\mathrm{Im}\alpha\hookrightarrow C\not\geq B$ 以及 $R$-同态 $\gamma: C\to Q$ 使得 $\forall a\in A, \varphi(a)=\gamma\alpha(a)$(这样的 $R$-模 $C$ 及 $R$-同态 $\gamma: C\to Q$ 总是存在的,比如取 $C=\mathrm{Im}\alpha$). 若 $C=B$,则已表明 $Q$ 满足定理 4.2.1(1),即 $Q$ 是内射模. 故设 $C\neq B$,我们断言,存在 $R$-模 $C$ 的真扩张 $C_1\hookrightarrow B$ 以及 $R$-同态 $\gamma$ 的相应扩张 $\gamma_1: C_1\to Q$,使 $\forall a\in A$ 也有 $\varphi(a)=\gamma_1\alpha(a)$.

为了证实这一断言,取 $b\in B$ 但 $b\overline{\in} C$,并令 $C_1=C+bR$. 如果 $C\cap bR=0$,那么 $R$-同态 $\gamma: C\to Q$ 可用明显的简单方法扩展到 $C_1$ 上,使 $\gamma_1: C_1\to Q$ 满足 $\gamma_1|_C=\gamma$. 故不妨假定 $C\cap bR\neq 0$,于是,令

$$U=\{u\mid u\in R\wedge bu\in C\}.$$

显然,$U$ 是 $R$ 的右理想,并且

$$\xi: U \ni u \to bu \in C$$

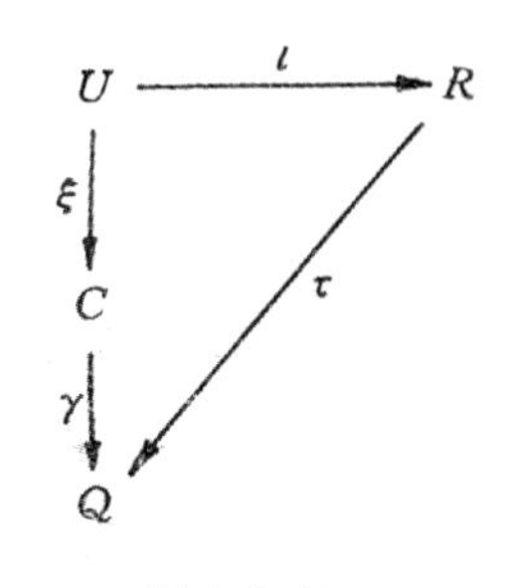

图 4.2.10

是 $R$-同态. 令 $\rho :=\gamma\xi: U\to Q$,由题设存在 $R$-同态 $\tau: R\to Q$,使 $\rho=\tau\iota$(见图 4.2.10).

现令 $\gamma_1: C+bR\ni c+br\to\gamma(c)+\tau(r)$. 为了证明 $\gamma_1$ 确系 $C_1\to Q$ 的映射,令

$$c_1+br_1=c+br, c_1, c\in C, r_1, r\in R.$$

于是
$$c-c_1=b(r_1-r)\in C\cap bR,$$
故$(r_1-r)\in U$,

$$\gamma\xi(r_1-r)=\rho(r_1-r)=\tau\iota(r_1-r)=\tau(r_1-r),$$

从而
$$\begin{aligned}\gamma(c-c_1)&=\gamma[b(r_1-r)]=\gamma[\xi(r_1-r)]\\&=\rho(r_1-r)=\tau\iota(r_1-r)=\tau(r_1-r),\end{aligned}$$

故 $\gamma(c)-\gamma(c_1)=\tau(r_1)-\tau(r)$,即

$$\gamma(c)+\tau(r)=\gamma(c_1)+\tau(r_1).$$

这表明,上面定义的映射 $\gamma_1$ 与原像的表达式无关,确系映射. 由于 $\gamma$ 及 $\tau$ 均为 $R$-同态,故 $\gamma_1$ 亦是 $R$-同态,并且从 $\gamma_1$ 的定义可知,$\gamma_1|_C=\gamma$.

第二步:令 $C_0:=\mathrm{Im}\alpha$,并且 $\alpha_0$ 是由 $\alpha$ 诱导的 $A$ 到 $C_0$ 的同构. 再令

$$\gamma_0:=\varphi\alpha_0^{-1}: C_0\to Q,$$

则 $\forall a\in A, \varphi(a)=\gamma_0\alpha(a)$. 由第一步及佐恩引理,就可把 $R$-同态 $\gamma_0$ 进一步扩张到整个 $B$ 上. 为此,令

$$\Gamma=\{(C,\gamma)\mid \mathrm{Im}\alpha=C_0\hookrightarrow C\hookrightarrow B \text{ 且 } \gamma: C\to Q, \gamma|_{C_0}=\gamma_0\}.$$

显然,前面所构造的 $C_0$ 及 $\gamma_0$ 使得$(C_0,\gamma_0)\in\Gamma$,故 $\Gamma\neq\varnothing$. 下面给 $\Gamma$ 规定适当的偏序如下:

$$(C,\gamma)\leqslant(C_1,\gamma_1):\Leftrightarrow C\hookrightarrow C_1 \text{ 且 } \gamma_1|_C=\gamma.$$

令 $\Lambda$ 是 $\Gamma$ 的任一非零全序子集,则令

$$D:=\bigcup_{(C,\gamma)\in\Lambda} C \text{ 以及 } \delta: D\ni d\to\gamma(d)\in Q,$$

显然,$C_0\hookrightarrow D\hookrightarrow B$. 当 $d\in C$ 时,显然有$(C,\gamma)\in\Lambda$,故 $\delta$ 也是 $R$-同态,且 $\delta|_{C_0}=\gamma_0$,故$(D,\delta)\in\Gamma$. 这就表明,偏序集 $\Gamma$ 是归纳的. 按佐恩引理,$\Gamma$ 有极大元,而由第一步的推断,这一极大元就是$(B,\kappa)$,其中 $\varphi=\kappa\alpha$. 故 $Q$ 是内射 $R$-模. □

# 练　　习

1. 令 $A\hookrightarrow B\hookrightarrow M$,证明:

(1) $B\underset{\circ}{\hookrightarrow}M\Leftrightarrow B/A\underset{\circ}{\hookrightarrow}M/A\wedge A\underset{\circ}{\hookrightarrow}M$.

(2) $A\underset{\cdot}{\hookrightarrow}M\Leftrightarrow A\underset{\cdot}{\hookrightarrow}B\wedge B\underset{\cdot}{\hookrightarrow}M$.

2. 证明:对 $A\hookrightarrow M$,下列命题等价:

(1) $A\underset{\circ}{\hookrightarrow}M$;

(2) 对 $M$ 的每个生成集 $\{x_i\mid i\in I\}$ 及 $A$ 的每一个子集 $\{a_i\mid i\in I\}$,$\{x_i-a_i\mid i\in I\}$ 也是 $M$ 的一生成集;

(3) 存在 $M$ 的一生成集 $\{x_i\mid i\in I\}$ 使得对 $A$ 的每一子集 $\{a_i\mid i\in I\}$,$\{x_i-a_i\mid i\in I\}$ 也是 $M$ 的一生成集;

(4) 若从 $M$ 的一生成集中删去 $A$ 的全部元素,则仍然得到 $M$ 的一生成集.

3. 令 $R$ 是主理想整环. 证明:自由模 $F_R$ 的每个子模仍是自由模.

4. 令 $0\neq e\neq 1$ 是 $R$ 的中心幂等元. 证明:右 $R$-模 $eR$ 是投射的但不是自由的.

5. 令 $\beta_1:P_1\to M,\beta_2:P_2\to M$ 都是满同态,且 $P_i$ 都是投射的,$i=1,2$. 证明:$P_1\oplus\mathrm{Ker}\beta_2\cong P_2\oplus\mathrm{Ker}\beta_1$.

6. 令 $R$ 是一整环,$K\neq R$ 是它的商域. 证明:

(1) $\mathrm{Hom}_R(K,R)=0$.

(2) $K_R$ 不是投射模.

(3) 若投射模 $P_R$ 具有限生成大子模,则 $P_R$ 自身也是有限生成的.(提示:利用对偶基引理)

(4) 每个投射理想(作为 $R$-模)是有限生成的.

7. 证明:模 $P$ 是投射的当且仅当对每个满同态 $\beta:Q\to C$,其中 $Q$ 是内射模,及每个同态 $\varphi:P\to C$,存在一同态 $\varphi':P\to Q$ 使得 $\varphi=\beta\varphi'$.

8. 对于一给定的整环 $R$,证明:每个可除无挠模 $D_R$ 都是内射模.($M_R$ 是无挠的:$\Leftrightarrow\forall\,0\neq m\in M,\forall\,0\neq r\in R[mr\neq 0]$)

9. 证明:有理数加群 $\mathbf{Q}$ 及其商群 $\mathbf{Q}/\mathbf{Z}$ 都是可除的,但整数加群 $\mathbf{Z}$ 不是可除的.

# 第五章　阿丁模与诺特模

非交换环以及这种环上的模的理论起源于域上的代数理论. 代数这一概念,既像模又像向量空间. 为了跟向量空间做对比,因此,在模论发展的最初阶段,引入有限性条件是必要的.

对此,Emmy Noether 提出了合适的观念及解释,从而为代数理论的进一步发展播下了种子. 她引入极大、极小条件(也常常表达为链条件)作为有限性假设.

本章,对有限性条件做初步的考察. 为避免误会,我们在此强调,当我们提及子模的有限或可列链时,总是把包含关系作为其序关系.

## §5.1　定义与性质

**定义 5.1.1**　(1) 一模 $M=M_R$ 称作是诺特的(相应地,阿丁的):⇔其子模的每一非空类有极大(相应地,极小)元.

(2) 一环 $R$ 称作诺特的(相应地,阿丁的):⇔$R_R$ 是诺特的(相应地,阿丁的). 左诺特环(左阿丁环)可类似地定义.

(3) 模 $M$ 的子模的升链

$$\cdots\hookrightarrow A_{i-1}\hookrightarrow A_i\hookrightarrow A_{i+1}\hookrightarrow\cdots$$

称作稳定的:⇔该链中只含有限多个不同的 $A_i$.

对降链类似地定义其稳定性.

**注**　(1) 模的上述性质显然在同构意义下不变.

(2) 满足定义 5.1.1(1)的模通常称作具有极大(相应地,极小)条件,满足定义 5.1.1(3)的模通常称作满足子模的升(相应地,降)链条件.

**定理 5.1.2**　令 $M=M_R$ 且 $A\hookrightarrow M$,则

(Ⅰ) 下列性质等价:

(1) $M$ 是阿丁的;

(2) $A$ 与 $M/A$ 是阿丁的;

(3) $M$ 的子模的每一降链是稳定的;

(4) $M$ 的每一商模是有限余生成的;

(5) 对 $M$ 的子模的每一非空类 $\{A_i \mid i \in I\}$,存在一有限子集 $\{A_i \mid i \in I_0\}$,使得

$$\bigcap_{i \in I} A_i = \bigcap_{i \in I_0} A_i.$$

(Ⅱ) 下列性质等价:

(1) $M$ 是诺特的;

(2) $A$ 与 $M/A$ 是诺特的;

(3) $M$ 的子模的每一升链是稳定的;

(4) $M$ 的每一子模是有限生成的;

(5) 对 $M$ 的子模的每一非空类 $\{A_i \mid i \in I\}$,存在一有限子集 $\{A_i \mid i \in I_0\}$,使得

$$\sum_{i \in I} A_i = \sum_{i \in I_0} A_i.$$

(Ⅲ) 下列性质等价:

(1) $M$ 是阿丁的并且是诺特的;

(2) $M$ 是有限长的(参见定义 2.4.4).

**证** (Ⅰ)(1)⇒(2):由于 $A$ 的子模的每一非空类也是 $M$ 的子模的非空类,故有极小元,所以 $A$ 是阿丁的. 令 $\eta: M \to M/A$ 是自然满同态,而 $\{\Omega_i \mid i \in I\}$ 是 $M/A$ 的子模的非空类,则 $M$ 的子模的类 $\{\eta^{-1}(\Omega_i) \mid i \in I\}$ 有极小元 $\eta^{-1}(\Omega_{i_0})$. 我们断言,子模 $\Omega_{i_0}$ 是 $\{\Omega_i \mid i \in I\}$ 的极小元. 事实上,$\forall \Omega_i \subseteq \Omega_{i_0}$,则 $\eta^{-1}(\Omega_i) \subseteq \eta^{-1}(\Omega_{i_0})$. 由 $\eta^{-1}(\Omega_{i_0})$ 的极小性推知,$\eta^{-1}(\Omega_i) = \eta^{-1}(\Omega_{i_0})$,于是

$$\Omega_i = \eta\eta^{-1}(\Omega_i) = \eta\eta^{-1}(\Omega_{i_0}) = \Omega_{i_0}.$$

(2)⇒(3):令 $A_1 \supseteq A_2 \supseteq \cdots$ 是 $M$ 的子模的一降链且 $\eta: M \to M/A$ 是自然满同态. 令

$$\Gamma := \{A_i \mid i \in \mathbf{N}\},\ \eta(\Gamma) = \{\eta(A_i) \mid i \in \mathbf{N}\},$$
$$\Gamma_A = \{A_i \cap A \mid i \in \mathbf{N}\},$$

由于 $\Gamma$ 非空,故 $\eta(\Gamma)$ 与 $\Gamma_A$ 也非空. 由题设,在 $\eta(\Gamma)$ 与 $\Gamma_A$ 中分别有极小元 $\eta(A_l)$ 与 $A_m \cap A$. 令 $n = \max(l, m)$,则

$$\eta(A_n) = \eta(A_{n+i}),\ A_n \cap A = A_{n+i} \cap A,\ i \in \mathbf{N}.$$

由此断言 $A_n = A_{n+i}$,$\forall i \in \mathbf{N}$,亦即所给链是稳定的.

事实上，从 $\eta(A_n)=\eta(A_{n+i})$ 推出

$$A_n+A=\eta^{-1}\eta(A_n)=\eta^{-1}\eta(A_{n+i})=A_{n+i}+A.$$

此外，已知 $A_n\cap A=A_{n+i}\cap A$，由题设 $A_n\supseteq A_{n+i}$. 再由模律 1.3.16 推知

$$A_n=(A_n+A)\cap A_n=(A_{n+i}+A)\cap A_n=A_{n+i}+(A\cap A_n)$$
$$=A_{n+i}+(A\cap A_{n+i})=A_{n+i},\ \forall i\in\mathbf{N}.$$

(3) ⇒(1)：假设 $M$ 的子模的非空类 $\Lambda$ 不含最小元，则 $\forall U\in\Lambda$ 存在 $U'\in\Lambda$，使得 $U'\subsetneqq U$；存在 $U''\in\Lambda$，使得 $U''\subsetneqq U'$. 继续这一选择程序，便得到一无穷真降链 $U\supsetneqq U'\supsetneqq U''\supsetneqq\cdots$. 这与(3)矛盾，故 $M$ 的子模的任一非空类必有最小元.

(4)⇔(5)：由推论 2.1.11 立得.

(1)⇔(5)：由(1)，$M$ 的子模类 $\{A_i\mid i\in I\}$ 中任何有限多个元素的交所成的非空子模类仍有极小元，记作 $D:=\bigcap\limits_{i\in I_0}A_i$，其中 $I_0$ 为 $I$ 的某有限子集.

由 $D$ 的极小性易知，$Vj\in I, D\cap A_j=D$，故 $D\subseteq\bigcap\limits_{j\in I}A_j$，但 $\bigcap\limits_{j\in I}A_j\subseteq\bigcap\limits_{j\in I_0}A_j=D$，故 $\bigcap\limits_{j\in I_0}A_j=\bigcap\limits_{j\in I}A_j$.

(5) ⇒(3)：令 $A_1\supseteq A_2\supseteq A_3\supseteq\cdots$ 是给定的降链. 由(5)，存在 $n\in\mathbf{N}$ 使得 $\bigcap\limits_{i\in\mathbf{N}}A_i=\bigcap\limits_{i=1}^{n}A_i$，从而 $\forall i\geqslant n, A_i=A_n$，所以给定降链是稳定的.

(Ⅱ) 这一证明对偶于阿丁模的情形，比如(4)⇔(5)这一等价由定理 1.3.14 所证实.

(Ⅲ) (1)⇒(2)：若 $M$ 是诺特的，由(Ⅱ)得每个子模也是诺特的. 因此，在 $M$ 的每个非零子模 $A$ 中，存在一极大子模 $A'$，对这一 $A'$ 又存在极大子模 $A''$，如此继续，得到一 $M$ 的子模的合成列

$$A\supsetneqq A'\supsetneqq A''\supsetneqq A'''\supsetneqq\cdots.$$

由于 $M$ 是阿丁的，这一合成列中各项所组成的子模类有极小元，所以 $M$ 的合成列必定是有限长的.

(2)⇒(1)：令 $A:=A_1\subseteq A_2\subseteq A_3\subseteq\cdots$ 是 $M$ 的子模的任一升链，令 $l$ 是 $M$ 的长，我们断言，在 $A$ 中至多有 $l+1$ 个不同的 $A_i$ 出现. 若不然，假若有多于 $l+1$ 个的 $A_i$，则 $A$ 的形如 $A_{i_1}\subsetneqq A_{i_2}\subsetneqq\cdots\subsetneqq A_{i_{l+2}}$ 的一个子链存在，它将可以被加细成 $M$ 的合成列，从而 $M$ 的长度 $\geqslant l+1$，这与假设矛盾. 故 $A$ 是稳定的，从而 $M$ 是诺特的. 类似地可以证明，$M$ 也是阿丁的. □

定理 5.1.2 中条件(Ⅰ)(3)(相应地，(Ⅱ)(3))称作降链(相应地，升链)条件，于是定理 5.1.2 断言，一模满足极小(相应地，极大)条件当且仅当它满足降链(相应地，升链)条件. 如果我们考察的不是全部子模，而仅仅是有限生成

子模或循环子模或模的直和项,这一命题依然成立.比方说,一模满足关于有限生成子模的极小条件当且仅当它满足关于有限生成子模的降链条件.这个命题以及其他相应命题的证明不难,留作练习.

**推论 5.1.3** (1) 有限个诺特(或阿丁)子模的和是诺特(或阿丁)模.

(2) 若 $R$ 是诺特(或阿丁)环,则有限生成右 $R$-模 $M_R$ 是诺特(或阿丁)模.

(3) 每个右诺特(或阿丁)环的商环也是右诺特(或阿丁)环.

**证** (1) 令 $M=\sum_{i=1}^{n}A_i$,每个 $A_i$ 都是诺特(或阿丁)的.对子模的项数 $n$ 进行归纳证明.当 $n=1$ 时,结论与题设重合,命题显然成立.假设当 $M$ 是 $(n-1)$ 个子模的和时,命题成立,即 $L=\sum_{i=1}^{n-1}A_i$ 是诺特(或阿丁)的,则 $M=\sum_{i=1}^{n}A_i=L+A_n$.由第一同构定理 2.4.3,

$$M/A_n=(L+A_n)/A_n\cong L/(L\cap A_n).$$

由归纳假设,$L$ 是诺特的(相应地,阿丁的),根据定理 5.1.2,$L/(L\cap A_n)$ 也是诺特的(相应地,阿丁的).另一方面,由题设,$A_n$ 是诺特的(相应地,阿丁的),由定理 5.1.2,$M$ 亦然.

(2) $\forall x\in M_R$,考察映射

$$\varphi_x: R\ni r\mapsto xr\in M.$$

显然,$\varphi_x$ 是 $R_R$ 到 $M_R$ 的同态,由同态基本定理推得

$$R/\mathrm{Ker}(\varphi_x)\cong \mathrm{Im}(\varphi_x)=xR$$

作为右 $R$-模.若 $R_R$ 是阿丁的(相应地,诺特的),则由定理 5.1.2,商模 $R/\mathrm{Ker}(\varphi_x)$,从而 $xR$ 亦然.若 $x_1,x_2,\cdots,x_n$ 是 $M_R$ 的一生成集,则由推论 5.1.3,$M=\sum_{i=1}^{n}x_iR$ 也是阿丁的(相应地,诺特的).

(3) 令 $A$ 是 $R$ 的双侧理想.因为 $R_R$ 是诺特的(相应地,阿丁的),由定理 5.1.2,$(R/A)_R$ 也是诺特的(相应地,阿丁的).因 $(R/A)_A=0$,故 $(R/A)_R$ 的子模与 $(R/A)_{R/A}$ 的子模重合,故 $R/A$ 也是右诺特环(相应地,右阿丁环).

## §5.2 例

1. 每个有限维向量空间是有限长的模.因为,令 $V_K$ 是除环 $K$ 上的向量

空间且$\{x_1,x_2,\cdots,x_n\}$是$V_K$的基，则

$$0 \subsetneqq x_1K \subsetneqq x_1K+x_2K \subsetneqq \cdots \subsetneqq x_1K+x_2K+\cdots+x_nK=V_K$$

是合成列. 这是因为$\forall i\in\{1,2,\cdots,n\}$,

$$(x_1K+\cdots+x_{i+1}K)/(x_1K+\cdots+x_iK)\cong x_{i+1}K\cong K_K$$

是单模.

2. 域$K$上每个有限维代数$R$作为左$K$-模或右$K$-模也都是有限长的. 因为$R$的每个右的或左的理想都可看作$K$-向量空间$R_K$或${}_KR$的一个子空间.

3. 一无穷维向量空间$V_K$既非阿丁的也非诺特的. 因为令$\{x_i\mid i\in\mathbf{N}\}$是一线性无关集，则考察链

$$\sum_{i=1}^{\infty}x_1K \supsetneqq \sum_{i=2}^{\infty}x_iK \supsetneqq \sum_{i=3}^{\infty}x_iK \supsetneqq \cdots$$

且

$$x_1K \subsetneqq x_1K+x_2K \subsetneqq x_1K+x_2K+x_3K \subsetneqq \cdots$$

两者都不是稳定的.

4. $\mathbf{Z}_\mathbf{Z}$是诺特的，但不是阿丁的. 因为$\mathbf{Z}$的每一理想都是主理想，从而是有限生成的. 由定理5.1.2(Ⅱ)，$\mathbf{Z}_\mathbf{Z}$是诺特的.

另一方面，由于

$$\mathbf{Z}\supsetneq 2\mathbf{Z}\supsetneq 2^2\mathbf{Z}\supsetneq\cdots$$

不是稳定的，所以$\mathbf{Z}_\mathbf{Z}$不是阿丁的.

**注**　例4表明$\mathbf{Z}$作为一个含幺环，它是诺特环但不是阿丁环. 这个问题的反向情景是否可能发生？亦即，存不存在一含幺环，它是阿丁的但不是诺特的？对此回答稍后将证明，每个阿丁环也是诺特环.

然而，作为$\mathbf{Z}$-模，却存在阿丁的但不是诺特的实例.

5. 令$p$是任一素数，且令

$$\mathbf{Q}_p=\left\{\frac{q}{p^i}\mid q\in\mathbf{Z}\wedge i\in\mathbf{N}\cup\{0\}\right\}$$

是以$p$的幂为分母的一切有理数的集合. 显然，作为加群，$\mathbf{Z}\subsetneq\mathbf{Q}_p\subsetneq\mathbf{Q}$. 于是我们断言，作为$\mathbf{Z}$-模，$\mathbf{Q}_p/\mathbf{Z}$是阿丁的但不是诺特的.

**证**　令$\left|\frac{1}{p^i}+\mathbf{Z}\right\rangle$是由$\frac{1}{p^i}+\mathbf{Z}$所生成的$\mathbf{Q}_p/\mathbf{Z}$的$\mathbf{Z}$-子模，则

$$0\subsetneq\left|\frac{1}{p}+\mathbf{Z}\right\rangle\subsetneq\left|\frac{1}{p^2}+\mathbf{Z}\right\rangle\subsetneq\left|\frac{1}{p^3}+\mathbf{Z}\right\rangle\subsetneq\cdots$$

是真升链. 因为

$$\frac{1}{p^{i+1}}\notin\left|\frac{1}{p^i}+\mathbf{Z}\right\rangle,$$

所以 $\mathbf{Q}_p/\mathbf{Z}$ 不是诺特的,但作为 $\mathbf{Z}$-模,$\mathbf{Q}_p/\mathbf{Z}$ 却是阿丁的. 为此只需证明,在上面给定的链中,所出现的实际是 $\mathbf{Q}_{\mathrm{Z}}/\mathbf{Z}$ 的全部真子模,从而表明 $\mathbf{Q}_{\mathrm{Z}}/\mathbf{Z}$ 的子模的每一非空类皆有最小元,而不只是极小元.

首先我们证明,$\forall a\in\mathbf{Z}$,

$$(a,p)=1\Rightarrow\left|\frac{a}{p^i}+\mathbf{Z}\right)=\left|\frac{1}{p^i}+\mathbf{Z}\right). \qquad (*)$$

这是因为 $(a,p)=1\Rightarrow\exists b,c\in\mathbf{Z}$ 使 $ab+p^ic=1$

$$\Rightarrow\frac{ab}{p^i}-\frac{1}{p^i}=-c\in\mathbf{Z}\Rightarrow\frac{ab}{p^i}+\mathbf{Z}=\frac{1}{p^i}+\mathbf{Z}$$

$$\Rightarrow\left|\frac{1}{p^i}+\mathbf{Z}\right)\subseteq\left|\frac{a}{p^i}+\mathbf{Z}\right).$$

另一方面,显然 $\left|\frac{a}{p^i}+\mathbf{Z}\right)\subseteq\left|\frac{1}{p^i}+\mathbf{Z}\right)$. 故( * )获证.

现在,$\forall B\subseteq\mathbf{Q}_p/\mathbf{Z}$,有两种不同的情形:

情形 1:$\forall n\in\mathbf{N},\exists n\leqslant i\in\mathbf{N}$ 使 $(a,p)=1$ 及 $\frac{a}{p^i}+\mathbf{Z}\in B$(亦即 $B$ 含有任意高阶的元素). 于是,由前面已证明( * ),$\forall n\in\mathbf{N}$ 及 $\forall z\in\mathbf{Z},z/p^n+\mathbf{Z}\in B$,亦即 $B=\mathbf{Q}_p/\mathbf{Z}$.

情形 2:存在最大的 $i\in\mathbf{N}$ 使 $(a,p)=1$ 及 $\frac{a}{p^i}+\mathbf{Z}\in B$(亦即 $B$ 不含任意高阶的元素),于是由( * )推出

$$\left|\frac{a}{p^i}+\mathbf{Z}\right)=\left|\frac{1}{p^i}+\mathbf{Z}\right)=B. \qquad \square$$

6. 以下构造一含幺环 $S$,使得它的左正则模 ${}_SS$ 既非阿丁的又非诺特的,而右正则模 $S_S$ 既是阿丁的又是诺特的.

令 $R$ 及 $K$ 都是域且 $R$ 是 $K$ 的无限扩域(比如 $R=\mathbf{R}$ 而 $K=\mathbf{Q}$).

令 $S$ 是由一切形如

$$\begin{pmatrix}k & r_1\\ 0 & r_2\end{pmatrix},\ \forall k\in K,\ r_i\in R$$

的矩阵构成的集合.

不难验证,$S$ 是以 $\begin{pmatrix}1 & 0\\ 0 & 1\end{pmatrix}$ 为单位元的环.

首先证明,$S$ 既非左阿丁的又非左诺特的. 事实上,令 $R$ 的子集 $\{x_i\mid i\in\mathbf{N}\}$ 在 $K$ 上线性无关,

$$s_i := \begin{pmatrix} 0 & x_i \\ 0 & 0 \end{pmatrix}, i \in \mathbf{N}.$$

由于
$$\begin{pmatrix} k & r_1 \\ 0 & r_2 \end{pmatrix} s_i = \begin{pmatrix} 0 & kx_i \\ 0 & 0 \end{pmatrix},$$

故由 $s_i$ 生成的左理想

$$Ss_i = \begin{pmatrix} 0 & kx_i \\ 0 & 0 \end{pmatrix}.$$

于是
$$Ss_1 \subsetneqq Ss_1 + Ss_2 \subsetneqq Ss_1 + Ss_2 + Ss_3 \subsetneqq \cdots$$

是环 $S$ 的左理想的真升链，而

$$\sum_{i=1}^{\infty} Ss_i \supsetneqq \sum_{i=2}^{\infty} Ss_i \supsetneqq \sum_{i=3}^{\infty} Ss_i \supsetneqq \cdots$$

是 $S$ 的左理想的真降链. 所以 $S$ 既非左阿丁的又非左诺特的.

其次证明 $S$ 既是右阿丁的又是右诺特的. 我们直接给出 $S_S$ 的一个有限长的合成列. 由于 $S$ 中两个元素之积

$$\begin{pmatrix} h & a_1 \\ 0 & a_2 \end{pmatrix} \begin{pmatrix} k & r_1 \\ 0 & r_2 \end{pmatrix} = \begin{pmatrix} hk & hr_1 + a_1 r_2 \\ 0 & a_2 r_2 \end{pmatrix},$$

于是令

$$A_1 := \begin{pmatrix} 0 & 1 \\ 0 & 0 \end{pmatrix} S = \begin{pmatrix} 0 & R \\ 0 & 0 \end{pmatrix},$$

$$A_2 := \begin{pmatrix} 0 & 0 \\ 0 & 1 \end{pmatrix} S = \begin{pmatrix} 0 & 0 \\ 0 & R \end{pmatrix},$$

由于 $R$ 是域，所以这两个右理想显然是单的且 $A_1 \cap A_2 = 0$，于是 $(A_1 + A_2)/A_1 \cong A_2$ 是单的. 我们断言 $0 \subsetneq A_1 \subsetneq A_1 + A_2 \subsetneq S$ 是 $S_S$ 的合成列，剩下只需证明 $A_1 + A_2$ 在 $S$ 中极大. $\forall\, 0 \neq h \in k$，显然

$$\begin{pmatrix} h & a_1 \\ 0 & a_2 \end{pmatrix} \overline{\in} A_1 + A_2,$$

令 $B_S := A_1 + A_2 + \begin{pmatrix} h & a_1 \\ 0 & a_2 \end{pmatrix} S$，则因为

$$\left[ \begin{pmatrix} h & a_1 \\ 0 & a_2 \end{pmatrix} + \begin{pmatrix} 0 & 0 \\ 0 & 1 - a_2 \end{pmatrix} \right] \begin{pmatrix} h^{-1} & -h^{-1} a_1 \\ 0 & 1 \end{pmatrix} = \begin{pmatrix} 1 & 0 \\ 0 & 1 \end{pmatrix} \in B_S,$$

故 $B = S$，从而 $S$ 既是右阿丁的又是右诺特的.

# §5.3 阿丁模与诺特模的自同态

设 $M=M_R$ 是任一模,$\mathrm{End}_R(M)$ 是 $M_R$ 的全自同态环. 显然 $\forall \varphi\in \mathrm{End}_R(M)$,$\forall n\in \mathbf{N}\Rightarrow \varphi^n\in \mathrm{End}_R(M)$,并且我们有 $M$ 的子模的升链及降链如下:

$$\mathrm{Im}\varphi \hookleftarrow \mathrm{Im}\varphi^2 \hookleftarrow \mathrm{Im}\varphi^3 \hookleftarrow \cdots,$$

相应地

$$\mathrm{Ker}\varphi \hookrightarrow \mathrm{Ker}\varphi^2 \hookrightarrow \mathrm{Ker}\varphi^3 \hookrightarrow \cdots.$$

在 $M$ 是阿丁模(相应地,诺特模)的条件下,第一(相应地,第二)个链是稳定的,从而产生有趣的结果.

**定理 5.3.1** $\forall \varphi\in \mathrm{End}_R(M)$,我们有

(1) $M$ 是阿丁的$\Rightarrow \exists n_0\in \mathbf{N},\forall n\geqslant n_0[M=\mathrm{Im}\varphi^n+\mathrm{Ker}\varphi^n]$.

(2) $M$ 是阿丁的$\wedge \varphi$ 是单同态$\Rightarrow \varphi$ 是自同构.

(3) $M$ 是诺特的$\Rightarrow \exists n_0\in \mathbf{N},\forall n\geqslant n_0[0=\mathrm{Im}\varphi^n\cap \mathrm{Ker}\varphi^n]$.

(4) $M$ 是诺特的$\wedge \varphi$ 是满同态$\Rightarrow \varphi$ 是自同构.

**证** (1) 由本定理前面的说明,$\exists n_0\in \mathbf{N}$ 使得

$$\forall n\geqslant n_0,\mathrm{Im}\varphi^{n_0}=\mathrm{Im}\varphi^n.$$

于是

$$\forall n\geqslant n_0,\mathrm{Im}\varphi^n=\mathrm{Im}\varphi^{2n},$$

$$\forall x\in M,\varphi^n(x)\in \mathrm{Im}\varphi^n=\mathrm{Im}\varphi^{2n}.$$

故 $\exists y\in M$,使得 $\varphi^n(x)=\varphi^{2n}(y)$,从而推知

$$\varphi^n[x-\varphi^n(y)]=0\Rightarrow k:=x-\varphi^n(y)\in \mathrm{Ker}\varphi^n$$
$$\Rightarrow x=\varphi^n(y)+k\in \mathrm{Im}\varphi^n+\mathrm{Ker}\varphi^n.$$

(2) 若 $\varphi$ 是单同态,则 $\forall n\in \mathbf{N},\varphi^n$ 也是单同态,亦即 $\mathrm{Ker}\varphi^n=0$. 由(1)推出 $M=\mathrm{Im}\varphi^{n_0}$,但是 $\mathrm{Im}\varphi^{n_0}\hookrightarrow \mathrm{Im}\varphi$,故 $M=\mathrm{Im}\varphi$,亦即 $\varphi$ 是自同构.

(3) 由本定理前面的说明知,$\exists n_0\in \mathbf{N}$ 使得 $\forall n\geqslant n_0,\mathrm{Ker}\varphi^{n_0}=\mathrm{Ker}\varphi^n$,从而推知 $\mathrm{Ker}\varphi^n=\mathrm{Ker}\varphi^{2n},n\geqslant n_0$. $\forall x\in \mathrm{Im}\varphi^n\cap \mathrm{Ker}\varphi^n$,$\exists y\in M$,使得 $x=\varphi^n(y)$ 并且 $0=\varphi^n(x)=\varphi^{2n}(y)$,从而推知 $y\in \mathrm{Ker}\varphi^{2n}=\mathrm{Ker}\varphi^n$,故 $x=\varphi^n(y)=0$,亦即

$$0=\mathrm{Im}\varphi^n\cap \mathrm{Ker}\varphi^n,\ \forall n\geqslant n_0.$$

(4) 若 $\varphi$ 是满同态,则 $\forall n\in \mathbf{N},\varphi^n$ 也是满同态,亦即 $M=\mathrm{Im}\varphi^n$. 由(3)推知 $\mathrm{Ker}\varphi^{n_0}=0$,由于 $\mathrm{Ker}\varphi\hookrightarrow \mathrm{Ker}\varphi^{n_0}$,所以 $\mathrm{Ker}\varphi=0$,亦即 $\varphi$ 是自同构. □

**推论 5.3.2**(Fitting 引理) 设 $M=M_R$ 是有限长的模,$\varphi$ 是 $M$ 的一自同

构，则

(5) $\exists\, n_0 \in \mathbf{N}$，使得 $\forall\, n \geqslant n_0 [M = \mathrm{Im}\varphi^n \oplus \mathrm{Ker}\varphi^n]$.

(6) $\varphi$ 是自同构$\Leftrightarrow\varphi$ 是满同态$\Leftrightarrow\varphi$ 是单同态.

**证**　(5)：取(1)及(3)中存在的那个自然数 $n_0$ 中较大者作为(5)的 $n_0$ 即可.

(6)：从(2)及(4)共同推出(6).　□

Fitting 引理意味着有限维向量空间的熟知性质得到了推广.

# §5.4　诺特环的刻画

本节给出诺特环的一种刻画，对了解诺特环上的模理论将起重要作用. 本节定理的证明本质上是建立在 Baer 判定的基础之上的.

首先介绍模的内射包这一概念. 我们已知，任意模均可单同态地嵌入某内射模，令我们感兴趣的是 $M$ 的最小嵌入.

**定义 5.4.1**　一单同态 $\eta: M \to Q$ 称作 $M$ 的内射包：$\Leftrightarrow Q$ 是内射的且 $\eta$ 是大的，亦即 $\mathrm{Im}\eta \underset{*}{\subseteq} Q$.

**注**　在不指明嵌入 $\eta$ 也不致引起混乱的场合，我们径直称 $Q$ 是 $M$ 的内射包，并记作 $Q = I(M)$.

例如，$Q_{\mathbf{Z}} = I(\mathbf{Z}\mathbf{z})$.

可以证明(例如，周伯勋著《同调代数》)，对任一模 $M$，其内射包 $I(M)$ 总存在并且在同构意义下唯一.

**定理 5.4.2**　对环 $R$，下列条件等价：

(1) $R_R$ 是诺特的；

(2) 内射右 $R$-模的每一直和都是内射模；

(3) 可列个单的右 $R$-模的内射包的直和仍是内射模.

**证**　(1) $\Rightarrow$(2)：令 $Q := \bigoplus_{i \in I} Q_i$ 是内射右 $R$-模 $Q_i$ 的一直和. 由 Baer 判别法 4.2.14，为了证明 $Q$ 是内射的，只需证明：对每个右理想 $U \hookrightarrow R$ 及每个同态 $\rho: U \to Q$，总存在同态 $\tau: R_R \to Q_R$，使得 $\rho = \tau\iota$，此处 $\iota: U \to R$ 是包含映射. 事实上，由于 $R_R$ 是诺特的，故 $U$ 必是有限生成的：$U = \sum_{i=1}^{n} u_i R$ .

$\forall\, i \in \{1, 2, \cdots, n\}$，$u_i$ 在 $\rho$ 下的像 $\rho(u_i) \in \bigoplus_{i \in I} Q_i$ ，亦即只有有限多个 $Q_i$ 使

$\rho(u_i)$在其上的分量不等于0,故存在有限集 $I_0 \subset I$,使得 $\iota_0: \bigoplus\limits_{i\in I_0} Q_i \to \bigoplus\limits_{i\in I} Q_i$ 是包含映射且 $\rho_0$ 是 $\rho$ 在 $\bigoplus\limits_{i\in I_0} Q_i$ 上的制限,从而 $\rho = \iota_0\rho_0$.

由于 $I_0$ 是有限集,故 $\bigoplus\limits_{i\in I_0} Q_i$ 是内射模,于是存在一同态 $\tau_0: R \to \bigoplus\limits_{i\in I_0} Q_i$ 使图 5.4.1 可换,即 $\rho_0 = \tau_0\iota$. 如果令 $\tau := \iota_0\tau_0$,那么我们有 $\rho = \iota_0\rho_0 = \tau\iota$.

(2)⇒(3):(3)是(2)的特例.

(3)⇒(1):通过反证法表明 $R_R$ 是诺特的.

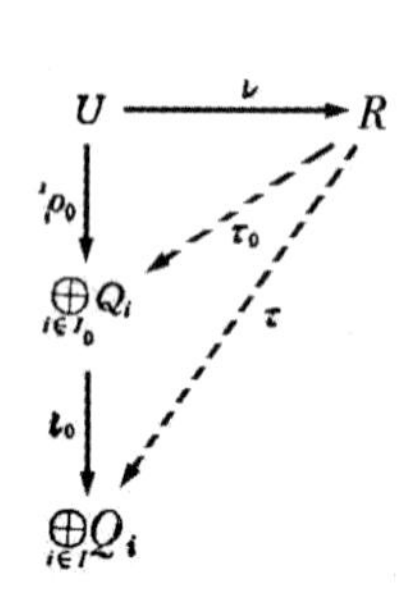

图 5.4.1

假若 $R_R$ 不是诺特的,则存在 $R$ 的右理想的真升链

$$A := A_1 \subsetneqq A_2 \subsetneqq A_3 \subsetneqq A_4 \cdots,$$

于是 $B = \bigcup\limits_{i=1}^{\infty} A_i$ 也是 $R$ 的右理想. $\forall b \in B$ 存在 $n_b \in \mathbf{N}$,使得 $\forall i \geqslant n_b, b \in A_i$. $\forall i \in \mathbf{N}, \exists c_i \in B \backslash A_i$,由推论 1.3.12,有限生成模(实际是循环模)$(c_iR + A_i)/A_i$ 必含有极大子模 $N_i/A_i$,于是

$$E_i := ((c_iR + A_i)/A_i)/(N_i/A_i)$$

是一单模.

令 $\nu_i: (c_iR + A_i)/A_i \to E_i$ 表示自然满同态,而令 $I(E_i)$是 $E_i$ 的内射包且 $\iota_i: E_i \to I(E_i)$是包含映射,于是,存在 $R$-同态 $\eta_i: B/A_i \to I(E_i)$使得图 5.4.2 可换,其中 $\iota_i'$是相应的包含映射,且 $\forall i \in \mathbf{N}$,因 $c_i \overline{\in} A_i$,故 $\bar{c}_i = c_i/A_i \neq 0$. 又因 $E_i$ 是单模,故自然满同态 $\nu_i$ 必定是同构,从而 $\nu_i(\bar{c}_i) \neq 0$,于是 $\eta_i\iota_i'(\bar{c}_i) = \iota_i\nu_i'(\bar{c}_i) \neq 0$. 令

$$\alpha: B \ni b \to \sum_{i=1}^{n_b} \eta_i(b + A_i),$$

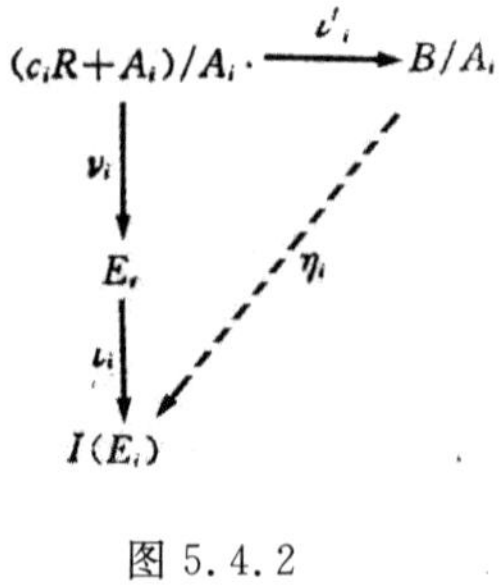

图 5.4.2

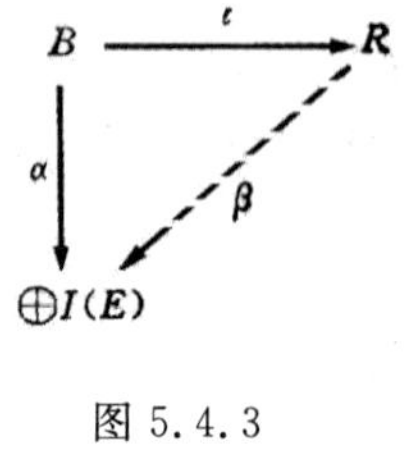

图 5.4.3

其中 $\eta_i(b + A_i)$是 $\alpha(b)$在直和 $\bigoplus\limits_{i=1}^{\infty} I(E_i)$ 中的第 $i$ 个分量. 因 $\forall i \geqslant n_b, b \in A_i$,故 $\alpha(b)$至多有限个分量非零,这说明 $\alpha(b) \in \bigoplus I(E_i)$(若把$\bigoplus I(E_i)$视为外直和的

话,则令 $\alpha(b):=(\eta_i(b+A_i))$ 即可). 不难验证,$\alpha$ 是 $B_R \to \bigoplus I(E_i)$ 的同态. 由(3)知,$\bigoplus I(E_i)$ 是内射模,故存在同态 $\beta$ 使得图 5.4.3 可换. 令 $b_i$ 是 $\beta(1_R)$ 在 $\bigoplus I(E_i)$ 中的第 $i$ 分量,故存在 $n \in \mathbf{N}$ 使得 $\forall\ i \geqslant n, b_i=0$. 于是 $\forall\ b \in B, \alpha(b)=\beta[\iota(b)]=\beta(b)=\beta(I_R)b$. 从而推出 $\eta_i(b+A_i)=b_ib=0b=0$, $\forall i \geqslant n$ 以及 $\forall b \in B$. 这时因 $c_i \in B \backslash A_i \subseteq B$, 故 $\eta_i(c_i+A_i)=\eta_i(\bar{c}_i)=0$. 这与上面已证的 $\forall i \in \mathbf{N}, \eta_i(\bar{c}_i)=\iota_i\nu_i(\bar{c}_i) \neq 0$ 相矛盾. □

**推论 5.4.3**　令 $R_R$ 是诺特的且 $\{M_i \mid i \in I\}$ 是一族右 $R$-模. 如果 $\eta_i: M_i \to I(M_i)$ 是 $M_i$ 的任一内射包,那么

$$\bigoplus_{i\in I}\eta_i: \bigoplus_{i\in I}M_i \to \bigoplus_{i\in I}I(M_i)$$

是 $\bigoplus_{i\in I}M_i$ 的内射包.

**证**　由定理 5.4.2, $\bigoplus_{i\in I}I(M_i)$ 是内射的. 再由推论 4.1.6,因 $\mathrm{Im}(\eta_i) \underset{*}{\smile} I(M_i)$, $\forall i \in I$, 故

$$\mathrm{Im}(\bigoplus\eta_i)=\bigoplus_{i\in I}\mathrm{Im}(\eta_i) \underset{*}{\smile} \bigoplus_{i\in I}I(M_i),$$

亦即 $\bigoplus_{i\in I}\eta_i: \bigoplus_{i\in I}M_i \to \bigoplus_{i\in I}I(M_i)$ 是 $\bigoplus_{i\in I}M_i$ 的内射包. □

# §5.5　诺特环与阿丁环上内射模的分解

模论的基本问题之一是把模分解成它的子模的直和. 如果出现在分解式中的全部子模本身是不可分解的,那么这样一种分解就算完成了.

为此,我们需要定义某些概念.

**定义 5.5.1**　(1) 模 $M_R$ 称作直可分的(相应地,直不可分的):$\Leftrightarrow M_R=0$ 或存在 $M$ 的一个异于 0 及 $M$ 的直和项(相应地,$M_R \neq 0$ 且 $M$ 不存在一个异于 0 及 $M$ 的直和项).

(2) 令 $U \subsetneqq M_R$, $M$ 称作 $U$ 上不可约的(指交不可约):$\Leftrightarrow \forall A, B \smile M$, 使 $U \subsetneqq A, U \subsetneqq B$ 但 $U \neq A \cap B$.

(3) $M$ 称作是不可约的(指交不可约):$\Leftrightarrow M$ 在 0 上不可约.

关于模的分解,有三个问题需要研究:

(1) 在什么条件之下,一给定模可以分解为直不可分子模的直和?

(2) 这样一种分解如果存在的话,是否唯一确定?

(3) 直不可分解模有何性质?

本节对于诺特环及阿丁环上的内射模，就问题(1)及(3)做出了回答. 至于回答问题(2)，需要用到其他进一步的概念，故从略.

首先，我们对直不可分内射模进行刻画，这里先假定基环 $R$ 是任意含幺环.

**定理 5.5.2** 令 $0\neq Q_R$ 是内射模，则下列条件等价：

(1) $Q$ 是直不可分的；

(2) $Q$ 是每个非零子模的内射包；

(3) $Q$ 的每个非零子模是不可约的；

(4) $Q$ 是某不可约子模的内射包.

**证** (1)⇒(2)：令 $0\neq U\smile Q$ 且 $I(U)\smile Q$ 是 $U$ 的内射包. 由于 $U\neq 0$，故 $I(U)\neq 0$，又因 $I(U)$ 作为一内射模是 $Q$ 的直和项，从而推出 $I(U)=Q$.

(2)⇒(3)：$\forall M\smile Q$ 且 $A,B\smile M$，$A\neq 0\neq B$. 因为 $I(A)=Q$，故 $A$ 是 $Q$ 的大子模，从而推出 $A\cap B\neq 0$.

(3)⇒(4)：作为 $Q$ 的一个非零子模，$Q$ 自身也是不可约的，且 $I(Q)=Q$.

(4)⇒(1)：令 $Q$ 是不可约子模 $M\neq 0$ 的内射包，并且假若 $Q=A\oplus B$，$A\neq 0\neq B$. 由于 $M$ 是 $Q$ 的大子模，故 $M\cap A\neq 0\neq M\cap B$，又因 $M$ 是不可约的，所以

$$(M\cap A)\cap(M\cap B)\neq 0.$$

这与 $A\cap B=0$ 矛盾，故 $Q$ 是直不可分的. □

**推论 5.5.3** (1) 每个单 $R$-模的内射包是直不可分的.

(2) 直不可分的内射 $R$-模 $Q$ 至多包含一个单子模.

(3) 若 $R_R$ 是阿丁的，则每个直不可分内射模 $Q_R$ 都是某一单 $R$-模的内射包.

**证** (1) 因为单模是不可约模，故由定理 5.5.2 推得(1).

(2) 若 $E,E_1$ 都是 $Q$ 的单子模，由定理 5.5.2 推知 $E\overset{*}{\smile}Q$，从而 $E\cap E_1\neq 0$，于是 $E=E\cap E_1=E_1$.

(3) $\forall\, 0\neq q\in Q$，由推论 5.1.3(2)，$qR$ 是阿丁模，由于 $qR$ 的子模的每一降链稳定，故 $qR$ 必含单子模 $E$. 由定理 5.5.2，$I(E)=Q$. □

**引理 5.5.4** 令 $\Gamma$ 是模 $M_R$ 的一些子模的集，则使得

$$\sum_{U\in\Lambda}U=\bigoplus_{U\in\Lambda}U \qquad (*)$$

的 $\Gamma$ 的一切子集 $\Lambda$ 中，必有极大元 $\Lambda_0$.

**证** 令

$$G:=\{\Lambda\mid\Lambda\subset\Gamma\wedge(*)\text{被满足}\},$$

则 $G$ 对于包含关系构成半序集. 因 $0=\sum\limits_{U\in\varnothing}U=\bigoplus\limits_{U\in\varnothing}U$，故 $\varnothing\in G$，从而 $G\neq\varnothing$. 令 $H$ 是 $G$ 的全序子集且 $\Omega:=\bigcup\limits_{\Lambda\in H}\Lambda$，则 $\Omega\subset\Gamma$. 我们断言，$\Omega\in G$，亦即 $Q$ 满足

(∗). 若不然,$\Omega$ 中的子模的和不是直和,则这个和中必定有一有限部分和也不是直和. 由于 $H$ 是全序子集,故从 $\Omega$ 中挑选的有限多个子模必定同属于某 $\Lambda\in H$,故它们的和必定是直和. 这是一个矛盾,所以 $\Omega\in G$,从而 $\Omega$ 是 $H$ 在 $G$ 中的上界. 由佐恩引理,在 $G$ 中有极大元 $\Lambda_0$. □

**推论 5.5.5** (1) 对每一模 $M_R$,存在一直不可分内射子模的极大集,使得它们的和是直和.

(2) 对每一模 $M_R$,存在一单子模的极大集,使得它们的和是直和.

**证** 在情形(1)中,令 $\Gamma$ 是直不可分内射子模的集合;在情形(2)中,令 $\Gamma$ 是单子模的集合,由引理 5.5.4 直接推得. □

**引理 5.5.6** 若 $R_R$ 是诺特的,则每个非零模 $M_R$ 都包含非零不可约子模.

**证** 令 $B$ 是 $M$ 的任一非零有限生成子模,由推论 5.1.3(2),$B$ 是诺特的. 我们只需证明,$B$ 包含非零不可约子模. 令

$$T=\{X\mid X\subsetneqq B\wedge\exists Y\hookrightarrow B\text{ 使 }X\cap Y=0$$
$$\text{且 }X\text{ 在 }X\cap Y=0\text{ 中具极大性}\},$$

由于 $T$ 是诺特模 $B$ 的真子模的非空类(因 $0\in T$),故由定义 5.1.1,$T$ 中存在极大元 $X_0$,故 $\exists U_0$ 使 $X_0\cap U_0=0$,且 $X_0$ 在 $X_0\cap U_0=0$ 中具极大性. 因 $X_0\neq B$,故 $U_0\neq 0$. 今断言 $U_0$ 是不可约的,因为 $U_0$ 的每个非零子模 $C$ 都是 $U_0$ 的大子模. 事实上,$\forall L\hookrightarrow U_0$ 使 $C\cap L=0$,则 $C\cap(X_0+L)=0$. 由 $X_0$ 的极大性且 $C\neq 0$ 推得 $X_0+L=X_0$. 于是

$$L\hookrightarrow(U_0\cap X_0)=0,$$

亦即 $U_0$ 是 $B$ 的从而也是 $M_R$ 的非零不可约子模. □

**定理 5.5.7** 若 $R_R$ 是诺特的,则每个内射模 $Q_R$ 都是直不可分子模的直和. 此外,若 $R_R$ 是阿丁的(稍后将证明:$R_R$ 是阿丁的$\Rightarrow R_R$ 是诺特的),则每一个直不可分的被加项都是某一单 $R$-模的内射包. □

**证** 考察 $Q_R$ 的直不可分的内射子模的一极大集 $I$,使得该极大集中的子模的和是直和(由定义 5.5.5(1)知). 令 $Q_0:=\bigoplus_{i\in I}Q_i$,由于每个 $Q_i$ 都是内射的,由定理 5.4.2(2)知,$Q_1$ 也是内射的,从而 $Q_1$ 是 $Q$ 的一直和项. 令 $Q=Q_0\oplus Q_1$,于是只需证明 $Q_1=0$ 即可. 若不然,$Q_1\neq 0$,则由引理 5.5.6,$Q_1$ 包含非零不可约子模 $M$. 令 $I(M)$是 $M$ 在 $Q_1$ 的内射包,则 $I(M)$是内射模,从而是 $Q_1$ 的一直和项. 令 $Q_1=I(M)\oplus Q_2$,由定理 5.5.2,作为不可约子模 $M$ 的内射包$I(M)$是直不可分的,于是 $Q_0\oplus I(M)$也是直不可分的内射子模的直和,这与 $I$ 的极大性冲突. 所以,$Q_1=0$,从而 $Q=Q_0=\bigoplus_{i\in I}Q_i$.

此外,若 $R_R$ 不仅是诺特的也是阿丁的,则由推论 5.5.3(3),全部非零的直不可分内射模 $Q_i$ 都是单 $R$-模的内射包. □

# 练　　习

1. 全方阵环 $\mathrm{Mat}_{n\times n}(R)$ 是右诺特(或阿丁)的 $\Leftrightarrow R$ 是右诺特(或阿丁)的.

2. 每个不含零因子的右阿丁环都是除环.

3. (1) 若模 $M_R$ 满足关于有限生成子模的极大条件,则 $M_R$ 是诺特的.

(2) 试给一模 $M_R$,虽然它满足关于循环子模的极大条件,但却不是诺特的.

4. 模 $M_R$ 满足关于直和项的极大条件,当且仅当它满足关于直和项的极小条件.

5. 设模 $M_R$ 满足关于直和项的极大条件. 证明:$\forall\varphi\in\mathrm{End}_R(M)$,下列条件等价:

(1) $\varphi$ 是左可逆的(亦即裂的单同态);

(2) $\varphi$ 是右可逆的(亦即裂的满同态);

(3) $\varphi$ 是可逆的(亦即同构).

6. 模 $M_R$ 称作不可分的(异于直不可分的),如果 $M_R\neq 0$ 且 $M_R$ 的任意两个真子模的和也是 $M_R$ 的真子模. 证明:若 $B_R$ 是非零阿丁模,则存在 $B_R$ 的一个不可分商模.

7. 若模 $M_R$ 是有限长的,$f:M_R\to N_R$ 是一 $R$-同态,证明:$\mathrm{Im}f$ 及 $\mathrm{Ker}f$ 也是有限长的,并且

$$\mathrm{Le}(\mathrm{Im}f)+\mathrm{Le}(\mathrm{Ker}f)=\mathrm{Le}(M_R).$$

8. 令 $M_R$ 与 $N_R$ 都是诺特的,而 $P_R$ 是任一模,使得 $0\to M\to P\to N\to 0$ 正合. 证明:$P_R$ 也是诺特的.

# 第六章　半单模与半单环

## §6.1　半　单　模

向量空间的概念有两方面的直接而重要的推广，它们是：

(1) 自由模及其直和项，即投射模. 对此我们已做了初步讨论.

(2) 每个子模都是直和项的模，即所谓半单模. 本章将对此进行较系统的研究. 先介绍若干引理.

**引理 6.1.1**　若模 $M_R$ 的每个子模都是直和项，则 $M_R$ 的每个非零子模都含有单子模.

**证**　令 $0\neq U\hookrightarrow M$，不妨设 $U$ 是有限生成的，由推论 1.3.12，存在一极大子模 $C\hookrightarrow U$. 由题设，存在 $M_1\hookrightarrow M$，使得 $M=C\oplus M_1$. 借助模律 1.3.16 得

$$U=M\cap U=[C\oplus M_1]\cap U=C\oplus(M_1\cap U),$$

故 $U/C\cong M_1\cap U$. 由于 $C$ 在 $U$ 中极大，故 $U/C$，从而 $M_1\cap U$ 是 $U$ 的单子模. □

**引理 6.1.2**　令 $M=\sum\limits_{i\in I}M_i$，$M_i$ 是单子模，此外，令 $U\hookrightarrow M$，则

(1) 存在 $J\subset I$，使得 $M=U\oplus\left(\bigoplus\limits_{j\in J}M_j\right)$.

(2) 存在 $K\subset I$，使得 $U\cong\bigoplus\limits_{i\in K}M_i$.

**证**　(1) 借助佐恩引理，令

$$\Gamma:=\{L\mid L\subset I\wedge U+\sum_{i\in L}M_i=U\oplus(\bigoplus_{i\in L}M_i)\},$$

由于 $\bigoplus\limits_{i\in\varnothing}M_i=0$，故 $\varnothing\in\Gamma$，从而 $\Gamma\neq\varnothing$，且在包含关系 $\subset$ 下，$\Gamma$ 是一偏序集. 令 $\Lambda$ 是 $\Gamma$ 的一全序子集，且令 $L^*=\bigcup\limits_{L\in\Lambda}L$，则 $L^*$ 是 $\Lambda$ 的一上界是显然的，剩下只需证明 $L^*\in\Gamma$.

对于任意有限集 $E\subset L^{*}=\bigcup\limits_{L\in\Lambda}L$，总存在 $L\in\Lambda$ 使 $E\subset L$. 令

$$u+\sum_{i\in E}m_{i}=0,\ u\in U,m_{i}\in M_{i}.$$

由于 $E\subset L\in\Gamma$，推出 $u=m_{i}=0,\forall i\in E$. 于是

$$U+\sum_{i\in L^{*}}M_{i}=U\oplus\Big(\bigoplus_{i\in L^{*}}M_{i}\Big),$$

从而 $L^{*}\in\Gamma$，故 $L^{*}$ 是 $\Lambda$ 在 $\Gamma$ 中的一上界. 由佐恩引理，存在一极大元 $J\in\Gamma$. 令

$$N:=U+\sum_{i\in J}M_{i}=U\oplus\Big(\bigoplus_{i\in J}M_{i}\Big).$$

$\forall i_{0}\in I,N+M_{i_{0}}=N\oplus M_{i_{0}}$ 皆不可能. 若不然，$i_{0}\overline{\in}J$，且 $J\subsetneqq J\cup\{i_{0}\}\in\Gamma$，这与 $J$ 的极大性冲突，故 $N\cap M_{i_{0}}\neq 0$. 但由于 $M_{i_{0}}$ 是单的，故 $N\cap M_{i_{0}}=M_{i_{0}},\forall i_{0}\in I$. 从而 $M_{i_{0}}\hookrightarrow N$，亦即 $M=\sum\limits_{i\in I}M_{i}\hookrightarrow N\hookrightarrow M$，所以

$$M=N=U\oplus\Big(\bigoplus_{i\in J}M_{i}\Big).$$

(2) 令 $M=U\oplus\Big(\bigoplus\limits_{i\in J}M_{i}\Big)$，则在(1)中，以 $\bigoplus\limits_{i\in J}M_{i}$ 取代子模 $U$，从而存在 $K\subset I$，使得

$$M=\Big(\bigoplus_{i\in J}M_{i}\Big)\oplus\Big(\bigoplus_{i\in K}M_{i}\Big).$$

由第一同构定理推出，

$$U\cong M/\bigoplus_{i\in J}M_{i}\cong\bigoplus_{i\in K}M_{i}.\qquad\square$$

下面对半单模进行刻画.

**定理 6.1.3** 对一模 $M=M_{R}$，下列命题等价：

(1) $M$ 的每个子模都是单子模的和；

(2) $M$ 是单子模的和；

(3) $M$ 是单子模的直和；

(4) $M$ 的每个子模都是 $M$ 的直和项.

**证** (1)⇒(2)：(2)是(1)的特款.

(2)⇒(3)：在引理 6.1.2(1)中令 $U=0$.

(3)⇒(4)：由引理 6.1.2(1)推出.

(4)⇒(1)：令 $U\hookrightarrow M$ 且

$$U_{0}=\sum_{\text{单的}M_{i}\hookrightarrow U}M_{i},$$

则 $U_0 \hookrightarrow U$，且由(4)，$U_0$ 是 $M$ 的一直和项. 于是有 $N \hookrightarrow M$ 使 $M=U_0 \oplus N$，从而 $U=M \cap U=U_0 \oplus (N \cap U)$. 若 $(N \cap U) \neq 0$，则由引理 6.1.1，有子模 $B \hookrightarrow N \cap U \hookrightarrow U$，从而 $B \hookrightarrow U_0$，但 $0 \neq B \hookrightarrow U_0 \cap (N \cap U)=0$，这不可能，故 $(N \cap U)=0$，即

$$U=U_0=\sum_{\text{单的}M_i \hookrightarrow U} M_i. \quad \square$$

**定义 6.1.4**　(1) 一模 $M=M_R$ 称作半单的 :⇔$M$ 满足定理 6.1.3 的等价条件之一.

(2) 一环 $R$ 称作右(相应地，左)半单的 :⇔$R_R$(相应地，${}_RR$)是半单的.

显然，零模 0 是半单模. 因为 $0=\sum_{i \in \varnothing} M_i$，$M_i$ 是单子模，但零模不是单模(参见定义 1.2.3(2)).

**例**　(1) 除环 $K$ 上每个向量空间 $V=V_K$ 都是半单的. $V_K=\sum_{x \in V} xK$，其中 $0 \neq x \in V$ 时，$xK$ 是单的.

(2) $\mathbf{Z_Z}$ 及 $\mathbf{Q_Z}$ 都不是半单的，因为它们都没有单子模(见引理 1.2.4 下面的例).

(3) 令 $V=V_K$ 是一向量空间，则 $\mathrm{End}(V_K)$ 是一双边半单环⇔$\dim(V_K)<\infty$.

**证**　见后面定理 6.3.1(1).

**推论 6.1.5**　(1)半单模的每个子模仍是半单模.

(2) 半单模的每个满同态像仍是半单模.

(3) 半单模的和仍是半单模.

(4) 半单模分解为单子模的直和，在同构的意义下是唯一的，亦即若

$$M_R=\bigoplus_{i \in I} M_i=\bigoplus_{j \in J} N_j,\ M_i, N_j \text{ 皆是单的},$$

则存在一双射 $\sigma: I \to J$，使得 $\forall\, i \in I$，$M_i \cong N_{\sigma(i)}$.

**证**　(1) 由定理 6.1.3(1)得.

(2) 先考察单模的同态像. 令 $A$ 是单模，$\alpha: A \to B$ 是一满同态，则 $A/\mathrm{Ker}\alpha \cong B$. 因为 $\mathrm{Ker}\alpha \hookrightarrow A$ 且 $A$ 是单的，故 $\mathrm{Ker}\alpha=0$ 或 $\mathrm{Ker}\alpha=A$. 若前者，则 $B \cong A$ 是单的；若后者，则 $B=0$. 故单模的满同态像或是零模或是单模，从而半单模的满同态像是单模的和或是零模，从而是半单模.

(3) 由定理 6.1.3 立得.

(4) 是 Krull-Remak-Schmidt 定理的特殊情况. 证明较复杂，故从略(参见 Kasch《Modules and Rings》，P180，7.3.1). □

对于半单模，所有的有限性条件均等价.

**定理 6.1.6** 对一半单模 $M=M_R$,下列条件等价:

(1) $M$ 是有限个单模的和;

(2) $M$ 是有限个单模的直和;

(3) $M$ 是有限长的;

(4) $M$ 是阿丁的,亦即 $M$ 的子模满足降链条件;

(5) $M$ 是诺特的,亦即 $M$ 的子模满足升链条件;

(6) $M$ 是有限生成的;

(7) $M$ 是有限余生成的.

**证** 若 $M=0$,则所有条件都是明显成立的,故不妨设 $M\neq 0$.

(1)⇒(2):由引理 6.1.2 立得.

(2)⇒(3):令 $M=\bigoplus\limits_{i=1}^{n} M_i$,其中 $M_i$ 是单的.因

$$\bigoplus_{t=1}^{i} M_t/\bigoplus_{t=1}^{i-1} M_t \cong M_i$$

是单模,故

$$0 \hookrightarrow M_1 \hookrightarrow M_1+M_2 \hookrightarrow\cdots\hookrightarrow \bigoplus_{i=1}^{n} M_i = M$$

是 $M$ 的合成列,从而 $M$ 是有限长的.

(3)⇒(4),(3)⇒(5),(4)⇒(7)以及(5)⇒(6)均由定理 5.1.2 立得.

(6)⇒(1):由定理 1.3.14 推得.

(7)⇒(2):若 $M$ 不是单子模的有限直和,则必存在可列无穷多个单子模 $\{M_i\mid i\in\mathbf{N}\}$.令 $A_i:=\bigoplus\limits_{j=i}^{\infty}(M_j)$,$i\in\mathbf{N}$,于是得 $M=A_1$ 的一降链 $A_1\hookleftarrow A_2\hookleftarrow A_3\hookleftarrow\cdots$.因为

$$\begin{aligned}&(M_1\oplus\cdots\oplus M_n)\cap A_{n+1}\\=&(M_1\oplus\cdots\oplus M_n)\cap(M_{n+1}\oplus M_{n+2}\oplus\cdots)=0,\end{aligned}$$

故

$$B_n=(M_1\oplus\cdots\oplus M_n)\cap\left(\bigcap_{i=1}^{\infty} A_i\right)=0,\ \forall\, n\in\mathbf{N}.$$

而 $\bigcap\limits_{i=1}^{\infty} A_i = A_1\cap\left(\bigcap\limits_{i=1}^{\infty} A_i\right)=(M_1\oplus M_2\oplus\cdots)\cap\left(\bigcap\limits_{i=1}^{\infty} A_i\right)=\bigcup\limits_{n=1}^{\infty} B_n=0$,但是,任意有穷多个 $A_i$ 的交显然等于最大指标的 $A_i$,故不可能等于 0.这便与(7)$M$ 是有限余生成的矛盾,从而定理 6.1.6 证毕. □

令 $M_R$ 是半单的,而 $\Gamma$ 表示 $M$ 的全部单子模的族,亦即

$$\Gamma=\{E\mid E\hookrightarrow M\wedge E\text{ 是单的}\},$$

则$\cong$是 $\Gamma$ 的等价关系.令$\{\Omega_j\mid j\in J\}$为这些等价类的族,亦即同构类的族,于

是 $\Omega_{j_0}\cap\Omega_j=\varnothing$，$\forall j_0,j\in J,j_0\neq j$.

**定义 6.1.7**　$B_j:=\sum\limits_{E\in\Omega_j}E$ 称作 $M$ 的一个($j$ 次)齐次分支.

**引理 6.1.8**　令 $M_R$ 是半单模，而 $B_j$ 是 $M$ 的($j$ 次)齐次分支，则

(1) $U\hookrightarrow B_j\wedge U$ 是单的$\Rightarrow U\in\Omega_j$.

(2) $M=\bigoplus\limits_{j\in J}B_j$.

**证**　(1) 由引理 6.1.2(2)推知，存在一相应的 $E\in\Omega_j$，使 $U\cong E$，这是因为 $U$ 是单的. 故在 $U\cong\oplus E$ 中不会出现更多的项，所以 $U\in\Omega_j$.

(2) 因为 $M$ 是单子模的和而每个单子模都包含于某 $\Omega_j$ 内，故推出 $M=\sum\limits_{j\in J}B_j$. 假若 $\sum\limits_{j\in J}B_j\neq\bigoplus\limits_{j\in J}B_j$，则存在 $j_0\in J$，使得

$$D:=B_{j_0}\cap\sum_{\substack{j\in J\\ j\neq j_0}}B_j\neq 0.$$

由定理 6.1.1 及定理 6.1.3 有 $D$ 的一单子模 $E$，因为 $E\hookrightarrow D\hookrightarrow B_{j_0}$，由(1)推出 $E\in\Omega_{j_0}$，又因为 $E\hookrightarrow\sum\limits_{j\neq j_0}B_j$，由引理 6.1.2(2)推出，存在一个 $j_1\in J$，$j_1\neq j_0$，使 $E\in\Omega_{j_1}$，于是 $0\neq E\in\Omega_{j_0}\cap\Omega_{j_1}\neq\varnothing$，矛盾，故 $M=\bigoplus\limits_{j\in J}B_j$.　□

## §6.2　半　单　环

如果一环对其某一侧拥有某种性质，那么对其另一侧未必拥有相应的性质. 比如，前面我们提供的环 $S$，作为左 $S$-模，它既非阿丁的也非诺特的；但作为右 $S$-模，它既是阿丁的又是诺特的. 所以，环论的许多性质都与侧有关. 于是便产生这样的问题：哪类性质只是一侧具有而另一侧却不具有，而哪类性质却是两侧共同拥有？下面将证明，环的半单性就属于后一种性质.

**定理 6.2.1**　$R_R$ 是半单的$\Leftrightarrow{}_RR$ 是半单的.

**证**　$\Leftarrow$：设 ${}_RR$ 是半单的，于是由定理 6.1.3(3)，${}_RR=\bigoplus\limits_{i\in I}L_i$，左单模 $L_i\hookrightarrow{}_RR$. 令 $R\ni 1_R=\sum\limits_{i\in I}e_i$，其中 $e_i\in L_i$. 令 $I_0=\{i\in I\mid e_i\neq 0\}$，由 $1_R$ 的有限支承性知，$I_0$ 必为有限集，故 $1_R=\sum\limits_{i\in I_0}e_i$. $\forall a_j\in L_j$，左乘上述两边得 $a_j=\sum\limits_{i\in I_0}a_je_i$，$a_je_i\in L_i$.

(1) 若 $j\notin I_0$,则 $a_j\in L_j\cap \sum\limits_{i\in I_0} L_i = 0$ ,这说明 $a_j=0$,从而

$$L_j=0,\ {}_RR=\bigoplus_{i\in I_0} L_i.$$

(2) 若 $j\in I_0$,则 $a_j=a_je_j+\sum\limits_{j\neq i\in I_0} a_je_i$ ,因

$$\sum_{j\neq i\in I_0} a_je_i = a_j - a_je_j \in L_j \cap \sum_{j\neq i} L_i = 0,$$

故 $a_j=a_je_j$,$\forall\, j\in I_0$ 及 $\forall\, a_j\in L_j$. 特别地,$e_j=e_je_j$ 为幂等元. 同时,在等式 $1_R=\sum\limits_{i\in I_0} e_i$ 两边右乘 $R$ 得 $R=\sum\limits_{i\in I_0} e_iR$.

以下只需要证明 $\forall\, i\in I_0$,右 $R$-模 $e_iR$ 都是单子模即可. 由于 $\forall\, i\in I_0$,$e_i\neq 0$,故 $e_iR\neq 0$. $\forall\, 0\neq E\hookrightarrow e_iR$,$\exists\, a\in E(a\neq 0)$,则 $aR\hookrightarrow E\hookrightarrow e_iR$. 因 $a\in E\hookrightarrow e_iR$,故 $\exists\, r\in R$,使 $a=e_ir$,于是 $e_ia=e_i^2r=e_ir=a$.

已知 $Re_i=L_i$ 是单的,且 $e_ia=a\neq 0$,故令

$$\varphi:\ Re_i\ni re_i\mapsto re_ia=ra\in Ra,$$

显然 $\varphi$ 是非零满 $R$-同态. 由 $Re_i$ 的单性知 $\varphi$ 实际上是同构,于是,$Re_i\cong Ra$ 也是单模. 由题设${}_RR$ 是半单的,故存在 $U\hookrightarrow {}_RR$ 使${}_RR=Ra\oplus U$. 再令

$$\psi: Ra\oplus U\ni ra+u\mapsto \varphi^{-1}(ra)=re_i,$$

不难验证 $\psi\in \mathrm{End}({}_RR)\cong R^{(r)}$(参见引理 2.5.3). 故 $\exists\, b^{(r)}\in R^{(r)}$ 使

$$e_i=\psi(a)=b^{(r)}(a)=ab\in aR,$$

从而 $e_iR\hookrightarrow aR$,故 $aR=E=e_iR$ 是单模. □

**推论 6.2.2** (1) $R$ 是半单环$\Leftrightarrow$每个右的及左的 $R$-模是半单模.

(2) $R$ 是半单环$\Leftrightarrow$模 $R_R$ 与模${}_RR$ 有相同的长度.

(3) 半单环的满同态像也是半单环.

(4) $R$ 是半单环$\Leftrightarrow$每个右的及每个左的 $R$-模是内射的

$\Leftrightarrow$每个右的及左的 $R$-模是投射的.

(5) $R$ 是半单环$\Leftrightarrow$每个单右 $R$-模及每个单左 $R$-模是投射的.

**证** (1) $\Rightarrow$:若 $R_R$ 是半单的,且 $M=M_R$,则由推论 6.1.5(2),$\forall\, m\in M$,$mR$ 作为 $R_R$ 的满同态像也是半单的. 又由推论 6.1.5(3),$M=\sum\limits_{m\in M} mR$ 也是半单的. 对左 $R$-模${}_RM$,相应结果的证明类此.

$\Leftarrow$:结论是前提条件的特款.

(2) 本结论已包含于定理 6.2.1 的证明中. 因为若 $Re_i$ 是单的,${}_RR=\bigoplus\limits_{i=1}^{n} Re_i$ ,同样 $e_iR$ 也是单的且 $R_R=\bigoplus\limits_{i=1}^{n} e_iR$.

(3) 若 $R$ 是半单环且 $\rho:R\to S$ 是满环同态，利用纯量变更法，$\forall s\in S$ 及 $\forall r\in R$，令 $sr:=s\rho(r)$，则模 $S_S$ 便转化为模 $S_R$. 这时，模 $S_S$ 的子加群与模 $S_R$ 的子加群自然重合. 由推论 6.1.5(2)，作为半单模 $R_R$ 的满同态像，$S_R$ 也是半单模，从而 $S_S$ 也是半单模. 同样，作为 $_RR$ 的满同态像，$_RS$ 也是半单模，从而 $_SS$ 也是半单的.

(4) 若 $R_R$ 是半单的，由(1)，每个右 $R$-模是半单的，从而它们的子模都是直和项，故每个子模到右 $R$-模的包含映射可裂. 由定理 4.2.1(1)，每个右 $R$-模是内射的. 同时，由推论 3.4.13，每个右 $R$-模都是某自由模的满同态像，从而每个右 $R$-模都同构于某自由模的直和项，故依定理 4.2.5，每个右 $R$-模也是投射的. 反之，若 $R_R$ 是内射的(也是投射的)，$R_R$ 的每个子模(亦即 $R$ 的右理想)对 $R_R$ 的包含映射是裂的，则 $R_R$ 的每个子模都是 $R_R$ 的直和项，即 $R_R$ 是半单的.

(5) $\Rightarrow$：由(4)立得.

$\Leftarrow$：记 $\mathrm{Soc}(R_R)$ 是 $R$ 的一切单右理想的和. 由定理 6.1.3(2)，只需证明 $R_R=\mathrm{Soc}(R_R)$ 便可表明 $R_R$ 是半单的. 假若 $R\neq\mathrm{Soc}(R_R)$，则由定理 1.3.12 知，$\mathrm{Soc}(R)_R$ 被包含于 $R$ 的某极大右理想 $A$ 中，因 $R/A$ 是单的右 $R$-模，由题设，它是投射的，故存在 $R$-同态 $\varphi$ 使图 6.2.1 可交换，亦即 $\nu\varphi=1_{R/A}$，故 $\varphi\neq 0$. 由推论 2.3.10(3)，

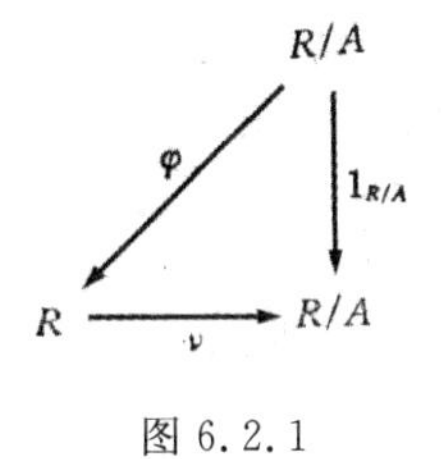

图 6.2.1

$$R=\mathrm{Im}\varphi\oplus\mathrm{Ker}\nu=\mathrm{Im}\varphi\oplus A,$$

$\mathrm{Im}\varphi\cong R/A$ 是单的，故 $\mathrm{Im}\varphi\hookrightarrow\mathrm{Soc}(R_R)\hookrightarrow A$，这与 $A\cap\mathrm{Im}\varphi=0$ 矛盾. 故 $R=\mathrm{Soc}(R_R)$是半单的.　□

下一步，考虑分解一半单环为直不可分的双面理想的直和. 今设 $R$ 是半单环，且 $R_R=B_1\oplus B_2\oplus\cdots\oplus B_m$ 是一分解式，其中 $B_i$ 都是定义 6.1.7 意义下的齐次分支. 类似于定理 6.2.1 的证明推知，齐次分支的个数必定是有限数. 我们以下证明，每个 $B_i$ 都是双面单理想并且它们彼此零化，即 $B_iB_j=\delta_{ij}B_i$.

作为预备知识，首先证明下面的引理.

**引理 6.2.3**　设 $A$ 是模 $R_R$ 的一直和项，则由 $A$ 生成的双面理想 $RA$ 包含作为 $A$ 的满同态像的 $R$ 的一切右理想.

**证**　令 $B\hookrightarrow R_R$ 使 $R_R=A\oplus B$，且令 $\pi:R_R\to A_R$ 是典范投射. 此外，令 $\alpha$：$A\to A'$是 $R$-满同态且 $A'\hookrightarrow R_R$，再令 $\iota':A'\to R_R$ 是包含映射，故 $\iota'\alpha\pi\in\mathrm{End}(R_R)$. 由引理 2.5.3 知 $\mathrm{End}(R_R)=R^{(l)}$，故 $\exists c\in R$ 使 $c^{(l)}=\iota'\alpha\pi$. 由于 $\pi(R)=\pi(A)$，故

$$A'=\iota'\alpha\pi(R)=\iota'\alpha\pi(A)=c^{(l)}(A)=cA\subset RA.\quad \square$$

现在可以证明经典的魏德邦定理的第一部分了.

**定理 6.2.4** 令 $R\neq 0$ 是半单环并且

$$R_R=B_1\oplus B_2\oplus\cdots\oplus B_m\text{(相应地,}{}_RR=C_1\oplus C_2\oplus\cdots\oplus C_n\text{)}$$

是 $R_R$(相应地,${}_RR$)对于齐次分支的分解,则

(1) $\forall j\in\{1,2,\cdots,m\}$,$B_j$ 是 $R$ 的单的双面理想.

(2) $m=n$,且适当排序后有 $B_j=C_j$,$j=1,2,\cdots,m$.

(3) $B_iB_j=\delta_{ij}B_i$, $i,j=1,2,\cdots,m$,

$$\delta_{ij}=\begin{cases}0, & i\neq j;\\ 1, & i=j.\end{cases}$$

(4) $B_j$ 自身是含幺单环.

(5) $R$ 对单的双面理想的直和分解(若不计较顺序)是唯一确定的.

**证** (1) 由于 $B_i\neq 0$ 并且由 $B_i$ 的定义知,存在单子模 $E\hookrightarrow B_i\hookrightarrow R_R$. 以下证明 $RE=B_i$,则 $B_i$ 是双面理想. 事实上,$\forall r\in R$, $E\ni r\mapsto rx\in rE$ 明显是满同态. 由 $E$ 的单性,这一满同态或是零同态或是同构. 前者说明 $rE=0$,后者表明 $rE\cong E$,故不管哪种情形出现,都有 $rE\hookrightarrow B_i$,亦即 $RE\hookrightarrow B_i$. 反之,$\forall E'\hookrightarrow B_i$ 且 $E'\cong E$,由于 $E$ 是 $R_R$ 的直和项且有满同态 $\alpha:E\to E'$,仿照引理 6.2.3 的证法,$\exists c\in R$ 使 $E'=cE\hookrightarrow RE$,即 $B_i\hookrightarrow RE$,故 $B_i=RE$ 是 $R$ 的双面理想. 以下再证明 $B_i$ 是单的. 为此,令 $0\neq A\hookrightarrow B_i$ 是 $B_i$ 的任一双面理想. 由定理6.1.3 知 $A_R$ 也是半单的,从而存在单的右理想 $E$,使 $E\hookrightarrow A_R\hookrightarrow B_i$. 由此推知 $B_i=RE\hookrightarrow RA=A\hookrightarrow B_i$,故 $B_i=A$ 说明 $B_i$ 没有真的双面理想,故 $B_i$ 是单的双面理想.

(2) 类似地可以证明,每个 $C_j$ 也是单的双面理想,于是 $B_iC_j$ 也都是双面理想,它既是 $B_i$ 的也是 $C_j$ 的理想,但由 $B_i$ 及 $C_j$ 的单性推知 $B_iC_j=0$ 或 $B_i=B_iC_j=C_j$. 对于固定的 $i_0\in\{1,2,\cdots,m\}$,至少存在一 $j_0\in\{1,2,\cdots,m\}$ 使 $B_{i_0}=C_{j_0}$,否则

$$B_{i_0}=B_{i_0}\left(\bigoplus_{j=1}^{n}C_j\right)=0,$$

与 $B_{i_0}$ 的单性矛盾. 而且与 $i_0$ 相匹配的这个 $j_0$ 只可能有一个! 因若不然,如果 $j_1$ 也是这样的话,那么 $B_{i_0}=B_{i_0}C_{j_1}=C_{j_1}=C_{j_0}$. 反过来,对每个固定的 $j_0\in\{1,2,\cdots,n\}$,也只存在唯一的 $i_0\in\{1,2,\cdots,n\}$,使 $B_{i_0}=C_{j_0}$,从而(2)获证.

(3) 由 $R=\bigoplus_{i=1}^{m}B_i$ 立得 $B_j=RB_j=\left(\bigoplus_{j=1}^{m}B_j\right)B_j$.

(4) 由(3)知,$B_j$ 的双面理想也是 $R$ 的双面理想. 反过来,$R$ 的双面理想

自然也是 $B_j$ 的双面理想，故 $B_j$ 既是 $R$ 的单理想，也是它自己的单理想，亦即 $B_j$ 作为一环时也是单环. 以下证明 $B_j$ 也含乘法单位元.

令 $R=\bigoplus_{i=1}^{m}B_i \ni 1_R=\sum_{i=1}^{m}f_i$，$f_i\in B_i$. 由定理 6.2.1 的证明知，$f_iR$ 是 $R_R$ 的单子模，故 $f_iR=B_i$，$i=1,2,\cdots,m$，并且 $f_i$ 是 $R$ 的中心幂等元. 于是 $\forall b=f_ir\in B_i$，$r\in R$，

$$bf_i=f_ib=f_i(f_ir)=f_i^2r=f_ir=b,$$

亦即 $f_i$ 是 $B_i$ 的单位元.

(5) 结论已包含在(2)中了. □

**定义 6.2.5**　在定理 6.2.4 中的单的双面理想 $B_i(i=1,2,\cdots,m)$ 称作 $R$ 的块.

**推论 6.2.6**　令 $R$ 是半单的，则 $R$ 的块数等于单的右 $R$-模的同构类数，也等于单的左 $R$-模的同构类数.

**证**　由推论 6.2.2(4)知，每个右(相应地，左)$R$-模都是投射模，故投射模 $R_R$ 到循环右 $R$-模的每个满同态是裂的，每个单的右(相应地，左)$R$-模都同构于 $R$ 的一个右(相应地，左)理想. 因此，只需考察 $R$ 的单的右(相应地，左)理想就够了，而这些断语已包含于定理 6.2.4 中了. □

## §6.3　具单侧单理想的单环的结构

为了完整地阐述半单环的结构，也就是完成经典的魏德邦定理的第二部分的证明，我们先致力于进一步考察定理 6.2.4 中提到过的两面单理想 $B_i$. 依定义，$B_i$ 是半单环 $R$ 的右理想. 由推论 6.2.2 推知，$B_i$ 是半单右 $R$-模. 又由定理 6.2.4(4)知，$B_i$ 也是半单环. 这样，$B_i$ 作为环，既是单的又是半单的. 半单性当然不蕴含单性，反过来，单性亦不蕴含半单性. 有许多例子表明，并非单环都是半单的. 所以，$B_i$ 是令人感兴趣的环类，它是拥有单的右理想的单环，同时又是半单环. 下面我们希望证实其逆命题亦真，即具有单的右理想 $E$ 的单环 $R$ 必定是半单环. 为此，令 $B$ 是 $E$ 所在的在 $R_R$ 内的齐次分支，$B=\sum E'$，其中 $\sum$ 是对 $E'\hookrightarrow R_R$ 与 $E'\cong E$ 求和.

显然 $B_R$ 是半单的. 此外，$\forall r\in R$ 及任意单的 $E'\hookrightarrow R_R$，$rE'=0$ 或 $rE'\cong E$. 由定理 6.2.4(1)的证明，$B$ 是 $R$ 的非零双面理想. 但由于 $R$ 是单环，故 $R=$

$B$,从而 $R_R = B_R$ 是半单的.

我们将证明,每个 $B_i$ 都同构于除环 $K$ 上某有限维向量空间 $V_K$ 的自同态环 $\mathrm{End}(V_K)$,也同构于除环 $K$ 上 $n$ 阶全阵环.

**定理 6.3.1** 令 $V={}_KV$ 是除环 $K$ 上的左向量空间,则

(1) 若 $1\leqslant \dim V<+\infty$,则 $\mathrm{End}(V)$既是单环又是半单环.

(2) 若 $\dim V=+\infty$,则 $\mathrm{End}(V)$既非单环也非半单环.

**证** 遵循 §2.5 的约定,对左向量空间${}_KV$,其自同态写到 $V$ 的向量的右侧,亦即 $\varphi\in \mathrm{End}(V)$,$\forall x\in V$,记 $x\varphi$ 表示 $x$ 在 $\varphi$ 下的的像. 对右向量空间 $V=V_K$,则记 $\varphi x$ 表示 $x$ 在 $\varphi$ 下的像.

(1) 令 $v_1,v_2,\cdots,v_n$ 是${}_KV$ 的一基,且记

$$V^{(i)}=\sum_{i\neq j=1}^{n} Kv_j\,,\quad i=1,2,\cdots,n,$$

$$S:=\mathrm{End}({}_KV),$$

则

$$E_i:=\{\varphi\mid \varphi\in S\wedge V^{(i)}\hookrightarrow \mathrm{Ker}\varphi\}$$

是环 $S$ 的单的右理想,且

$$S_S=E_1\oplus E_2\oplus\cdots\oplus E_n,$$

$$E_i\cong E_j,\ \forall\, i,j=1,2,\cdots,n,$$

从而 $S$ 是半单的. 又由于一切 $E_i$ 皆彼此同构,故 $S_S$ 由单独一个齐次分支组成,所以 $S$ 也是单环. 诚然,上面关于 $E_i$ 的断语,即 $E_i\cong E_j$($\forall\, i,j=1,2,\cdots,n$)在此未加证明,不过这是属于线性代数的命题,留作练习. 当然,也可通过 $S\cong \mathrm{Mat}_{n\times n}(K)$的帮助来证明,其中 $E_i$ 在 $\mathrm{Mat}_{n\times n}(K)$的同构像是由除第 $i$ 行以外全是 0 的矩阵所构成,而这些矩阵所构成的子环自然是彼此同构的.

(2) 令 $S:=\mathrm{End}({}_KV)$中全部有限秩的自同态的集合 $A$,亦即

$$A:=\{\varphi\in S\mid \dim_K(\mathrm{Im}\varphi)<+\infty\}$$

是 $S$ 的非零双面真理想,故 $S$ 不是单环. 下面证明,$S$ 也不是半单环. 若不然,如果 $S$ 是半单环,那么由定理 6.1.3(4),存在 $B\hookrightarrow S_S$,使 $0\neq B$ 且 $S_S=A\oplus B$. 因 $A$ 是双面真理想,故 $BA\hookrightarrow (A\cap B)=0$,即 $BA=0$. $\forall\, 0\neq\beta\in B$,$\exists\, v\in V$ 使 $v\beta\neq 0$,并令${}_KV=Kv\beta\oplus U$,$\forall\, k\in K$ 及 $\forall\, u\in U\hookrightarrow {}_KV$,令 $\alpha: \kappa v\beta+u\to \kappa v\beta$,不难验证 $\alpha\in \mathrm{End}({}_KV)$. 因 $\mathrm{Im}\alpha=Kv\beta$, 即 $\dim(\mathrm{Im}\alpha)=1$,故 $\alpha\in A$, 且 $v\beta\alpha=v\beta\neq 0$,亦即 $0\neq\beta\alpha\in BA=0$,这是自相矛盾的,故 $S$ 不可能是半单环. □

下面将完成魏德邦定理的第二部分的证明.

**定理 6.3.2** 拥有单的右理想的任一单环 $R$ 同构于除环上有限维向量空间的自同态环.

特别地，若 $E$ 是单环 $R$ 的单的右理想，则 $K:=\mathrm{End}(E_R)$ 就是除环. $E={}_KE$ 是 $K$ 上的有限维向量空间，且 $R\cong\mathrm{End}({}_KE)$.

**证**　由 Schur 引理 2.5.5 知 $K:=\mathrm{End}(E_R)$ 是除环且 $E$ 可看作是左 $K$-模，于是 $E$ 是 $K$-$R$-双模. $\forall\, y\in E$，令 $y_E^{(l)}:E\ni x\mapsto yx\in E$，不难验证 $y_E^{(l)}$ 是由 $y$ 诱导的左乘，故 $y_E^{(l)}\in K=\mathrm{End}(E_R)$. 另一方面，$\forall\, r\in R$，令 $r_E^{(r)}:E\ni x\mapsto xr\in E$，不难验证 $r_E^{(r)}\in\mathrm{End}({}_KE)$.

以下证明，$\varphi:R\ni r\mapsto r_E^{(r)}\in\mathrm{End}({}_KE)$ 是环同构.

首先，$\varphi$ 显然是环同态. 又因 $\mathrm{Ker}\varphi$ 是环 $R$ 的双面理想且 $1_E^{(r)}\neq 0$，故 $1_R\overline{\in}\,\mathrm{Ker}\varphi$，即 $\mathrm{Ker}\varphi\neq R$. 但 $R$ 是单环，故 $\mathrm{Ker}\varphi=0$，即 $\varphi$ 是单同态. 剩下只需证明 $\varphi$ 是满同态.

因 $E$ 是 $R$ 的单的右理想，故 $E\neq 0$ 且 $RE$ 是 $R$ 的双面理想. 因 $R\supseteq RE\supseteq E\neq 0$ 且 $R$ 是单环，故 $RE=R$. 由此进一步推出

$$\varphi(R)=\varphi(RE)=\varphi(R)\varphi(E),\tag{1}$$

其中 $\varphi(E)$ 可以证明是环 $R'':=\mathrm{End}({}_KE)$ 的右理想，因为 $\varphi(E)$ 显然是环 $R''$ 的子环.

其次，$\forall\,\xi\in R''$ 及 $\forall\, x,y\in E$，$x\xi\in{}_KE$ 且

$$\begin{aligned} y(x_E^{(r)}\xi)&=(yx)\xi=(y_E^{(l)}x)\xi=y_E^{(l)}(x\xi)\\ &=y(x\xi)=y[(x\xi)_E^{(r)}],\end{aligned}$$

故

$$x_E^{(r)}\xi=(x\xi)_E^{(r)}=\varphi(x\xi)\in\varphi(E),$$

亦即 $\varphi(E)R''\subseteq\varphi(E)$，故 $\varphi(E)$ 是环 $R''$ 的右理想，从而

$$\varphi(E)R''=\varphi(E)\cong E.\tag{2}$$

最后，因 $\varphi(R)\hookrightarrow R''$ 且 $1_E^{(r)}=\varphi(1_R)\in\varphi(R)$，故

$$R''=1_E^{(r)}R''\hookrightarrow\varphi(R)R''\hookrightarrow R'',$$

故

$$R''=\varphi(R)R''.\tag{3}$$

由(1)，(2)与(3)推知

$$\varphi(R)=\varphi(R)\varphi(E)=\varphi(R)\varphi(E)R''=\varphi(R)R''=R'',$$

故 $\varphi$ 是满同态. 因 $R''\cong R$ 是单环，故 $R''$ 也是单环，而依定理 6.3.1(2)，$\dim_K(E)<+\infty$.　□

除了上述的直接证明以外，本定理还可作为下节稠密性定理的一个推论.

定理 6.2.4 及 6.3.2 的基本内容，还可用下面稍微不同的形式复述.

**推论 6.3.3**　含幺半单环是两两彼此零化的单环的直和，而其中的每一直和项都同构于某除环上的有限阶全阵环.

**推论 6.3.4**　若 $R$ 是拥有单的右理想 $E$ 的单环，且 $R$ 是域 $H$ 上的有限维

代数,则有子域 $K_0 \hookrightarrow K:=\mathrm{End}(E_R)$,使

$$K_0 \cong H \text{ 且 } \dim_{K_0}(K)<+\infty.$$

若 $H$ 是代数闭的,则 $H\cong K=\mathrm{End}(E_R)$.

**证** $\forall h\in H$,令 $h_E^{(r)}:E\ni x\mapsto xh\in E$. 由于 $R$ 是 $H$ 上的代数,故 $\forall x\in E$, $r\in R$, $(xr)h=(xh)r$,故 $h_E^{(r)}\in K$. 于是

$$\psi: h\mapsto h_E^{(r)}\in K$$

是环的单同态. 令 $K_0:=\mathrm{Im}\psi$,则 $H\cong K_0\hookrightarrow K$. 由题设,$\dim R_H<+\infty$,故 $\dim E_H<+\infty$.

另外,$\forall x\in E$ 及 $h\in H$,$h_E^{(r)}x=xh$,故 $E_H$ 在 $H$ 上的基也是${}_{K_0}E$ 在 $K_0$ 上的基,从而 $\dim_{K_0}E<+\infty$. 又因

$$\dim_{K_0}K\cdot\dim_K E=\dim_{K_0}E,$$

故 $\dim_{K_0}K<+\infty$.

当 $K_0\cong H$ 是代数闭域时,$K_0=K$,从而

$$H\cong K=\mathrm{End}(E_R). \quad \square$$

# §6.4 稠密性定理

迄今,在我们讨论问题时,大多数场合都是从一右 $R$-模 $M_R$ 出发,并把 $R$-同态写在模 $M_R$ 的变元的左侧. 令 $S:=\mathrm{End}(M_R)$是模 $M_R$ 的自同态环,于是在上述约定之下,$M$ 可视为一 $S$-$R$-双模${}_SM_R$. 这一假定在大多数场合都是合适的,当然也有例外,尤其是像下述情况:开初给的是一阿贝尔群 $M$ 及 $M$ 的自同态环 $T:=\mathrm{End}(M_{\mathbf{Z}})$.

为了证明前面使用过的约定在今后仍可应用并表明下述结论的重要性,我们引进若干特别的记号和注.

**定义 6.4.1** 以 $\cdot$ 及 $\circ$ 分别表示环 $R$ 及 $R^\circ$的乘法,则 $R^\circ$称作 $R$ 的逆环:$\Leftrightarrow$

(1) $R$ 与 $R^\circ$有相同的加法群;

(2) $\forall r,s\in R[r\cdot s=s\circ r]$.

**注 6.4.2** (1) 对给定的环 $R$,存在且仅存在唯一的逆环 $R^\circ$.

(2) $R^{\circ\circ}=R$.

(3) $R$ 是交换环$\Leftrightarrow R^\circ=R$.

注 6.4.2 的证明留作练习.

从上述定义不难看出，环 $R$ 的所有性质，通过“侧”的变更（左侧与右侧相交换），都可以转移给环 $R^{\circ}$.

**注 6.4.3**　令 $M$ 是右 $R$-模 $M_R$，通过下述定义：

$$\forall m\in M, \forall r\in R, 令\ r\circ m := mr,$$

$M$ 便对$\circ$的纯量乘法变成左 $R^{\circ}$-模${}_{R^{\circ}}M$. 实际上，$M$ 的加法子群同时也是${}_{R^{\circ}}M$ 的子模当且仅当它也是 $M_R$ 的子模.

**证**　对验证加群 $M$ 关于纯量乘法$\circ$构成左 $R^{\circ}$-模一事，我们只以混合结合律为例，其余证法完全类似.

$\forall r_1, r_2\in R^{\circ}$, $\forall m\in M$,

$$r_1\circ(r_2\circ m)=r_1\circ(mr_2)=(mr_2)r_1=m(r_2r_1)$$
$$=(r_2r_1)\circ m=(r_2\circ r_1)\circ m.$$

其次，令 $U\hookrightarrow M_R$，则 $U$ 是 $M$ 的子加群，并且 $\forall r\in R^{\circ}$,

$$r\circ U=Ur\subset U\Rightarrow U\hookrightarrow {}_{R^{\circ}}M.$$

反之，$U\hookrightarrow {}_{R^{\circ}}M\Rightarrow U\hookrightarrow M_R$. 事实上，$M_R$ 的所有性质，通过“侧”的变更，都可转移给${}_{R^{\circ}}M$.　□

鉴于我们对“侧”的变更有所了解，现在我们假设 $M$ 是左 $R$-模${}_RM$. 令 $T:=\mathrm{End}(M_{\mathbf{Z}})$是 $M$ 作为加群的自同态环. 同样，$T$ 的元素作用于 $M_{\mathbf{Z}}$ 的元时仍放在左侧，故 $M={}_TM$ 是左 $T$-模. $\forall r\in R$，左乘

$$r^{(l)}: M\ni x\mapsto rx\in {}_RM,$$

显然，$r^{(l)}\in T$. 于是，令

$$\psi: R\ni r\mapsto r^{(l)}\in T,$$

直接验证，$\psi$ 是环 $R$ 到环 $T$ 的环同态. 称 $R^{(l)}:=\mathrm{Im}\psi$ 为模${}_RM$ 的左乘环，$\mathrm{Ker}\psi$ 则是环 $R$ 的双面理想，$\mathrm{Ker}\psi=\{r\in R\mid rM=0\}$.

**定义 6.4.4**　模${}_RM$ 称作忠实的：$\Leftrightarrow$

$$\forall r\in R[rM=0\Rightarrow r=0]\Leftrightarrow \mathrm{Ker}\psi=0.$$

在忠实模${}_RM$ 的场合，$\psi$ 必是单同态，从而可以把 $R$ 与 $R^{(l)}\hookrightarrow T$ 等同看待，亦即把 $R$ 视为 $T$ 的子环.

**定义 6.4.5**　令 $T$ 是任一环，而 $A\subset T$ 是 $T$ 的任一子集，则

$$\mathrm{Cen}_T(A)=\{t\in T\mid \forall a\in A, at=ta\}$$

称为 $A$ 在 $T$ 中的中心化子. 显然 $\mathrm{Cen}_T(A)$是 $T$ 的有公共幺元的子环.

特别地，称 $\mathrm{Cen}_T(T)$为 $T$ 的中心.

**引理 6.4.6**　令 $M={}_RM$，$T:=\mathrm{End}(M_{\mathbf{Z}})$，$S:=\mathrm{End}({}_RM)$，则

(1) $S=R':=\mathrm{Cen}_T(R^{(l)})$；

(2) $R^{(l)}\subset R'':=\mathrm{Cen}_T(R')$;

(3) $R'=R''':=\mathrm{Cen}_T(R'')$.

**证** (1) 先证 $S\hookrightarrow R'$. $\forall\sigma\in S$ 及 $\forall r\in R,x\in M,\sigma(rx)=r\sigma(x)$,于是 $\sigma r^{(l)}=r^{(l)}\sigma\Rightarrow\sigma\in\mathrm{Cen}_T(R^{(l)})=R'$.

再证 $R'\hookrightarrow S$. $\forall\tau\in R',\forall r\in R\Rightarrow\tau r^{(l)}=r^{(l)}\tau\Rightarrow\forall x\in{}_RM,\tau(rx)=\tau(r^{(l)}x)=\tau r^{(l)}(x)=r^{(l)}\tau(x)=r\tau(x)\Rightarrow\tau\in S$.

故 $S=R'$.

至于(2)及(3)的证明,由中心化子的定义直接推得. □

鉴于一般场合 $R^{(l)}\hookrightarrow R''$ 并且确存在着 $R^{(l)}\neq R''$ 的情况,于是便产生了一个有趣的问题,这就是:在何种条件下,$R^{(l)}=R''$? 显然,$R^{(l)}$ 及 $R''$ 都与 ${}_RM$ 有关.

**例 6.4.7** (1) 若 $M={}_RM\neq 0$ 是自由 $R$-模,则 ${}_RM$ 是一忠实的 $R$-模且 $R^{(l)}=R''$.

(2) 令 ${}_RM={}_{\mathbf{Z}}\mathbf{Q}$,则 $\mathbf{Z}\cong\mathbf{Z}^{(l)}$ 且 $S=\mathbf{Z}'=\mathbf{Z}''\cong\mathbf{Q}$,亦即 $\mathbf{Z}^{(l)}\neq\mathbf{Z}''$.

(3) 令 $V=V_K$ 是一无穷维向量空间,$K$ 是一除环,$R$ 是 $T:=\mathrm{End}(V_K)$ 的由 $V_K$ 的恒等映射及有限秩线性变换所生成的子环,则

(a) $V={}_RV$ 是单 $R$-模;

(b) $R'=\mathrm{End}({}_RV)=K^{(r)}\cong K$;

(c) $R^{(l)}=R\neq R''=\mathrm{End}(V_R{}')$;

(d) $\forall v_1,v_2,\cdots,v_t\in V$ 及 $\forall t\in\mathbf{N},\forall\sigma\in R''$,总有 $r\in R$,使 $\forall i\in\{1,2,\cdots,t\}$,$\sigma v_i=rv_i$.

(1),(2)及(3)中的(a),(b),(c)留作练习,至于(d),不过是下面所谓稠密性定理的特款.

**定义 6.4.8** 令 $R$ 及 $S$ 都是环且 ${}_RM$ 及 ${}_SM$ 是有相同加法群的左模. 称 ${}_RM$ 在 ${}_SM$ 中稠密:$\Leftrightarrow\forall t\in\mathbf{N},\forall x_1,x_2,\cdots,x_t\in M$ 以及 $\forall s\in S$,总存在 $r\in R$,使 $sx_i=rx_i,i=1,2,\cdots,t$.

**定理 6.4.9**(稠密性定理) 每个半单模 ${}_RM$ 都在 ${}_{R''}M$ 中稠密.

**证** 分三步证明本定理.

第一步:首先,令 $N={}_RN$ 是任一 $R$-模,而 $U$ 是其直和项,于是有 $N_1\hookrightarrow N$ 使 $N=U\oplus N_1$,令 $R''=R''_N$ 是 $R$ 关于 $N$ 的双重中心化子,亦即

$$R''_N=\mathrm{Cen}_T(\mathrm{Cen}_T(R^{(l)}))=\mathrm{Cen}_T(R')$$

$$\hookrightarrow T:=\mathrm{End}(N_{\mathbf{Z}}),$$

从而可以证明 $U$ 是模 ${}_{R''}N$ 的一子模,亦即 $R''U\subseteq U$. 事实上,令 $\pi$ 是 $N$ 到 $U$ 上

的典范射影，$\eta$ 是 $U$ 到 $N$ 的典范包含，则

$$\eta\pi\in R'=\mathrm{End}({}_RN),\mathrm{Im}(\eta\pi)=U.$$

于是 $\forall\, r''\in R''$ 及 $\forall\, u\in U$，

$$r''u=r''\eta\pi(u)=\eta\pi r''(u)=\eta\pi(r''u)\in U.$$

其次，令 $N={}_RN$ 是半单的，则 $\forall\, x\in N, Rx$ 是 $N$ 的直和项. 在上述推断中(对 $U=Rx$)已知 $Rx=R''Rx$. 又因 $1_R{}^{(l)}\in R^{(l)}$，所以 $R''(1_R{}^{(l)}x)\subseteq R''R^{(l)}x$, $\forall\, x\in N$，亦即 $R''x\subseteq R''R^{(l)}x=R''Rx\subseteq Rx$. 于是 $\forall\, x\in N$ 及 $\forall\, r''\in R''$，总存在 $r_0\in R$ 使 $r_0x=r''x$.

第二步：令 $M={}_RM$ 是半单的，且 $N=\coprod\limits_{i=1}^{n}M_i$，此处 $M_i=M$. 于是依定理 3.2.1，$N=\coprod\limits_{i=1}^{n}M_i=\bigoplus\limits_{i=1}^{n}M_i{}'$，此处 $M_i{}'\cong M_i=M$. 所以${}_RN$ 也是半单的.

令 $R_M{}''$ 及 $R_N{}''$分别表示 $R$ 关于 $M$ 及 $N$ 的双重中心化子，则我们断言 $\forall\, r''\in R_M''$ 及 $\forall\,(x_1,x_2,\cdots,x_n)\in N$，令

$$r''(x_1,x_2,\cdots,x_n)=(r''x_1,r''x_2,\cdots,r''x_n)\in N,$$

则 $N$ 关于上述纯量乘法构成一 $R_M''$-模，并且映射

$$\hat{r}'':N\ni(x_1,x_2,\cdots,x_n)\mapsto(r''x_1,r''x_2,\cdots,r''x_n)\in N$$

是 $R_N''$的元(实际可以证明 $R_M''\ni r''\mapsto\hat{r}''\in R_N''$是环同态). $N$ 构成 $R_M''$-模的事实可直接验证，剩下只需证明$\hat{r}''\in R_N''$即可.

首先，很明显$\hat{r}''\in T=\mathrm{End}(N_{\mathbf{Z}})$.

其次，令 $\pi_i:N\to M_i$ 及 $\eta_i:M_i\to N$ 分别是第 $i$ 个典范射影及典范包含，于是

$$r''\pi_i(x_1,x_2,\cdots,x_n)=r''x_i=\pi_i\,\hat{r}''(x_1,x_2,\cdots,x_n)$$

及
$$\hat{r}''\,\eta_ix_i=\hat{r}''(0,\cdots,0,x_i,0,\cdots,0)=\eta_ir''x_i,$$

故得
$$r''\pi_i=\pi_i\,\hat{r}''\qquad 与\qquad \hat{r}''\,\eta_i=\eta_ir''.$$

由引理 3.1.5，$\sum\limits_{i=1}^{n}\eta_i\pi_i=1_N$，故

$$\forall\,\varphi\in R_N'=\mathrm{Cen}_T(R^{(l)})=\mathrm{End}_R(N),$$

$$\varphi=1_N\varphi 1_N=\sum_{i=1}^{n}\sum_{j=1}^{n}\eta_i\pi_i\varphi\eta_j\pi_j\ .$$

因 $M_i=M(i=1,2,\cdots,n)$，故 $\pi_i\varphi\eta_j=R_M'=\mathrm{End}_R(M)$，从而推出

$$\hat{r}''\,\varphi=\hat{r}''\sum_i\sum_j\eta_i\pi_i\varphi\eta_j\pi_j$$

$$
\begin{aligned}
&= \sum_i \sum_j \eta_i r''(\pi_i\varphi\eta_j)\pi_j \\
&= \sum_i \sum_j \eta_i(\pi_i\varphi\eta_j) r''\pi_j \\
&= \sum_i \sum_j (\eta_i\pi_i\varphi\eta_j\pi_j)\hat{r}'' \\
&= \varphi\hat{r}''.
\end{aligned}
$$

这便证明了$\hat{r}''\in R''_N=\mathrm{Cen}_T(R'_N)$.

第三步:$\forall x_1,x_2,\cdots,x_n\in M$ 及 $\forall r''\in R''_M$,把第一步的结论应用于 $N:=\coprod_{i=1}^{n}=M_i$,此处 $M_i=M$, $i=1,2,\cdots,n$. 于是,$\forall x=(x_1,x_2,\cdots,x_n)\in N$ 及$\hat{r}''\in R''_N$,总存在 $r_0\in R$,使 $r_0x=\hat{r}''x$,亦即 $r_0x_i=r''x_i,i=1,2,\cdots,n$. □

**推论 6.4.10** 令$_RM$ 是单模,且 $M$ 在除环 $K:=\mathrm{End}(_RM)$上是有限维的,则 $R^{(l)}=R''$.

**证** 令 $x_1,x_2,\cdots,x_n$ 是$_RM$ 的一基,根据稠密性定理 6.4.9,$\forall\sigma\in R''$,总存在 $r\in R$,使 $\sigma x_i=rx_i,i=1,2,\cdots,n$, 因此推得 $\sigma=r^{(l)}$,亦即 $R''\subseteq R^{(l)}$. 反之,由引理 6.4.6(2),$R^{(l)}\subset R''$,故 $R^{(l)}=R''$. □

**推论 6.4.11** 令$_RM$ 是单模,而$_RR$ 是阿丁模,则 $M$ 在除环 $K:=\mathrm{End}(_RM)$上是有限维的且 $R^{(l)}=R''$.

**证** 由上面的推论 6.4.10,我们在此只需证$_KM$ 是有限维的即可. 若不然,如果$_KM$ 不是有限维的,那么在$_KM$ 中存在一线性无关的可列无穷集$\{x_1,x_2,\cdots,x_n,\cdots\}$. 令

$$A_n=\{a\in R\mid ax_1=ax_2=\cdots=ax_n=0\},$$

显然,$A_n$ 是 $R$ 的左理想($n=1,2,\cdots$). 因

$$K=\mathrm{End}(_RM)=R',$$

故 $R''=\mathrm{End}(_KM)$. 令

$$\varphi(x_i)=\begin{cases}0, & 1\leqslant i\leqslant n;\\ x\neq 0, & i\geqslant n+1,\end{cases}$$

则 $\varphi$ 可延拓为$_KM$ 的一线性变换,亦即 $\varphi\in R''=\mathrm{End}(_KM)$. 由稠密性定理 6.4.9,总存在 $a\in R$ 使 $ax_i=\varphi(x_i)$,$1\leqslant i\leqslant n+1$,从而 $a\in A_n$ 但 $a\overline{\in}A_{n+1}$. 于是我们获得 $R$ 的左理想的无穷真降链

$$A\supsetneq A_2\supsetneq A_3\cdots,$$

这与$_RR$ 是阿丁的矛盾. □

作为稠密性定理的直接推论,下面再次证明如下定理.

**定理 6.4.12**(关于单环的结构定理)　令 $R$ 是具单的左理想的单环,则 $R$ 同构于除环上有限维向量空间的自同态环.

**证**　如同§6.3开头所证明的 $R$ 也是半单环,由推论6.2.2及定理6.1.6知,$R$ 是(双侧)阿丁环.令 $M$ 是环 $R$ 的单的左理想,故 $_RM$ 是单模,$K=\mathrm{End}(_RM)$ 是除环,且由推论6.4.11知,$R_M^{(l)}=R''=\mathrm{End}(_KM)$,且 $_KM$ 是有限维的.剩余只需证明 $R\cong R_M^{(l)}=R''$ 即可.

为此,令 $\psi:R\ni r_1\mapsto r^{(l)}\in R_M^{(l)}=R''$ 是模 $_RM$ 的左乘自同态环,显然 $\psi$ 是环 $R\to R''$ 的满同态.又因 $1_R\overline{\in}\mathrm{Ker}\psi$,故 $\mathrm{Ker}\psi\neq R$.由于 $\mathrm{Ker}\psi$ 是单环 $R$ 的双面理想,故 $\mathrm{Ker}\psi=0$,从而 $\psi$ 又是环 $R\to R''$ 的单同态,故 $R\cong R''=\mathrm{End}(_KM)$.　□

# 练　　习

1.令 $e$ 是环 $R$ 的幂等元,证明:

(1) $\mathrm{End}(eRe)\cong eRe$.

(2) 若 $R$ 是单的且 $eRe$ 是除环,则 $eR$ 是 $R$ 的单的右理想.

2.令 $R_i(i=1,2,\cdots,n)$ 是环且 $R=\prod_{i=1}^{n}R_i$ 具有依坐标的加法及乘法.证明:

(1) $R$ 是半单的$\Leftrightarrow\forall i=1,2,\cdots,n[R_i$ 是半单的].

(2) 对无穷多个 $R_i$ 的积 $\prod_{i\in I}R_i-R$,(1)是否仍成立?

3.令 $M=M_R$ 是半单的,而 $S:=\mathrm{End}(M_R)$.证明:$_SM$ 也是半单的.

4. 证明例6.4.7中给出的断语.

5. 对模 $M_R$,证明:

(1) $M_R$ 是半单的$\Leftrightarrow M_R$ 不含有真的大子模.

(2) 若 $M_R$ 有限生成,则 $M_R$ 是半单的$\Leftrightarrow M_R$ 不含大的极大子模.

# 第七章　张量积、平坦模与正则环

模的张量积起源于向量空间的张量积,它的重要性依赖于所谓的泛性性质及函子性质.前者确立了张量积在同构意义下的唯一性,后者刻画了平坦模.

## §7.1　模的张量积

**定义 7.1.1**　设 $M_R$ 及 $_RN$ 是同一基环 $R$ 上的右与左 $R$-模,$G$ 是加群,则映射 $f:M\times N\to G$ 称作平衡的,如果

(1) $\forall m_1,m_2\in M,\forall n\in N$,

$$f(m_1+m_2,n)=f(m_1,n)+f(m_2,n);$$

(2) $\forall m\in M,\forall n_1,n_2\in N$,

$$f(m,n_1+n_2)=f(m,n_1)+f(m,n_2);$$

(3) $\forall m\in M,n\in N,\forall\lambda\in R,f(m\lambda,n)=f(m,\lambda n)$.

**例**　令 $M^d$ 是模 $_RM$ 的对偶模,亦即 $M^d:=\mathrm{Hom}_R(_RM,R)$,则映射 $f:M^d\times M\to R$ 使 $f(m^d,n)=m^d(n)$ 就是平衡的.

对于给定的平衡映射 $f:M\times N\to G$,考虑如何构造一 $\mathbf{Z}$-模 $T$,使得 $f$ 可以提升为 $\mathbf{Z}$-同态 $h:T\to G$.这是从旧模出发构造新模的又一重要方法,并且把一平衡映射 $f$ 提升为 $\mathbf{Z}$-同态这样一种"提升"也是很有效的.

**定义 7.1.2**　所谓模 $M_R$ 及 $_RN$ 的张量积指的是一 $\mathbf{Z}$-模 $T$ 及一平衡映射 $f:M\times N\to T$,使得对于任一 $\mathbf{Z}$-模 $G$ 及任一平衡映射 $g:M\times N\to G$,都有唯一的 $\mathbf{Z}$-同态 $h:T\to G$,使图 7.1.1 可交换,亦即 $g=hf$.

由定义所描述的 $M_R$,$_RN$ 的张量积通常记作$(T,f)$.

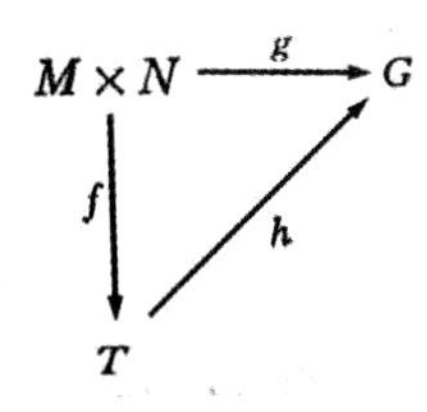


图 7.1.1

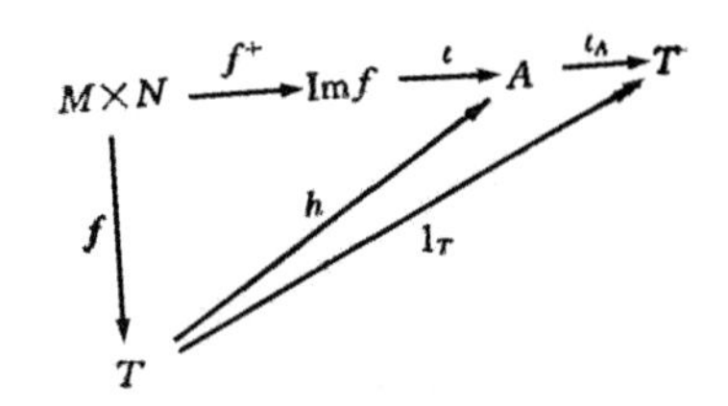


图 7.1.2

**引理 7.1.3**　若$(T,f)$是模$M_R$与$_RN$的张量积，则$\mathrm{Im}f$生成$T$.

**证**　假定$\mathrm{Im}f$在$T$中生成的子群记作$A$，则如图 7.1.2 所示，由定义 7.1.2知，存在唯一的$\mathbf{Z}$-同态$h$使$hf=\iota f^+$，其中

$$f^+:M\times N\to \mathrm{Im}f\hookrightarrow T$$

是把$f$的值域$T$局限于$\mathrm{Im}f$的诱导映射$f^+(x,y)=f(x,y)$. 用$A\to T$的包含映射$\iota_A$左乘等式$hf=\iota f^+$两端得$\iota_A hf=\iota_A\iota f^+$，然而$T$的恒等映射$1_T$明显使图 7.1.2 可交换，亦即$\iota_A\iota f^+=1_T f$，故由唯一性推知$\iota_A h=1_T$. 因$1_T$是$T\to T$的满同态，故由引理 2.1.6，$\iota_A$也是满射，故$\mathrm{Im}f$生成的子加群$A=T$.　□

**引理 7.1.4**(张量积的唯一性)　令$(T,f)$是模$M_R$及$_RN$的张量积，则$(T',f')$也是$M_R$及$_RN$的张量积$\Leftrightarrow$存在$\mathbf{Z}$-同构$j:T\to T'$，使$jf=f'$.

**证**　$\Rightarrow$：由题设意味着存在两个$\mathbf{Z}$-同态$j$及$k$分别使图 7.1.3 和 7.1.4 可交换，于是由这两图的交换性，亦即$f'=jf$及$f=kf'$推知$f'=jkf'$及$f=kjf$. 但明显地，恒等$\mathbf{Z}$-同态$1_T$及$1_{T'}$分别使图 7.1.5 可交换，亦即$f=1_T f$及$f'=1_{T'}f'$. 由唯一性推知$kj=1_T$及$jk=1_{T'}$，故$j$是同构映射.　□

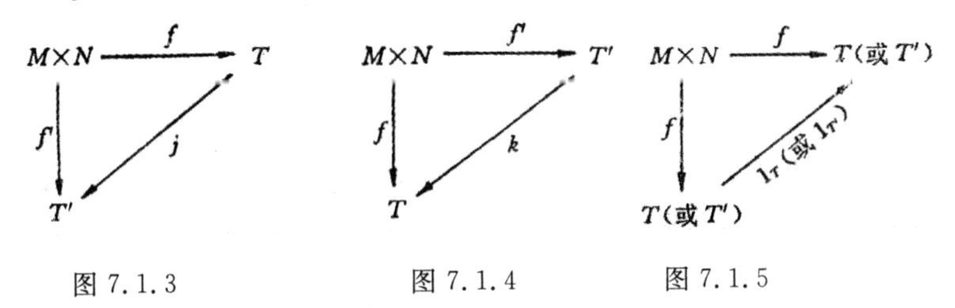


图 7.1.3　　图 7.1.4　　图 7.1.5

下面采用构造性方法证明张量积的存在性.

**定理 7.1.5**(张量积的存在性)　模$M_R$及$_RN$的张量积总存在.

**证**　由定理 3.4.4，在非空集$M\times N$上总存在自由$\mathbf{Z}$-模$(F,i)$. 令$H$表示$F$中一切形如

$$i(m_1+m_2,n)-i(m_1,n)-i(m_2,n),$$
$$i(m,n_1+n_2)-i(m,n_1)-i(m,n_2),$$
$$i(mr,n)-i(m,rn)$$

的元素所生成的子模,记

$$M\otimes_R N := F/H$$

表示 $F$ 对子模 $H$ 的商模,而记

$$\otimes_R := \eta\iota : M\times N \to M\otimes_R N,$$

其中 $\iota: M\times N\to F$ 是典范包含,$\eta: F\to F/H$ 是自然满同态. 在图 7.1.6 中,$G$ 是任一 $\mathbf{Z}$-模,$g: M\times N\to G$ 是任一平衡映射. 由自由模的定义,存在唯一的 $\mathbf{Z}$-同态 $j: F\to G$,使 $g=j\iota$. 显然 $H\subseteq \mathrm{Ker} j$. 由定理 2.3.7 知,存在 $\mathbf{Z}$-同态 $h$:$F/H\to G$,使 $h\eta\iota=j\iota=g$(图 7.1.6 可换). 以下只需证明,这样的 $h$ 是唯一的.

假若再有 $\mathbf{Z}$-同态 $k: M\otimes N\to G$,也使 $k\eta\iota=g$,则由 $j$ 的唯一性推知 $k\eta=j=h\eta$. 又因为 $\eta$ 是满同态,由定义 2.1.4 知 $k=h$,所以 $M\otimes_R N=F/H$ 确是模 $M_R$ 及$_RN$ 的张量积. □

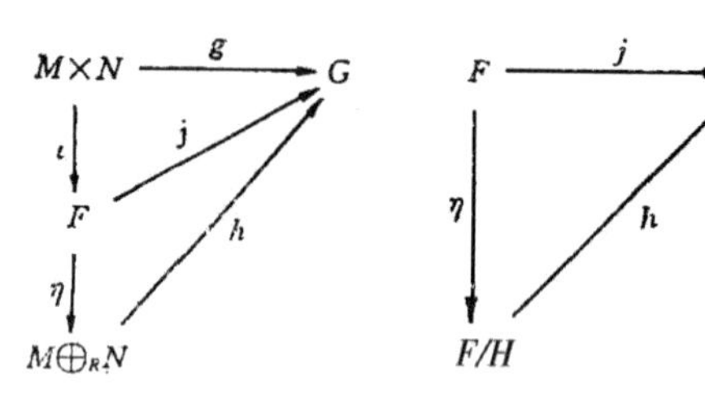


图 7.1.6　　　　图 7.1.7

**注**　(1) 上述定理表明,在同构的意义下,$M_R$ 与$_RN$ 的张量积是唯一确定的. 今后,不妨就把它视为定理 7.1.5 中的 $F/H$,并将它记作 $M\otimes_R N:=F/H$,将映射 $\eta\iota: M\times N\to M\otimes_R N$ 称作与之相伴的张量映射(已知它是平衡的),并记作$\otimes_R:=\eta\iota$. 为书写方便起见,把$(m,n)$的像$\otimes_R(m,n)$写作 $m\otimes_R n$,不妨也称它为 $m$ 与 $n$ 的张量积. 在不引起混乱时,干脆把$\otimes_R$ 简记作$\otimes$. 于是我们有下列基本关系式:

$$(m_1+m_2)\otimes n = m_1\otimes n + m_2\otimes n,$$
$$m\otimes(n_1+n_2) = m\otimes n_1 + m\otimes n_2,$$
$$m\lambda\otimes n = m\otimes \lambda n,$$
$$km\otimes n = k(m\otimes n) = m\otimes kn,$$

这里 $m_i\in M_R, n_i\in {}_RN, \lambda\in R, k\in \mathbf{Z}$.

(2) 由引理 7.1.3 知,$\mathrm{Im}\otimes$生成 $M\otimes N$,故 $M\otimes N$ 的每个元素皆可表作有限的线性组合

$$\sum_{i=1}^{t} p_i(m_i\otimes n_i),\ p_i\in \mathbf{Z}.$$

但 $M\otimes N$ 的元素通常都不能表作 $m\otimes n$，这点切勿大意.

(3) $M\otimes_R N$ 是阿贝尔群即 $\mathbf{Z}$-模，一般不能以自然的方式使之成为 $R$-模，除非因子 $M$ 或 $N$ 当中一个具有合适的双模结构.

**定理 7.1.6** 若 ${}_RM_S$ 是 $R$-$S$-双模，而 ${}_RN$ 是左 $R$-模，则 $\mathrm{Hom}_R(M,N)$ 对于纯量乘法 $(s,f)\to sf$ 是左 $S$-模. 此处 $\forall m\in M,(sf)(m)=f(ms)$.

**证** $\forall s\in S$ 及 $\forall f\in \mathrm{Hom}_R(M,N)$，

$$\begin{aligned}(sf)(m_1+m_2)&=f[(m_1+m_2)s]=f(m_1s+m_2s)\\&=f(m_1s)+f(m_2s)=sf(m_1)+sf(m_2),\end{aligned}$$

故
$$sf\in \mathrm{Hom}_R(M,N).$$

至于下面的等式，不难直接验证，故 $\mathrm{Hom}_R(M,N)$ 是左 $S$-模.

$$s(f+g)=sf+sg,\quad (s+s')f=sf+s'f,$$
$$s'(sf)=(s's)f,\quad 1_Sf=f.\quad \square$$

**定理 7.1.7** 若 ${}_RM_S$ 是双模而 ${}_SN$ 是左 $S$-模，则 $M\otimes_S N$ 关于纯量乘法

$$\left(r,\sum_{i=1}^{t}(m_i\otimes n_i)\right)\to\sum_{i=1}^{t}(rm_i\otimes n_i)$$

构成左 $R$-模.

**证** $\forall r\in R$，令 $\nu_r(m,n):=rm\otimes_S n$，不难验证，$\nu_r:M\times N\to M\otimes_S N$ 是一平衡映射. 故由定义 7.1.2，有唯一的 $\mathbf{Z}$-同态 $f_r:M\otimes_S N\to M\otimes_S N$，使得

$$\forall m\in M,n\in N,f_r(m\otimes n)=rm\otimes n.$$

因 $M\otimes_S N$ 的每一元都可写成 $\sum\limits_{i=1}^{t}(m_i\otimes n_i)$，故可以定义纯量乘法 $R\times M\otimes N\to M\otimes N$ 如下：

$$\left(r,\sum_{i=1}^{t}(m_i\otimes n_i)\right)\mapsto f_r\left(\sum_{i=1}^{t}(m_i\otimes n_i)\right)=\sum_{i=1}^{t}(rm_i\otimes n_i).$$

不难直接验证，$M\otimes_S N$ 关于这一纯量乘法构成左 $R$-模. $\square$

**注** (1) 当然，存在对偶于定理 7.1.7 的结论. 这就是：若 $M_R$ 是右 $R$-模而 ${}_RN_S$ 是双模，则可赋予相应的纯量乘法，使 $M\otimes_R N$ 构成右 $S$-模.

(2) 由于张量积 $M\otimes_S N$ 的元素表示成有限线性组合时，表示式不是唯一确定的，故不能通过直接定义 $r(m\otimes n)=(rm)\otimes n$ 的方式来定义纯量乘法.

下面的结果表明，在张量积与同态群之间有着紧密的联系.

**定理 7.1.8** 对模 ${}_RM,{}_SN_R,{}_SP$，存在 $\mathbf{Z}$-同构

$$\mathrm{Hom}_R(M,\mathrm{Hom}_S(N,P))\cong \mathrm{Hom}_S(N\otimes_R M,P).$$

**证** 由定理 7.1.6 及定理 7.1.7 知，$\mathrm{Hom}_S(N,P)$ 是左 $R$-模，$N\otimes_R M$ 是

左 $S$-模. $\forall f\in \mathrm{Hom}_R(M,\mathrm{Hom}(N,P))$, $\forall n\in N, m\in M$,令

$$\alpha_f(n,m):=[f(m)](n),$$

不难验证 $\alpha_f: N\times M\to P$ 是平衡映射. 由定义 7.1.2,存在唯一的 $\mathbf{Z}$-同态 $\nu_f$: $N\otimes_R M\to P$,使

$$\nu_f(n\otimes_R m)=[f(m)](n),\ \forall n\in N, m\in M.$$

又 $\forall s\in S$,

$$\begin{aligned}\nu_f[s(n\otimes m)]&=\nu_f[sn\otimes m]=[f(m)](sm)\\&=s[f(m)](n)=s\nu_f(n\otimes m).\end{aligned}$$

由于一切 $n\otimes_R m$ 的形式的元素的集合是 $N\otimes_R M$ 的生成集,故 $\nu_f$ 是 $S$-同态,亦即 $\nu_f\in \mathrm{Hom}_S(N\otimes_R M,P)$. 于是,令

$$\nu: \mathrm{Hom}_R(M,\mathrm{Hom}(N,P))\ni f\mapsto v_f\in \mathrm{Hom}_S(N\otimes_R M,P),$$

可直接验证 $\nu$ 是 $\mathbf{Z}$-同态.

事实上, $\forall f, g\in \mathrm{Hom}_R(M,\mathrm{Hom}_S(N,P))$, $\forall m\in M, n\in N$,

$$\begin{aligned}\nu_{f+g}(n\otimes m)&=[(f+g)(m)](n)=[f(m)+g(m)](n)\\&=[f(m)](n)+[g(m)](n)\\&=\nu_f(n\otimes m)+\nu_g(n\otimes m)=(\nu_f+\nu_g)(n\otimes m),\end{aligned}$$

故

$$\nu(f+g)=\nu_{f+g}=\nu_f+\nu_g=\nu(f)+\nu(g).$$

其次, $\forall f\in \mathrm{Ker}\nu\Rightarrow \nu(f)=0=\nu_f\Rightarrow \forall n\in N, m\in M, \nu_f(n\otimes m)=f(m)(n)=0\Rightarrow f(m)=0$, $\forall m\in M\Rightarrow f=0\Rightarrow \mathrm{Ker}\nu=0$, 故 $\nu$ 是单同态. 最后 $\forall g\in \mathrm{Hom}_S(N\otimes_R M,P)$,令 $[f(m)](n):=g(n\otimes m)$, 不难验证 $f\in \mathrm{Hom}(M,\mathrm{Hom}(N,P))$ 且 $\nu_f=g$. 故 $\nu$ 是满同态,从而 $\nu$ 是同构映射. □

**定义 7.1.9** 如果 ${}_RM$(相应地, $M_R$)是 $R$-模,那么加群 $M^+:=\mathrm{Hom}_{\mathbf{Z}}(M,\mathbf{Q}/\mathbf{Z})$ 在纯量乘法

$$\forall r\in R, \forall f\in M^+, (fr)(m)=f(rm), \forall m\in {}_RM$$

下, $M^+$ 构成右(相应地,左) $R$-模. 称 $M^+$ 为 $M$ 的特征模.

**推论 7.1.10** 若 ${}_RM$ 及 $N_R$ 都是 $R$-模,则作为 $\mathbf{Z}$-模

$$\mathrm{Hom}_R(M,N^+)\cong(N\otimes M)^+.$$

**证** 在定理 7.1.8 中,取环 $S=\mathbf{Z}$ 及 $P=\mathbf{Q}/\mathbf{Z}$ 即可. □

在张量积中,"因子" $R$ 可以"消去",亦即如下定理.

**定理 7.1.11** 对任意 $R$-模 ${}_RM$(相应地, $M_R$),存在唯一的 $R$-同构

$$\nu: R\otimes M\to M(\text{相应地}, \nu': M\otimes R\to M).$$

**证** 令 $f(r,m)=rm$,则 $f$ 是 $R\times M\to M$ 的平衡映射,故存在唯一的 $\mathbf{Z}$-同态 $\nu: R\otimes M\to M$ 使得 $\nu\otimes=f$. 这一 $\mathbf{Z}$-同态 $\nu$ 实际上也是 $R$-同态. 事实上,

$\forall r,s\in R,m\in M$,

$$\nu[s(r\otimes m)]=\nu[(sr\otimes m)]=f[(sr,m)]$$
$$=(sr)(m)=s(rm)=s\nu(r\otimes m).$$

由于$\{r\otimes m\mid r\in R,m\in M\}$是 $R\otimes M$ 的生成集,故 $\nu$ 是 $R$-同态. 为了证明 $\nu$ 是 $R$-同构,只需构造 $\nu$ 的逆同态. 为此

$$\forall m\in M,\text{令 } \zeta(m):=1_R\otimes m,$$

不难直接验证,$\zeta:M\to R\otimes M$ 是 $R$-同态,且 $\forall m\in M$,

$$(\nu\zeta)(m)=\nu[\zeta(m)]=\nu(1_R\otimes m)=1_Rm=m,$$

所以 $\nu\zeta=1_M$. 另一方面,$\forall r\in R$ 及 $\forall m\in M$,

$$\zeta\nu(r\otimes m)=\zeta(rm)=1_R\otimes rm=1r\otimes m=r\otimes m,$$

所以 $\zeta\nu=1_{R\otimes M}$,从而 $\nu$ 是 $R$-同构. □

**推论 7.1.12**　对任意含幺环 $R$,$R\otimes R\cong R$.

# §7.2　同态的张量积

现在转而考察张量积关于正合列的性态. 为此,需要引入同态的张量积.

令 $f:M_R\to N_R$ 及 $g:{}_RM'\to{}_RN'$分别是模同态. $\forall(m,m')\in M\times M'$,令 $(f\times g)(m,m'):=(f(m),g(m'))$,则${}_R\otimes'(f\times g)$是 $M\times M'\to N_R\otimes'N'$的平衡映射. 事实上,

$$\begin{aligned}
&{}_R\otimes'(f\times g)(m_1+m_2,m')\\
&=f(m_1+m_2)_R\otimes'g(m')\\
&=[f(m_1)+f(m_2)]_R\otimes'g(m')\\
&=f(m_1)\otimes g(m')+f(m_2)\otimes g(m')\\
&={}_R\otimes(f\times g)(m_1,m')+{}_R\otimes'(f\times g)(m_2,m').
\end{aligned}$$

同理可证

$$\begin{aligned}
&{}_R\otimes'(f\times g)(m,m_1{}'+m_2{}')\\
&={}_R\otimes'(f\times g)(m,m_1{}')+{}_R\otimes'(f\times g)(m,m_2{}').
\end{aligned}$$

又

$$\begin{aligned}
{}_R\otimes'(f\times g)(mr,m')&=f(mr)\otimes g(m')=f(m)r\otimes g(m')\\
&=f(m)\otimes rg(m')=f(m)\otimes g(rm)\\
&={}_R\otimes'(f\times g)(m,rm'),
\end{aligned}$$

由定义 7.1.2,有唯一的 $\mathbf{Z}$-同态 $h:M\otimes_RM'\to N_R\otimes'N'$使得图 7.2.1 可交换:

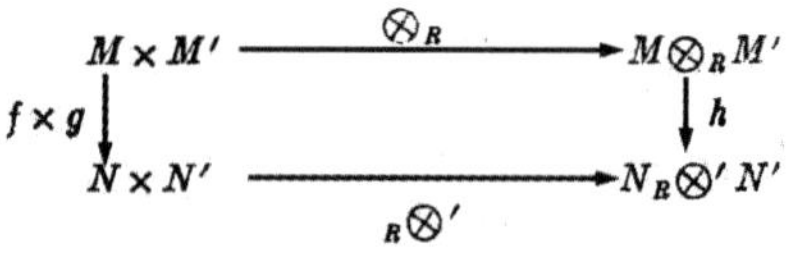

$$\begin{array}{ccc} M\times M' & \xrightarrow{\otimes_R} & M\otimes_R M' \\ {\scriptstyle f\times g}\downarrow & & \downarrow{\scriptstyle h} \\ N\times N' & \xrightarrow[{}_R\otimes']{} & N_R\otimes' N' \end{array}$$

图 7.2.1

**定义 7.2.1** 使图 7.2.1 可交换的唯一 $\mathbf{Z}$-同态 $h$ 称作 $f$ 与 $g$ 的张量积并记作 $f\otimes g$，于是对 $M\otimes M'$ 的生成元 $m\otimes m'$，

$$(f\otimes g)(m\otimes m')=f(m)\otimes g(m').$$

**注** 按照先前的约定，$f\otimes g$ 本应用来表示张量积

$$\mathrm{Hom}_R(M,N)\otimes\mathrm{Hom}_R(M',N')$$

的一个生成元，但由于往后我们极少涉及这种张量积，所以赋予 $f\otimes g$ 以定义 7.2.1 中所界定的特定 $\mathbf{Z}$-同态，并不致引起混乱.

同态的张量积具有以下基本性质.

**定理 7.2.2** 对任意两 $R$-模 $M_R$ 及 ${}_RN$，

$$1_M\otimes 1_N=1_{M\otimes N}. \tag{1}$$

此外，若给定 $R$-模及 $R$-同态序列

$$M_R\xrightarrow{f}M_R'\xrightarrow{f'}M_R''\text{以及}{}_RN\xrightarrow{g}{}_RN'\xrightarrow{g'}{}_RN'',$$

则有

$$(f'\circ f)\otimes(g'\circ g)=(f'\otimes g')\circ(f\otimes g). \tag{2}$$

**证** (1)比较明显，故只证(2). $\forall m\in M,n\in N$，

$$\begin{aligned}[(f'\circ f)\otimes(g'\circ g)](m\otimes n)&=f'\circ f(m)\otimes g'\circ g(n)\\&=f'[f(m)]\otimes g'[g(n)]\\&=(f'\otimes g')[f(m)\otimes g(n)]\\&=[(f'\otimes g')\circ(f\otimes g)](m\otimes n).\end{aligned}$$ □

**定理 7.2.3** $\forall f_i\in\mathrm{Hom}(M_R,M_R')$，$g_i\in\mathrm{Hom}({}_RN,{}_RN')$，

有等式

$$(f_1+f_2)\otimes g_1=(f_1\otimes g_1)+(f_2\otimes g_1),$$

$$f_1\otimes(g_1+g_2)=(f_1\otimes g_1)+(f_1\otimes g_2).$$

证明留作练习.

**定义 7.2.4** $\forall f\in\mathrm{Hom}({}_RA,{}_RB)$，$\forall R$-模 $M_R$，由 $f$ 及 $M_R$ 共同诱导出 $\mathbf{Z}$-同态 $1_M\otimes f:M\otimes A\to M\otimes B$. 今后把 $1_M\otimes f$ 简记作 ${}^{\otimes}f$，类似地把 $f\otimes 1_M$ 简记作 $f^{\otimes}$.

当然，这种记法省去了 $1_M$，只能在对 $R$-模 $M$ 不致导致混乱时使用.

下面将考察把什么性态的模“张量”入一给定的正合列时，仍能保持其正合性的问题，从而引出一新的模类.

**定理 7.2.5**　令 ${}_RA' \xrightarrow{f} {}_RA \xrightarrow{g} {}_RA'' \to 0$ 是正合列，$M_R$ 为任一模，则

$$M \otimes A' \xrightarrow{\otimes f} M \otimes A \xrightarrow{\otimes g} M \otimes A'' \to 0$$

仍正合.

**证**　由题设 $gf=0$，故依定理 7.2.2 推出

$$^{\otimes}g \circ {}^{\otimes}f = (1_M \otimes g)(1_M \circ f) = (1_M \circ 1_M) \otimes (g \circ f) = 1_M \otimes 0 = 0,$$

从而表明 $\mathrm{Im}^{\otimes} f \subseteq \mathrm{Ker}^{\otimes} g$. 现证明反向包含也成立.

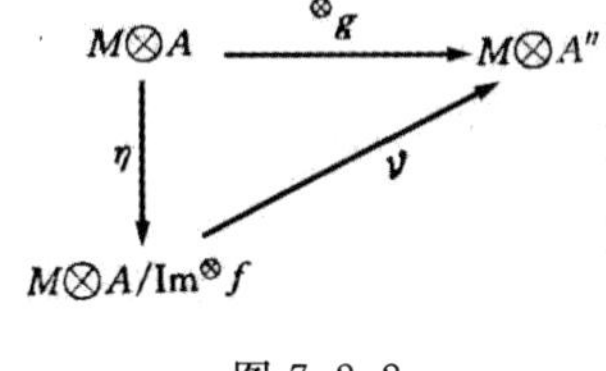

图 7.2.2

由定理 2.3.7，在图 7.2.2 中典范满同态 $\eta$ 满足

$$\mathrm{Ker}\eta = \mathrm{Im}^{\otimes} f \subseteq \mathrm{Ker}^{\otimes} g,$$

故存在唯一的 $\mathbf{Z}$-同态

$\nu: (M \otimes A)/\mathrm{Im}^{\otimes} f \to M \otimes A''$，使 $^{\otimes}g = \nu\eta$. 而为了证明 $\mathrm{Ker}\eta = \mathrm{Im}^{\otimes} f = \mathrm{Ker}^{\otimes} g$，依定理 2.3.7，只需证明 $\nu$ 是单射即可.

为此，依推论 2.3.11，又只需证明存在 $\mathbf{Z}$-同态

$$\xi: M \otimes A'' \to (M \otimes A)/\mathrm{Im}^{\otimes} f,$$

使 $\xi\nu = 1$ 即可. $\forall m \in M, \forall a'' \in A''$，令

$$\alpha[(m, a'')] := (m \otimes a)/\mathrm{Im}^{\otimes} f,$$

此处 $a$ 是 $a''$ 在 $g$ 下的原像，亦即 $g(a) = a''$. 由于 $g$ 是满同态，故 $a''$ 在 $g$ 下的原像肯定存在，不过 $a''$ 在 $g$ 下的原像未必唯一. 这样，必须验证 $\alpha$ 的像与 $a''$ 的原像的选取无关.

事实上，$\forall a, b \in A$ 使 $g(a) = g(b) = a''$，于是

$(a-b) \in \mathrm{Ker} g = \mathrm{Im} f$

$\Rightarrow \exists a' \in A'$ 使 $a - b = f(a')$

$\Rightarrow \forall m \in M, m \otimes (a-b) = m \otimes f(a') = (1_M \otimes f)(m \otimes a') \in \mathrm{Im}^{\otimes} f.$

由定理 7.1.5 后面的注(1)知

$$(m \otimes a) - (m \otimes b) \in \mathrm{Im}^{\otimes} f,$$

亦即 $\alpha[(m, a'')]$ 与 $a''$ 在 $g$ 下的原像的选取无关. 不难验证：

$$\alpha: M \times A'' \to (M \otimes A)/\mathrm{Im}^{\otimes} f$$

是平衡映射，故存在唯一的 $\mathbf{Z}$-同态

$$\xi: M \otimes A'' \to (M \otimes A)/\mathrm{Im}^{\otimes} f,$$

使 $\xi \otimes = \alpha$. $\forall m \in M, \forall a \in A$,

$$
\begin{aligned}
(\xi\nu)[(m\otimes a)/\mathrm{Im}^{\otimes} f] &= \xi[{}^{\otimes} g(m\otimes a)] \\
&= \xi[m\otimes g(a)] = (\xi\otimes)[m, g(a)] \\
&= \alpha[m, g(a)] = (m\otimes a)/\mathrm{Im}^{\otimes} f,
\end{aligned}
$$

故 $\xi\nu=1$,从而 $\nu$ 是单同态.

最后,证明 ${}^{\otimes}g$ 是满同态.

事实上,由题设 $g:A\to A''$ 是满同态,故 $\forall a''\in A''$,存在 $a\in A$,使 $g(a)=a''$. $\forall m\in M$,

$$
m\otimes a''=m\otimes g(a)=(1_M\otimes g)(m\otimes a)\in \mathrm{Im}^{\otimes} g.
$$

由于 $\mathrm{Im}^{\otimes} g$ 包含了 $M\otimes A''$ 的生成集,故 $\mathrm{Im}^{\otimes} g=M\otimes A''$,从而 ${}^{\otimes}g$ 是满射.
□

定理 7.2.5 的对偶亦成立,证明类似.

**定理 7.2.6** 令 $A'_R\xrightarrow{f}A_R\xrightarrow{g}A''_R\to 0$ 是正合列,${}_RM$ 是任一模,则

$$
A'\otimes M\xrightarrow{f^{\otimes}}A\otimes M\xrightarrow{g^{\otimes}}A''\otimes M\to 0
$$

也正合.

**注** 定理 7.2.5 及定理 7.2.6 可理解为,张量函子 $\otimes$ 保持右正合性,然而,一般未必能保持左正合性.

**例** 考察下面 $\mathbf{Z}$-模及 $\mathbf{Z}$-同态的短正合列

$$
0\to\mathbf{Z}\xrightarrow{f}\mathbf{Z}\xrightarrow{\eta}\mathbf{Z}/(2\mathbf{Z})\to 0,
$$

其中,$\forall n\in\mathbf{Z}$,令 $f(n):=2n$,$\eta$ 为典范满同态.

现把 $\mathbf{Z}$-模 $\mathbf{Z}/(2\mathbf{Z})$“张量”入上述正合列得:

$$
(\mathbf{Z}/2\mathbf{Z})\otimes\mathbf{Z}\xrightarrow{{}^{\otimes}f}(\mathbf{Z}/2\mathbf{Z})\otimes\mathbf{Z}\xrightarrow{{}^{\otimes}\eta}(\mathbf{Z}/2\mathbf{Z})\otimes(\mathbf{Z}/2\mathbf{Z})\to 0.
$$

由定理 7.2.5 知,诱导的序列是右正合的.但左端却不能延拓为左正合,这是因为

$$
\begin{aligned}
{}^{\otimes}f[(n/2n)\otimes m] &= (n/2n)\otimes f(m)=(n/2n)\otimes 2m=(2n/2n)\otimes m \\
&= 0\otimes m=0,
\end{aligned}
$$

亦即 ${}^{\otimes}f$ 实际是零同态,故

$$
\mathrm{Ker}^{\otimes} f=(\mathbf{Z}/2\mathbf{Z})\otimes\mathbf{Z}\cong\mathbf{Z}/2\mathbf{Z}\neq 0.
$$

所以 ${}^{\otimes}f$ 并非单同态,亦即把 $\mathbf{Z}$-模 $\mathbf{Z}/2\mathbf{Z}$“张量”入上述短正合列并不能诱导出一短正合列.

**注** 本章开头曾提到,模的张量积起源于向量空间的张量积,但向量空间张量积的某些性质在模的张量积中一般未必成立.比如:$A_K\hookrightarrow B_K$,$A_K\xrightarrow{l}B_K$.

当把左向量空间$_KF$“张量”入以后，仍保持原先的包含关系，

$$A_K \otimes F \hookrightarrow B_K \otimes F,\ \text{亦即}\ A_K \otimes F \xrightarrow{l^{\otimes}} B_K \otimes F$$

仍成立. 此外，$A_K \neq 0$，$_KB \neq 0 \Rightarrow A \otimes_K B \neq 0$ 且

$$\dim(A \otimes_K B) = \dim_K A \cdot \dim_K B.$$

但这些性质对一般模的张量积已不再成立.

**例**　$2\mathbf{Z} \hookrightarrow \mathbf{Z}$，但 $2\mathbf{Z} \otimes (\mathbf{Z}/2\mathbf{Z})$ 不再是 $\mathbf{Z} \otimes (\mathbf{Z}/2\mathbf{Z})$ 的子模了，尽管前者作为集合仍是后者的子集. 比如 $2 \otimes \bar{1}$，作为 $2\mathbf{Z} \otimes (\mathbf{Z}/2\mathbf{Z})$ 中元，有

$$2 \otimes \bar{1} \neq 0 \in 2\mathbf{Z} \otimes (\mathbf{Z}/2\mathbf{Z}),$$

但作为 $\mathbf{Z} \otimes (\mathbf{Z}/2\mathbf{Z})$ 中元，有

$$2 \otimes \bar{1} = 1_{\mathbf{Z}} \cdot 2 \otimes \bar{1} = 1_{\mathbf{Z}} \otimes 2 \cdot \bar{1} = 1_{\mathbf{Z}} \otimes \bar{0} = 0 \in \mathbf{Z} \otimes (\mathbf{Z}/2\mathbf{Z}).$$

这说明，不能把 $2\mathbf{Z} \otimes (\mathbf{Z}/2\mathbf{Z})$ 看作是 $\mathbf{Z} \otimes (\mathbf{Z}/2\mathbf{Z})$ 的 $\mathbf{Z}$-子模，否则就无法解释此例的现象了.

张量函子$\otimes$虽然不保持短正合性，但它却保持可裂短正合性.

**定理 7.2.7**　令 $0 \to {}_RA' \xrightarrow{f} {}_RA \xrightarrow{g} {}_RA'' \to 0$ 是可裂短正合的，而 $M_R$ 是任一 $R$-模，则诱导序列

$$0 \to M \otimes A' \xrightarrow{\otimes f} M \otimes A \xrightarrow{\otimes g} M \otimes A'' \to 0$$

也是可裂短正合的.

**证**　依定理 7.2.5，只需证明$^{\otimes} f$ 是单同态即可. 为此，由题设，$f$ 是单同态且是裂的，令 $f'$ 是关于 $f$ 的裂同态且 $\forall m \in M$ 及 $\forall a \in A$，令

$$\alpha[(m,a)] := m \otimes f(a).$$

不难验证，$\alpha$ 是 $M \times A \to M \otimes A'$ 的平衡映射，故存在唯一的 $\mathbf{Z}$-同态 $\nu: M \otimes A \to M \otimes A'$，使 $\nu^{\otimes} = \alpha$. 于是任取 $M \otimes A'$ 的生成元 $m \otimes a'$，有

$$(\nu^{\otimes} f)(m \otimes a') = \nu[(m \otimes f(a')] = m \otimes f'[f(a')] = m \otimes a',$$

亦即 $\nu^{\otimes} f = 1_{M \otimes A'}$. 由引理 2.1.6 知，$^{\otimes} f$ 是单同态.　□

定理 7.2.7 的对偶形式是明显的，不再赘述.

**定理 7.2.8**　令

$$E'_R \xrightarrow{\alpha} E_R \xrightarrow{\beta} E''_R \to 0 \text{ 与 } {}_RF' \xrightarrow{\gamma} {}_RF \xrightarrow{\delta} {}_RF'' \to 0$$

都是正合列，则存在 $\mathbf{Z}$-模与 $\mathbf{Z}$-同态的短正合列

$$0 \to \mathrm{Im}(1_E \otimes \gamma) + \mathrm{Im}(\alpha + 1_F) \xrightarrow{\iota} E \otimes F \xrightarrow{\beta \otimes \delta} E'' \otimes F'' \to 0,$$

其中 $\iota$ 是包含映射，自然是单同态.

**证**　考察 $\mathbf{Z}$-模及 $\mathbf{Z}$-同态的图(图 7.2.3).

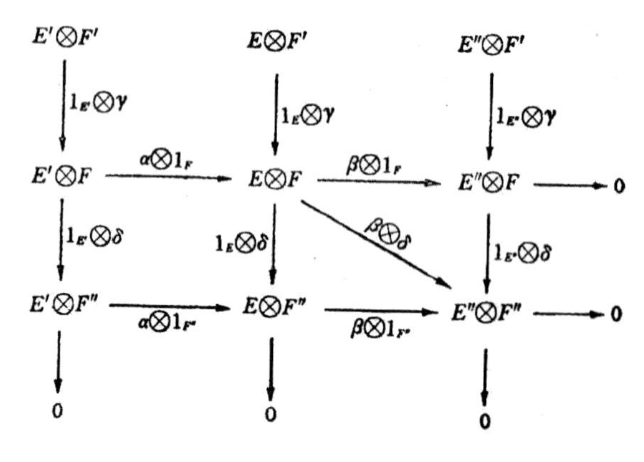


图 7.2.3

由定理 7.2.5 及 7.2.6 知,图 7.2.3 中两行及三列全都正合. 此外,由定理 7.2.2,该图可交换.

又因 $\beta\otimes\delta=(\beta\otimes 1_{F''})\circ(1_E\otimes\delta)$ 是满同态,故只需证明

$$\operatorname{Ker}(\beta\otimes\delta)=\operatorname{Im}(I_E\otimes\gamma)+\operatorname{Im}(\alpha\otimes 1_F)$$

就够了.

由图 7.2.3 的交换性及中间列的正合性推知 $(\beta\otimes\delta)(1_E\otimes\gamma)=0$,类似地,由顶行的正合性推知 $(\beta\otimes\delta)(\alpha\otimes 1_F)=0$,从而推得

$$\operatorname{Im}(1_E\otimes\gamma)+\operatorname{Im}(\alpha\otimes 1_F)\subseteq\operatorname{Ker}(\beta\otimes\delta).$$

至于逆向包含,我们利用所谓图的"追赶法".

$\forall z\in\operatorname{Ker}(\beta\otimes\delta)$,由图 7.2.3 的交换性知,

$$(\beta\otimes 1_{F''})\circ(1_E\otimes\delta)=\beta\otimes\delta,$$

故 $$(1_E\otimes\delta)(z)\in\operatorname{Ker}(\beta\otimes 1_{F''})=\operatorname{Im}(\alpha\otimes 1_{F''}),$$

从而存在 $x\in E'\otimes F''$,使 $(\alpha\otimes 1_{F''})(x)=(1_E\otimes\delta)(z)$. 又因 $1_{E'}\otimes\delta$ 是满射,故又有 $y\in E'\otimes F$ 及 $(1_{E'}\otimes\delta)(y)=x$. 于是

$$(\alpha\otimes 1_{F''})[(1_{E'}\otimes\delta)(y)]=(1_E\otimes\delta)(z).$$

令 $z':=z-(\alpha\otimes 1_F)(y)$,则

$$\begin{aligned}(1_E\otimes\delta)(z')&=(1_E\otimes\delta)(z)-(1_E\otimes\delta)[(\alpha\otimes 1_F)](y)\\&=(1_E\otimes\delta)(z)-[(\alpha\otimes 1_{F''})(1_E\otimes\delta)](y)=0.\end{aligned}$$

故 $z'\in\operatorname{Ker}(1_E\otimes\delta)=\operatorname{Im}[1_E\otimes\gamma]$,从而

$$z=z'+(\alpha\otimes 1_F)(y)\in\operatorname{Im}(1_E\otimes\gamma)+\operatorname{Im}(\alpha\otimes 1_F),$$

亦即逆向包含

$$\operatorname{Ker}(\beta\otimes\delta)\subseteq\operatorname{Im}(1_E\otimes\gamma)+\operatorname{Im}(\alpha\otimes 1_F)$$

成立.　□

**推论 7.2.9**　若在上面定理中,假定 $E'$ 及 $F'$ 分别是 $E$ 及 $F$ 的子模而 $\iota_{E'}$, $\iota_{F'}$ 是相应的包含映射,则存在 **Z**-同构

$$(E/E')\otimes(F/F')\cong(E\otimes F)/[\mathrm{Im}(\iota_E\otimes\iota_{F'})+\mathrm{Im}(\iota_{E'}\otimes\iota_F)].$$

**证**　只需将定理 7.2.8 应用于下面两个典范正合列就够了.

$$E'\xrightarrow{\iota}E\xrightarrow{\eta}E/E'\to 0,$$

$$F'\xrightarrow{\iota}F\xrightarrow{\eta}F/F'\to 0.\quad\square$$

**推论 7.2.10**　令 $I$ 是 $R$ 的右理想而 ${}_RM$ 是左 $R$-模,则存在 **Z**-同构

$$(R/I)\otimes M\cong M/IM.$$

**证**　在推论 7.2.9 中,令 $E=R,E'=I,F=M,F'=0$,便得到 **Z**-同构

$$(R/I)\otimes M\cong(R\otimes M)/\mathrm{Im}(\iota_I+1_M).$$

但依定理 7.1.11 知 $R\otimes M\cong M$,且

$$\mathrm{Im}(\iota_I\otimes 1_M)=I\otimes M\cong IM,$$

故上面的同构便变为

$$(R/I)\otimes M\cong M/IM.\quad\square$$

**注**　$(r/I\otimes m)\to rm/IM$ 便是 $(R/I)\otimes M\to M/IM$ 同构映射作用于 $(R/I)\otimes M$ 的生成元的情形.

## §7.3　平　坦　模

现在,我们来考察这样的模类,把它们"张量"入短正合列诱导的仍是短正合列,更确切地说由它们确定的张量函子$\otimes$保持短正合性.

**定义 7.3.1**　右 $R$-模 $M_R$ 称作平坦的,如果对于每个单同态 $f:{}_RA'\to{}_RA$,其诱导 **Z**-同态$^{\otimes}f:M\otimes A'\to M\otimes A$ 也是单同态.

平坦左 $R$-模${}_RM$ 可类似地定义.

**定理 7.3.2**　$R$ 的右(或左)正则模 $R_R$(或${}_RR$)是平坦的.

**证**　由定理 7.1.11 的证明,对任意 $R$-同态 $f:{}_RA'\to{}_RA$,有交换图 7.3.1.

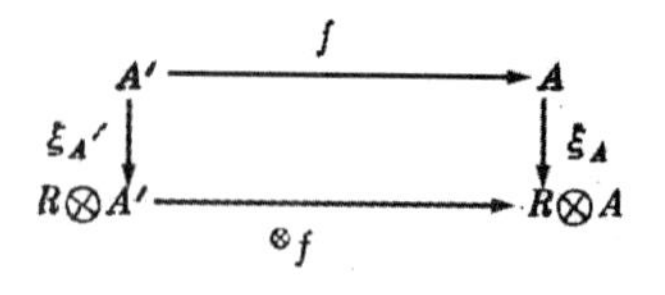


图 7.3.1

由此推出
$$^{\otimes}f=\xi_A f\xi_{A'}^{-1},$$
故当 $f$ 是单同态时,$^{\otimes}f$ 也是单同态. □

张量积具有结合性以及对直和的分配性.

**引理 7.3.3** 令 $A_R$,${}_RM_S$ 及 ${}_SB$ 分别是模或双模,则
$$(A\otimes M)\otimes B\cong A\otimes(M\otimes B),$$
其具体的同构映射是
$$\sum(a_i\otimes m_i)\otimes b_i\mapsto\sum a_i\otimes(m_i\otimes b_i).$$

**证** $\forall b\in B$,
$$\varphi_b:A\times M\ni(a,m)\mapsto a\otimes(m\otimes b)\in A\otimes(M\otimes B).$$
不难验证 $\varphi_b$ 是平衡映射,故存在 $R$-同态
$$\lambda_b:A\otimes M\ni\sum a_i\otimes m_i\mapsto\sum a_i\otimes(m_i\otimes b).$$
另外,由于映射
$$(A\otimes M)\times B\ni(\sum a_i\otimes m_i,b)\mapsto\sum a_i\otimes(m_i\otimes b)\in A\otimes(M\otimes B)$$
也是平衡的,故存在 $R$-同态
$$\rho:(A\otimes M)\otimes B\ni\sum(a_i\otimes m_i)\otimes b_i\mapsto\sum a_i\otimes(m_i\otimes b_i)\in A\otimes(M\otimes B).$$
反过来,类似地可证明,存在 $R$-同态
$$\sigma:A\otimes(M\otimes B)\to(A\otimes M)\otimes B,$$
使得 $\sigma\rho=1$,$\rho\sigma=1$,所以 $\rho$ 与 $\sigma$ 是互逆同构. □

**引理 7.3.4** 设$\{A_i\mid i\in I\}$与$\{B_j\mid j\in J\}$分别是右 $S$-模与左 $S$-模,且
$$A:=\bigoplus_{i\in I}A_i,\ B:=\bigoplus_{j\in J}B_j,$$
又 $\forall(i,j)\in I\times J$,$M_{ij}$ 是由一切形如 $a_i\otimes b_j$ $(a_i\in A_i,\ b_j\in B_j)$的元素所生成的 $A\otimes_S B$ 的子群,则
$$A\otimes_S B=\bigoplus_{(i,j)\in I\times J}M_{ij},\text{此处 }M_{ij}\cong\bigoplus_{(i,j)\in I\times J}(A_i\otimes B_j).$$

**证** 由 $M_{ij}$ 的定义知 $A\otimes_S B=\sum_{\substack{i\in I\\ j\in J}}M_{ij}$. 令
$$\iota_i:A_i\to A,\quad \iota'_j:B_j\to B\text{ 是典范包含},$$

$$\pi_i: A \to A_i,\quad \pi'_j: B \to B_j \text{ 是典范射影},$$

则 $\pi_i\iota_i = 1_{A_i}$，$\pi'_j\iota'_j = 1_{B_j}$，从而

$$1_{A_i \otimes B_j} = 1_{A_i} \otimes 1_{B_j} = \pi_i\iota_i \otimes \pi'_j\iota'_j = (\pi_i \otimes \pi'_j)(\iota_i \otimes \iota'_j).$$

由于 $\iota_i \otimes \iota'_j$ 是单同态，并使 $\mathrm{Im}(\iota_i \otimes \iota'_j) \hookrightarrow M_{ij}$，故由 $M_{ij}$ 的定义可知，$M_{ij} = \mathrm{Im}(\iota_i \otimes \iota'_j)$，亦即若把值域 $A$ 限制为 $\mathrm{Im}(\iota_i)$ 及 $B$ 限制为 $\mathrm{Im}(\iota'_j)$，则 $\iota_i \otimes \iota'_j$ 诱导出 $A_i \otimes B_j \to M_{ij}$ 的同构 $\omega_{ij}$. 这说明，$a_i \otimes b_j$ 作为 $A_i \otimes B_j$ 的生成元与 $a_i \otimes b_j$ 作为 $A \otimes_S B$ 的元素并无差异. 因为 $\omega_{ij}$ 是 $\mathbf{Z}$-同构，而 $\pi_i \otimes \pi'_j|_{M_{ij}}$ 也是 $\mathbf{Z}$-同构，且

$$\omega_{ij}(\pi_i \otimes \pi'_j)|_{M_{ij}} = 1_{M_{ij}},$$

而 $\omega_{ij}(\pi_i \otimes \pi'_j)$ 是 $A \otimes B$ 在 $M_{ij}$ 上的典范影射，所以

$$A \otimes_S B = \bigoplus_{\substack{i \in I \\ j \in J}} M_{ij} \cong \bigoplus_{\substack{i \in I \\ j \in J}} (A_i \otimes B_j). \qquad \square$$

**定理 7.3.5**　设 $\{M_i \mid i \in I\}$ 是一左 $R$-模族，则

$$\bigoplus_{i \in I} M_i \text{ 是平坦模} \Leftrightarrow \forall\, i \in I, M_i \text{ 是平坦模}.$$

**证**　令 $f: M'_R \to M_R$ 是单同态，考察图 7.3.2：

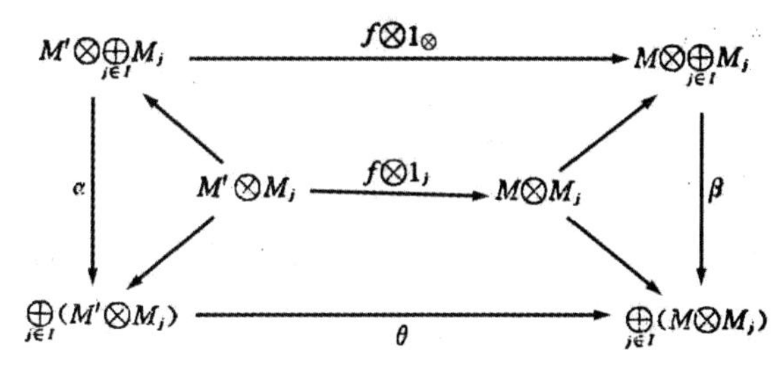


图 7.3.2

其中 $1_\otimes$ 是 $\bigoplus_{i \in I} M_i$ 上的恒等同态，$1_j$ 是 $M_j$ 上的恒等同态，既非水平又非垂直的箭头所示的映射是相应的典范包含，自然是单射；$\alpha,\beta$ 是分别使左、右两边的三角形可交换的唯一同构（引理 7.3.4 保证其存在性）；$\theta$ 是使底部的梯形可交换的唯一同态（余积定义保证其存在）. 由于整个图都是可交换的，故 $f \otimes 1_\otimes$ 是单射当且仅当 $\theta$ 是单射当且仅当 $f \otimes 1_j$ 是单射，从而推知，$\bigoplus_{i \in I} M_i$ 是平坦的当且仅当 $\forall\, i \in I, M_i$ 是平坦的.　$\square$

**推论 7.3.6**　每个投射 $R$-模是平坦 $R$-模.

**证**　设 $P_R$ 是投射模，由定理 4.2.5，$P_R$ 同构于某自由模 $F_R$ 的直和项. 又由推论 3.4.9，$F = \bigoplus_{i \in I} A_i$ 且 $\forall\, i \in I, A_i \cong R_R$ 是平坦模（定理 7.3.2）. 故依定理 7.3.5，$F_R$ 也是平坦模，从而 $P_R$ 也是平坦模.　$\square$

下面考察平坦模与内射模之间有何联系.

**定理 7.3.7** 模 $M_R$ 是平坦的$\Leftrightarrow M^+=\mathrm{Hom}_{\mathbf{Z}}(M,\mathbf{Q}/\mathbf{Z})$是内射的.

**证** $\Rightarrow$:设 $M_R$ 是平坦的.令 $f:{}_RA'\to{}_RA$ 是单同态,则有正合列

$$0\to M\otimes A'\xrightarrow{\otimes f}M\otimes A.$$

由于 $\mathbf{Z}$-模 $\mathbf{Q}/\mathbf{Z}$ 是可除的(参见第四章练习 9),从而是内射 $\mathbf{Z}$-模.考察图 7.3.3:

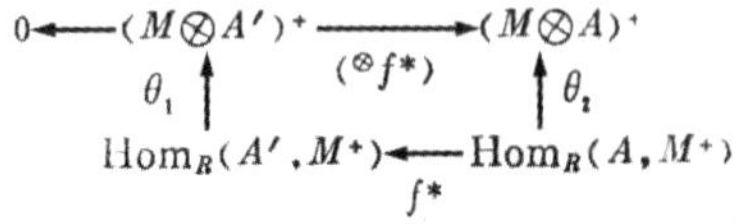

$$\begin{array}{ccc}0\leftarrow(M\otimes A')^+ & \xleftarrow{(\otimes f^*)} & (M\otimes A)^+\\ \theta_1\uparrow & & \uparrow\theta_2\\ \mathrm{Hom}_R(A',M^+) & \xleftarrow[f^*]{} & \mathrm{Hom}_R(A,M^+)\end{array}$$

图 7.3.3

其中顶行正合,$\theta_1,\theta_2$ 都是同构(这由推论 7.1.10 保证),故由定理 7.1.8 的证明推知,

$$\forall m\in M,\forall a'\in A',(\theta_1 f)(m\otimes a')=[f(a')](m).$$

以下验证,矩形图 7.3.3 可交换.

事实上,$\forall\alpha\in\mathrm{Hom}_R(A,M^+)$,

$$(\theta_1 f^*)(\alpha)=\theta_1[f^*(\alpha)]=\theta_1(\alpha f),$$

$\forall m\otimes a'\in M\otimes A'$,

$$[\theta_1(\alpha f)](m\otimes a')=[(\alpha f)(a')](m).\qquad(*)$$

又
$$[(^{\otimes}f)^*\theta_2](\alpha)=(^{\otimes}f)^*[\theta_2(\alpha)],$$

故
$$(^{\otimes}f)^*[\theta_2(\alpha)](m\otimes a')=\theta_2(\alpha)[m\otimes f(a')]=\alpha[f(a')](m).\qquad(**)$$

由等式$(*)$及$(**)$推知,矩形图 7.3.3 是可交换的.但已知$(^{\otimes}f)^*$是满同态,故 $f^*$ 也是满同态,从而 $M^+$ 是内射模(定理 4.2.1). □

$\Leftarrow$:设 $M^+$ 是内射模,则仍然可构造上面的矩形交换图 7.3.3.不过,这时 $M_R$ 是任意右 $R$-模.由 $M^+$ 的内射性,$M^+$ 把单同态 $f:{}_RA'\to{}_RA$ 诱导为满同态

$$f^*:\mathrm{Hom}_R(A,M^+)\to\mathrm{Hom}_R(A',M^+).$$

由矩形图 7.3.3 的交换性知,$(^{\otimes}f)^*$ 必定是满同态,从而推知$^{\otimes}f$ 定是单同态(参见本章练习 8),所以 $M_R$ 是平坦模. □

由上面的定理可以导出下面关于平坦性的判别准则.

**定理 7.3.8** $M_R$ 是平坦的$\Leftrightarrow$对 $R$ 的任一左理想 $I$,诱导序列

$$0\to M\otimes I\xrightarrow{\otimes\iota}M\otimes R$$

正合.此处 $\iota:I\to R$ 是包含映射.

**证** 由平坦模的定义,必要性是明显的.以下证充分性.假若上面形状的诱导序列正合,仿照定理 7.3.7 必要性的证明,同样可以推得序列

$$0\leftarrow\mathrm{Hom}_R(I,M^+)\xleftarrow{\iota^*}\mathrm{Hom}_R(R,M^+)$$

是正合的.由定理 4.2.14(Baer 判别法)知,$M^+$ 是内射的,从而证明 $M_R$ 是平坦的. □

若 $I$ 是环 $R$ 的左理想,则对任一模 $M_R$,映射

$$\alpha[(m,r)]:=mr$$

是
$$M\times R\to MI=\{\sum m_ir_i \mid m_i\in M, r_i\in I\}$$
的平衡映射,故存在唯一 $\mathbf{Z}$-同态 $\theta_I:M\otimes I\to MI$,使得 $\theta_I(m\otimes r)=mr$. 显然 $\theta_I$ 是满同态.

**推论 7.3.9** 模 $M_R$ 是平坦的⇔对 $R$ 的每一左理想,映射 $\theta_I$ 是 $\mathbf{Z}$-同构.

**证** 对每个 $R$ 的左理想 $I$ 及包含映射 $\iota:I\to R$,考察图 7.3.4,其中 $\nu$ 是定理 7.1.11 中所叙述的同构,$j$ 是包含映射. 显然,矩形图7.3.4 可交换,即$^{\otimes}\iota=\nu^{-1}j\nu_I$. 由于 $\nu_I$ 已论证过是满同态,而 $\nu^{-1}j$ 却明显单同态,且由定理2.4.7推知,$\mathrm{Ker}\nu_I=\mathrm{Ker}^{\otimes}\iota$,于是,

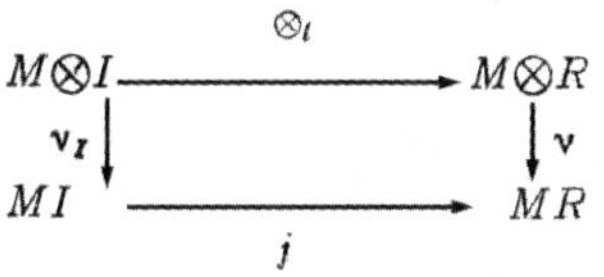

$$\begin{array}{ccc} M\otimes I & \xrightarrow{\ \otimes\iota\ } & M\otimes R \\ \downarrow{\scriptstyle \nu_I} & & \downarrow{\scriptstyle \nu} \\ MI & \xrightarrow{\ j\ } & MR \end{array}$$

图 7.3.4

$$\nu_I \text{ 是同构映射} \Leftrightarrow {}^{\otimes}\iota \text{ 是单同态} \Leftrightarrow M_R \text{ 是平坦的.}$$ □

利用推论 7.3.9 可把定理 7.3.8 中的对 $R$ 的每个左理想 $I$ 削弱为对 $R$ 的每个有限生成左理想.

**定理 7.3.10** $M_R$ 是平坦的⇔对 $R$ 的每个有限生成左理想 $L$,均有

$$0\to M\otimes L\xrightarrow{\ \otimes\iota\ }M\otimes R$$

正合,其中 $\iota:L\to R$ 是包含映射.

**证** 只需证明,若对每个有限生成左理想 $L$,$\nu_L:M\otimes L\to ML$ 是单同态,则对每个左理想 $I$,$\nu_I:M\otimes I\to MI$ 也是单同态.

事实上,假若存在 $R$ 的某个左理想 $I$ 使 $\nu_I:M\otimes I\to MI$ 不是单同态,亦即存在 $0\neq x\in\mathrm{Ker}\nu_I$,$x=\sum\limits_{i=1}^{n}m_i\otimes r_i$,则令

$$L:=Rr_1+Rr_2+\cdots+Rr_n$$

是有限生成的 $R$ 的左理想且 $0\neq x\in M\otimes L$,并且 $L\hookrightarrow I$,使 $\nu_L(x)=0$, $x\in\mathrm{Ker}\theta_L$. 由于 $0\to L\xrightarrow{\iota}I$ 正合,而$^{\otimes}\iota:M\otimes L\to M\otimes I$ 是 $\mathbf{Z}$-同态,其中 $\nu_L:M\otimes L\to ML$. 下面只需证明 $x\in\mathrm{Ker}\nu_L\hookrightarrow M\otimes L$ 作为$M\otimes L$ 的元素也是非零元,亦即 $\nu_L$ 也非单同态即可.这便与题设条件相冲突,故 $\nu_I$ 不是单同态是不可能的.

事实上,若 $x$ 作为$M\otimes L$ 的元素时是零元,则$^{\otimes}\iota(x)=0\in M\otimes I$,于是

$$0={}^{\otimes}\iota(x)={}^{\otimes}\iota\Big(\sum_{i=1}^{n}m_i\otimes r_i\Big)=\sum_{i=1}^{n}{}^{\otimes}\iota(m_i\otimes r_i)=\sum_{i=1}^{n}m_i\otimes\iota(r_i)$$

$$= \sum_{i=1}^{n} m_i \otimes r_i = x \in M \otimes I,$$

这与 $x$ 的取法 $0 \neq x \in \mathrm{Ker}\nu_I \hookrightarrow M \otimes I$ 矛盾. □

下面再提供一个判别平坦性的准则.

**定理 7.3.11** 设 $F_R$ 是自由模,$\pi: F_R \to M_R$ 是满同态,则 $M_R$ 是平坦的$\Leftrightarrow$对 $R$ 的每个左理想 $I$,

$$FI \cap \mathrm{Ker}\pi = (\mathrm{Ker}\pi)I.$$

**证** 显然,有短正合列

$$0 \to \mathrm{Ker}\pi \xrightarrow{\iota} F_R \xrightarrow{\pi} M_R \to 0.$$

由于 $F_R$ 是自由的,从而也是平坦的. 对环 $R$ 的每个左理想 $I$,由定理 7.2.6,有诱导正合列

$$\mathrm{Ker}\pi \otimes I \xrightarrow{\iota^{\otimes}} F \otimes I \xrightarrow{\pi^{\otimes}} M \otimes I \to 0.$$

由于 $F_R$ 是平坦的,依推论 7.3.9,有 $\mathbf{Z}$-同构使 $F \otimes I \cong FI$,并且在这一同构对应下 $\mathrm{Im}\iota^{\otimes} \cong (\mathrm{Ker}\pi)I$, 所以

$$M \otimes I = \mathrm{Im}\pi^{\otimes} \cong F \otimes I / \mathrm{Im}\iota^{\otimes} \cong FI/(\mathrm{Ker}\pi)I.$$

再由推论 7.3.9,对 $R$ 的每个左理想 $I$,

$$M_R \text{ 平坦的} \Leftrightarrow MI \cong M \otimes I \cong FI/(\mathrm{Ker}\pi)I.$$

但 $MI$ 由一切形如

$$\sum \pi(f_i)r_i = \sum \pi(f_i r_i) = \pi(\sum f_i r_i), f_i \in F, r_i \in I$$

的元素所组成,故由推论 2.3.2 知

$$MI = \pi(FI) \cong FI/FI \cap \mathrm{Ker}\pi.$$

所以,$M_R$ 是平坦的$\Leftrightarrow$对 $R$ 的每个左理想 $I$,

$$FI/(FI \cap \mathrm{Ker}\pi) \cong FI/(\mathrm{Ker}\pi)I.$$

让我们考察图 7.3.5,其中 $\varphi$ 与 $\psi$ 都是典范满同态,并且明显有 $(\mathrm{Ker}\pi)I \subseteq (FI \cap \mathrm{Ker}\pi)$,亦即 $\mathrm{Ker}\psi \subseteq \mathrm{Ker}\varphi$. 由定理 2.3.7,存在唯一的同态 $h$ 使图 7.3.5 可交换. 由于有同构映射也使图 7.3.5 可交换,由唯一性推知 $h$ 是同构映射. 依定理2.3.7 知 $\mathrm{Ker}\psi = \mathrm{Ker}\varphi$,亦即

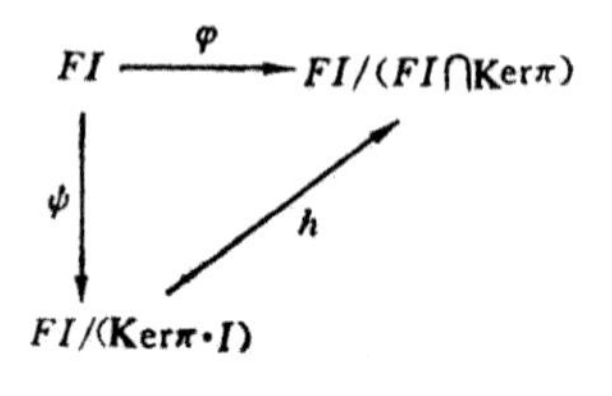


图 7.3.5

$$M_R \text{ 是平坦的} \Leftrightarrow (\mathrm{Ker}\pi)I = FI \cap \mathrm{Ker}\pi. \quad \square$$

在以上的证明中,主要依据是:$M_R$ 是平坦模$\Leftrightarrow$对 $R$ 的每个左理想 $I$,$M \otimes I = MI$. 但推论 7.3.9 已把定理 7.3.8 中的每个左理想 $I$ 削弱为每个有

限生成左理想，故定理 7.3.11 中的 $I$ 也可作类似的削弱.

**推论 7.3.12**　设 $F_R$ 是自由模，$\pi: F_R \to M_R$ 是满同态，则 $M_R$ 是平坦模$\Leftrightarrow$对 $R$ 的每个有限生成左理想 $I$，有

$$FI \cap \mathrm{Ker}\pi = (\mathrm{Ker}\pi)I.$$

证明留作练习.

**推论 7.3.13**　若环 $R$ 的每个有限生成左理想皆为主左理想(即所谓正则环)，$F_R$ 是自由模，$\pi: F_R \to M_R$ 是满同态，则

$$M_R \text{ 是平坦模} \Leftrightarrow \forall r \in R, Fr \cap \mathrm{Ker}\pi = (\mathrm{Ker}\pi)r.$$

本节的最后，我们专门探讨一下 $\mathbf{Z}$-模的平坦性. 为此，先引入一个概念.

**定义 7.3.14**　$\mathbf{Z}$-模 $M$ 称作无挠的，如果

$$\forall x \in M, \forall n \in \mathbf{Z}, nx = 0 \Rightarrow x = 0.$$

**例**　$\mathbf{Z}$-模 $\mathbf{Z}$ 是无挠的. 但 $\forall n > 0$，$\mathbf{Z}$-模 $\mathbf{Z}/n\mathbf{Z}$ 不是无挠的. $\mathbf{Z}$-模 $\mathbf{Q}$ 也是无挠的.

**定理 7.3.15**　$\mathbf{Z}$-模 $M$ 是平坦的$\Leftrightarrow M$ 是无挠的.

**证**　令 $M$ 是 $\mathbf{Z}$-模，$F$ 是自由 $\mathbf{Z}$-模，$\pi: F \to M$ 是满同态. 由于 $\mathbf{Z}$ 是主理想环，故 $\mathbf{Z}$ 的每一理想都呈 $n\mathbf{Z}(n \in \mathbf{Z})$形状. 由推论 7.3.13 知，

$M$ 是平坦的

$\Leftrightarrow \forall n \in \mathbf{Z}, F(n\mathbf{Z}) \cap \mathrm{Ker}\pi = \mathrm{Ker}\pi \cdot n\mathbf{Z}$

$\Leftrightarrow \forall n \in \mathbf{Z}, nF \cap \mathrm{Ker}\pi = n\mathrm{Ker}\pi$

$\Leftrightarrow \forall n \in \mathbf{Z}, \forall f \in F, nf \in \mathrm{Ker}\pi$

$\Leftrightarrow f \in \mathrm{Ker}\pi.$

由于 $M \cong F/\mathrm{Ker}\pi$，并令 $\psi: M \to F/\mathrm{Ker}\pi$ 是同构映射，则 $\forall n \in \mathbf{Z}$ 与 $m \in M$，$\psi(nm) \in F/\mathrm{Ker}\pi$. 于是

$$\begin{aligned} nm = 0 &\Leftrightarrow \psi(nm) = 0 \in F/\mathrm{Ker}\pi \Leftrightarrow n\psi(m) = \psi(nm) \in \mathrm{Ker}\pi \\ &\Leftrightarrow \psi(m) \in \mathrm{Ker}\pi \Leftrightarrow \psi(m) = 0 \in F/\mathrm{Ker}\pi \\ &\Leftrightarrow m \in \mathrm{Ker}\psi = 0 \Leftrightarrow m = 0 \in M \Leftrightarrow M \text{ 无挠}. \quad \square \end{aligned}$$

由于 $\mathbf{Z}$-模 $\mathbf{Q}$ 是无挠的，故 $\mathbf{Z}$-模 $\mathbf{Q}$ 是平坦的. 又由定理 4.2.9 知，$\mathbf{Z}$-模 $\mathbf{Q}$ 是可除的，故也是内射的. 但由于投射 $\mathbf{Z}$-模必然是自由模，$\mathbf{Z}$-模 $\mathbf{Q}$ 没有基，故 $\mathbf{Z}$-模 $\mathbf{Q}$ 不是投射模. 这说明，平坦模类确实比投射模类广得多.

# §7.4 正 则 环

正如模的投射性(相应地,内射性)可用来刻画基环的半单性那样,模的平坦性是否也可用来刻画基环的某种特性? 换句话说,若每个左(或右)$R$-模都是平坦模,那么基环 $R$ 应当具备何种属性? 这类环被称作正则环(Neumann 意义下),它有众多不同形式的等价刻画.

**定义 7.4.1** 环 $R$ 称作正则环,如果 $\forall r\in R$, $\exists r'\in R$ 使 $r=rr'r$.

**例** 除环明显是正则环,半单环也是正则环.

实际上,$\forall 0\neq r\in R$, $rR$ 是 $R_R$ 的直和项,故有 $R$ 的右理想 $S$,使 $R=rR\oplus S$,故 $\exists t\in R$ 及 $s\in S$,使

$$1_R=rt+s\Rightarrow r=rtr+sr\Rightarrow r-rtr=sr\in rR\cap S=0$$
$$\Rightarrow r=rtr\Rightarrow R\text{ 是正则环.}$$

然而,存在不是半单环的正则环. 下面就来构造这样的实例.

令 $K$ 是正则环(不妨取它作除环),而令 $\forall i\in\mathbf{N}$, $K_i=K$ 且 $R:=\prod_{i=1}^{\infty}K_i$. 按照坐标相加及相乘,$R$ 构成环,并且显然 $\forall i\in\mathbf{N}$, $\forall k_i\in K_i$, $\exists k_i'\in K$ 使 $k_i=k_ik_i'k_i$,从而也有 $(k_i)(k_i')(k_i)=(k_i)\in R$,亦即 $R$ 仍是正则环,然而 $R$ 却不再是半单环.

事实上,令 $A:=\coprod_{i=1}^{\infty}K_i$,则 $A$ 显然是 $R$ 的双侧真理想,并且作为 $R_R$ 或 ${}_RR$ 的子模都是大子模(留作练习). 但依 §4.1 例(2)知,半单模只有其本身是大子模,所以 $R$ 不可能是半单环.

这表明,正则环类比半单环类更大些. 更为重要的是,正则环有一个很好的性态,这就是它能满足推论 7.3.13 中所提及的条件.

**定理 7.4.2** 设 $R$ 是正则环,则 $R$ 的每一有限生成右(或左)理想都是主右(或左)理想,而且可以选取幂等元作为其生成元.

**证** 首先证明,$R$ 的每一主右(或左)理想均可由某幂等元所生成. 事实上,令 $aR$ 是 $R$ 的任一主右理想. 若 $a=0$,则它自身已是幂等生成元. 若 $a\neq 0$,则由 $R$ 的正则性,存在 $x\in R$,使 $a=axa$, 于是令 $e=ax\in R$,则

$$eR=axR\subseteq aR=axaR\subseteq axR=eR.$$

故 $aR=eR$，且

$$e^2=(ax)(ax)=(axa)x=ax=e$$

是幂等元.

其次，令 $L:=\sum_{i=1}^{n}a_iR=\sum_{i=1}^{n}e_iR$（其中每个 $e_i$ 皆是幂等元）是 $R$ 的任一有限生成右理想，以下证明 $L$ 实际是主右理想. 为此，对生成元的个数 $n$ 进行归纳证法，但只对 $n=2$ 的情形加以具体推导.

令 $L=e_1R+e_2R$，其中 $e_1,e_2$ 皆是幂等元，于是

$$\begin{aligned}L&=e_1R+e_2R=e_1R+[(e_1+(1-e_1)]e_2R\\&\subseteq e_1R+(1-e_1)e_2R\subseteq e_1R+e_2R,\end{aligned}$$

故

$$e_1R+e_2R=e_1R+(1-e_1)e_2R.$$

令 $fR:=(1-e_1)e_2R$，其中 $f^2=f$ 是幂等生成元，于是 $\exists r\in R$ 使 $f=(1-e_1)e_2r$，从而

$$e_1f=e_1(1-e_1)e_2r=0.$$

再令 $g:=f(1-e_1)$，则

$$gf=f^2-fe_1f=f-f0=f,$$

从而

$$g^2=gf(1-e_1)=f-fe_1=f(1-e_1)=g$$

是幂等元，并且

$$e_1g=e_1[f(1-e_1)]=0=ge_1.$$

又因 $g=f(1-e_1)\in fR$，而 $f=gf\in gR$，故 $fR=gR$. 于是

$$e_1R+e_2R=e_1R+fR=e_1R+gR\supseteq(e_1+g)R.$$

另一方面，$\forall e_1r+gr'\in e_1R+gR$，因 $e_1,g$ 皆是幂等元，且 $e_1g=0=ge_1$，故

$$e_1r+gr'=(e_1+g)(e_1r+gr')\in(e_1+g)R,$$

从而 $e_1R+e_2R=e_1R+gR=(e_1+g)R$ 是主右理想.　□

**定理 7.4.3**　$R$ 是正则环$\Leftrightarrow$每个模 $M_R$ 都是平坦模.

**证**　$\Rightarrow$：设 $R$ 是正则环，则由定理 7.4.2，$R$ 的每个有限生成左理想都是主左理想. 又因任一模 $M_R$ 都是某自由模 $F_R$ 的满同态像（由定理 3.4.13），故有正合列 $F_R\xrightarrow{\pi}M_R\to0$，从而 $M_R\cong F_R/\mathrm{Ker}\pi$. 由推论 7.3.13，

$$M_R\text{ 是平坦的}\Leftrightarrow\forall r\in R,Fr\cap\mathrm{Ker}\pi=\mathrm{Ker}\pi\cdot r,$$

故以下只需验证 $\forall r\in R,Fr\cap\mathrm{Ker}\pi\subseteq\mathrm{Ker}\pi\cdot r$ 即可. 为此，$\forall x\in Fr\cap\mathrm{Ker}\pi$，则 $\exists f\in F$ 及 $r'\in R$ 使得 $x=fr=frr'r=xr'r$. 另一方面，$x\in\mathrm{Ker}\pi$ 是 $F_R$ 的子模，故 $xr'\in\mathrm{Ker}\pi$，从而 $x=xr'r\in\mathrm{Ker}\pi\cdot r$.

$\Leftarrow$:设每个模 $M_R$ 都是平坦的,故 $\forall r\in R$,商模 $M_R=R/rR$ 也是 $R$-模,由题设也是平坦的,并且显然它是自由模 $F_R=R_R$ 的满同态像.由推论 7.3.13,$R$ 的每个有限生成(实际也是主)左理想,比如 $Rr$ 应满足

$$Rr\cap \mathrm{Ker}\pi=Rr\cap rR=rRr,\ \forall r\in R.$$

由于 $R$ 是含幺环,故 $r\in Rr\cap rR=rRr$,亦即 $\forall r\in R$,$\exists r'\in R$,使 $r=rr'r$,所以 $R$ 是正则环. □

最后,探讨这样的问题,就是在何种条件下,平坦模的商模仍是平坦的.为此,先引入以下定义.

**定义 7.4.4** 设 ${}_RM$ 是任一模,子模 $U\hookrightarrow {}_RM$ 称作是纯子模:$\Leftrightarrow$对 $R$ 的每个右理想 $A$ 皆有 $AM\cap U=AU$.

**定理 7.4.5** 设 ${}_RM$ 是平坦模,$U\hookrightarrow {}_RM$,则 $M/U$ 是平坦模$\Leftrightarrow U$ 是 ${}_RM$ 的纯子模.

**证** $\Rightarrow$:若 $M/U$ 是平坦左 $R$-模,由定理 7.3.8,对 $R$ 的任一右理想 $A$ 及 $\iota:A\to R$ 包含映射,其诱导同态

$$\iota\otimes 1_{M/U}:A\otimes_R(M/U)\to R\otimes_R(M/U)$$

是单同态.于是 $\forall u\in \sum_{i=1}^{n}a_im_i\in AM\cap U$,存在

$$t=\sum_{i=1}^{n}a_i\otimes\overline{m}_i\in A\otimes_R(M/U),$$

使

$$\begin{aligned}(\iota\otimes 1_{M/U})(t)&=\sum_{i=1}^{n}\iota a_i\otimes\overline{m}_i=1_R\otimes\sum_{i=1}^{n}a_i\overline{m}_i\\&=1_R\otimes\overline{u}=1_R\otimes\overline{0}=0\in R\otimes_R(M/U).\end{aligned}$$

由于 $\iota\otimes 1_{M/U}$ 是单同态,故

$$t=\sum_{i=1}^{n}a_i\otimes\overline{m}_i=0.$$

另一方面,不难验证

$$A\times(M/U)\ni(a,\overline{m})\mapsto\overline{am}:=am+AU\in AM/AU$$

是一平衡映射,故存在 $\mathbf{Z}$-同态

$$\varphi:A\otimes_R(M/U)\to AM/AU,$$

使得

$$\begin{aligned}0=\varphi(0)=\varphi(t)&=\varphi\Big(\sum_{i=1}^{n}a_i\otimes\overline{m}_i\Big)\\&=\sum_{i=1}^{n}\overline{a_im_i}=\overline{\sum_{i=1}^{n}a_im_i}=\overline{u},\end{aligned}$$

亦即 $u\in AU$,从而证明了 $AM\cap U=AU$.

$\Leftarrow$: $\forall\, t = \sum a_i \otimes \overline{m}_i \in A \otimes_R (M/U)$，使得

$$(\iota \otimes 1_{M/U})(t) = \sum a_i \otimes \overline{m}_i = 1_R \otimes \overline{\sum a_i m_i}$$

$$= 0 \in R \otimes_R (M/U)$$

$$\Rightarrow \sum a_i m_i \in U \Rightarrow \sum a_i m_i \in U \cap AM = AU$$

$$\Rightarrow \exists\, a_j' \in A,\ u_j \in U, \text{使} \sum a_i m_i = \sum a_j' u_j \in AU,$$

但
$$(\iota \otimes 1_M)\left[\sum a_i \otimes m_i - \sum a_j' \otimes u_j\right] = \sum a_i m_i - \sum a_j' u_j = 0$$

$$\Rightarrow \left(\sum a_i \otimes m_i - \sum a_j' u_j\right) \in \operatorname{Ker}(\iota \otimes 1_M).$$

由题设${}_R M$ 是平坦的，依定义 7.3.1，$\iota \otimes 1_M$ 是单同态，故

$$\sum a_i \otimes m_i = \sum a_j' \otimes u_j.$$

于是对自然满同态 $\eta: M \to M/U$，

$$t = \sum a_i \otimes \overline{m}_i = (1_A \otimes \eta)\left(\sum a_i \otimes m_i\right)$$

$$= (1_A \otimes \eta)\left(\sum a_j' \otimes u_j\right) = \sum a_j' \otimes \bar{u}_j$$

$$= \sum a_j' \otimes \bar{0} = 0 \in A \otimes_R (M/U),$$

故 $\iota \otimes 1_{M/U}$ 是单同态，亦即 $M/U$ 是平坦模. □

# 练　　习

1. 设 $R$ 是含幺环，$I$ 是 $R$ 的左理想，$M_R$ 是右 $R$-模. 证明：存在 $\mathbf{Z}$-同构 $f$：$M \otimes (R/I) \to M/(MI)$，使

$$f(m \otimes r/I) = mr/MI.$$

又若 $L$ 是 $R$ 的右理想，则作为 $\mathbf{Z}$-模，

$$(R/L) \otimes (R/I) \cong R/(L+I).$$

2. 设 $G$ 是阿贝尔群，对任意自然数 $n$，令

$$nG = \{ng \mid g \in G\},$$

则 $nG$ 是 $G$ 的子加群. 验证：作为 $\mathbf{Z}$-模，

$$(\mathbf{Z}/n\mathbf{Z}) \otimes G \cong G/nG.$$

3. 证明：$(\mathbf{Z}/n\mathbf{Z}) \otimes \mathbf{Q} = 0$.

4. 若 $0\to M'\to M\to M''\to 0$ 是短正合列,且 $M'$ 与 $M''$ 皆是平坦模,证明:$M$ 也是平坦模.

5. $\forall m,n\in \mathbf{N}$ 且 $(m,n)=d$ 为 $m,n$ 的最大公因子,则

$$\mathbf{Z}_m\otimes\mathbf{Z}_n\cong\mathbf{Z}_d.$$

6. 若 $R$ 是含幺交换环,$A_R$,${}_RB$ 是 $R$-模,则

$$A\otimes_R B\cong B\otimes_R A.$$

7. 设 $R$ 是交换含幺环,$x_1,x_2,\cdots,x_n$ 是自由模 $A_R$ 的基,$y_1,y_2,\cdots,y_m$ 是自由模${}_RB$ 的基,则

$$\{x_i\otimes y_j \mid i=1,2,\cdots,n;\ j=1,2,\cdots,m\}$$

是 $A\otimes_R B$ 的基.

# 第八章　根　与　座

在环论历史发展进程的早期，人们已经知道，对每个有限维代数 $A$，总存在双面幂零理想 $B$，使得 $A/B$ 是半单代数.（$B$ 说是幂零的：$\Leftrightarrow \exists \in \mathbf{N}$，使 $B^n=0$.）

对于代数 $A$ 的研究，上述结果导致三条发展路线：

(1) 关于半单代数 $A/B$ 的研究.

(2) 关于幂零理想 $B$ 的研究.

(3) 关于 $A/B$ 与 $A$ 两者关系的研究，尤其令人感兴趣的是，$A/B$ 的哪些性质能“升腾”到 $A$？

对于代数，尤其是有限维代数的研究来说，所有这三个方面都是硕果累累的.

在一般环或模的研究中，与 $B$ 相当的课题自然也是令人关注的.

## §8.1　加性补与交性补

直和 $M=A\oplus B$ 的两条件 $A+B=M$，$A\cap B=0$，有时显得太强些，不易被满足. 下面引入的加性补与交性补概念就是在一定程度上对直和的两条件的削弱.

**定义 8.1.1**　令 $A\hookrightarrow M_R$，则

(1) 子模 $A^{\cdot}\hookrightarrow M$ 称作 $A$ 在 $M$ 中的加性补：$\Leftrightarrow$(a)$A+A^{\cdot}=M$；(b)$A^{\cdot}$ 是所有满足 $A+A^{\cdot}=M$ 的极小者，亦即

$$\forall B\hookrightarrow M[A+B=M\wedge B\hookrightarrow A^{\cdot}\Rightarrow B=A^{\cdot}].$$

(2) 子模 $A'\hookrightarrow M$ 称作 $A$ 在 $M$ 中的交性补：$\Leftrightarrow$(a)$A\cap A'=0$；(b)$A'$ 是所有满足 $A\cap A'=0$ 的极大者，亦即

$$\forall C\hookrightarrow M[A\cap C=0\wedge A'\hookrightarrow C\Rightarrow A'=C].$$

**推论 8.1.2**　设 $A\hookrightarrow M\wedge B\hookrightarrow M$，则 $A\oplus B=M\Leftrightarrow B$ 既是 $A$ 在 $M$ 中的加

性补,又是 $A$ 在 $M$ 中的交性补.

**证** $\Leftarrow$:由定义直接推出.

$\Rightarrow$:令 $A+C=M\wedge C\hookrightarrow B$,则由引理 1.3.16(模律)推知,$A\cap B+C=B$. 因 $A\cap B=0$,故 $C=B$. 这表明 $M$ 的直和项 $B$ 是 $A$ 在 $M$ 中的加性补.

其次,令 $A\cap C=0\wedge B\hookrightarrow C$,故 $A\oplus C=A\oplus B=M\Rightarrow C=B$. 这表明 $B$ 也是 $A$ 在 $M$ 中的交性补. □

现在我们必须考虑的问题是,加性补或交性补是否总存在,如果存在是否唯一. 在直和 $M=A\oplus B$ 的场合,当 $M$ 及 $A$ 给定后,$B$ 只是在同构的意义下是唯一确定的. 至于加性补或交性补对一般模存在性并无把握. 至于唯一性,稍后将予讨论.

**例** **Z**$_{\mathbf{Z}}$ 模的子模并不总有加性补,事实上,$\forall m,n\in\mathbf{Z},(n,m)=1$. 显然 $n\mathbf{Z}+m\mathbf{Z}=\mathbf{Z}$. $\forall n\neq 0,n\neq\pm 1$ 且 $(n,q)=1,q>1$ 时,有 $(n,qm)=1$,故 $qm\mathbf{Z}\subsetneqq m\mathbf{Z}$,从而 $n\mathbf{Z}$ 的加性补不存在.

当然,拥有加性补的模也很多,比如阿丁模、半单模等. 与加性补形成对照的是,交性补总是存在的.

**引理 8.1.3** 令 $A\wedge B\hookrightarrow M$ 且 $A\cap B=0$,则存在 $A$ 在 $M$ 中的交性补 $A'$ 使 $B\hookrightarrow A'$,并且也存在 $A'$ 的交性补 $A''$ 使 $A\hookrightarrow A''$.

**证** 令 $\Gamma=\{C\mid B\hookrightarrow C\hookrightarrow M\wedge A\cap C=0\}$. 因 $B\in\Gamma$,故 $\Gamma\neq\varnothing$. 在 $\Gamma$ 中每个全序子集的并显然仍是 $\Gamma$ 的元,而且恰是该全序子集的上确界. 由佐恩引理知,$\Gamma$ 中必有极大元 $A'$. 显然 $B\hookrightarrow A'$ 且 $A'$ 是 $A$ 的交性补. 在以上推证过程中以 $A'$ 替换 $A$ 并以 $A$ 替换 $B$,同样可以证明有 $A''$ 使 $A\hookrightarrow A''$ 且 $A''$ 是 $A'$ 的交性补. □

交性补总存在但加性补未必存在这一事实在整个模论中意义重大. 比如,由此推得,对任一模,内射包(参见 F. Kasch 的书)总存在,但投射覆盖未必存在. 有鉴于此,在模范畴中,对偶命题并非总成立.

小子模与加性补,大子模与交性补之间有重要的联系.

**引理 8.1.4** (1) 令 $M=A+B$,则 $B$ 是 $A$ 在 $M$ 中的加性补$\Leftrightarrow(A\cap B)\overset{\circ}{\hookrightarrow}B$.

(2) 若 $A^{\cdot}$ 是 $A$ 在 $M$ 中的加性补,而 $A^{\cdot\cdot}$ 是 $A^{\cdot}$ 在 $M$ 中的加性补,则 $A^{\cdot}$ 也是 $A^{\cdot\cdot}$ 在 $M$ 中的加性补.

(3) 若 $A^{\cdot}$ 是 $A$ 在 $M$ 中的加性补,而 $A^{\cdot\cdot}$ 是 $A^{\cdot}$ 在 $M$ 中的加性补,且 $A^{\cdot\cdot}\hookrightarrow A^{\cdot}$,则 $A/A^{\cdot\cdot}\overset{\circ}{\hookrightarrow}M/A^{\cdot\cdot}$.

**证** (1) $\Rightarrow$:令 $U\hookrightarrow B$ 且 $(A\cap B)+U=B$,则

$$M=A+B=A+(A\cap B)+U=A+U.$$

因 $B$ 是 $A$ 的加性补,故 $U=B$,从而$(A\cap B)\underset{\circ}{\hookrightarrow}B$.

$\Leftarrow$:令 $M=A+U$ 且 $U\hookrightarrow B$,则 $B=(A\cap B)+U$,而$(A\cap B)\underset{\circ}{\hookrightarrow}B$,故 $B=U$,从而 $B$ 是 $A$ 在 $M$ 中的加性补.

(2) 由题设知 $M=A^{\cdot\cdot}+A^{\cdot}$. 令 $U\hookrightarrow A^{\cdot}$ 且 $M=A^{\cdot\cdot}+U$,则

$$A^{\cdot}=(A^{\cdot\cdot}\cap A^{\cdot})+U.$$

又因 $M=A+A^{\cdot}$,故 $M=A+(A^{\cdot\cdot}\cap A^{\cdot})+U$. 由(1),$(A^{\cdot\cdot}\cap A^{\cdot})\underset{\circ}{\hookrightarrow}A^{\cdot\cdot}$,从而$(A^{\cdot\cdot}\cap A^{\cdot})\underset{\circ}{\hookrightarrow}M$(由引理 4.1.2(1)),于是

$$M=A+(A^{\cdot\cdot}\cap A^{\cdot})+U=A+U.$$

因 $A^{\cdot}$ 是 $A$ 的加性补且 $U\hookrightarrow A^{\cdot}$,所以 $U=A^{\cdot}$,故 $A^{\cdot}$ 是 $A^{\cdot\cdot}$ 在 $M$ 中的加性补.

(3) 令 $A/A^{\cdot\cdot}+U/A^{\cdot\cdot}=M/A^{\cdot\cdot}$ 且 $A^{\cdot\cdot}\hookrightarrow U\hookrightarrow M$,则 $A+U=M$. 因 $M=A^{\cdot\cdot}+A^{\cdot}$ 且 $A^{\cdot\cdot}\hookrightarrow U$,故 $U=A^{\cdot\cdot}+(A^{\cdot}\cap U)$,从而

$$M=A+U=A+A^{\cdot\cdot}+(A^{\cdot}\cap U)=A+(A^{\cdot}\cap U).$$

由于 $A^{\cdot}$ 是 $A$ 在 $M$ 中的加性补,故 $A^{\cdot}\cap U=A^{\cdot}\hookrightarrow U$,从而

$$M=A^{\cdot\cdot}+A^{\cdot}\hookrightarrow U\hookrightarrow M\Rightarrow U=M\Rightarrow U/A^{\cdot\cdot}=M/A^{\cdot\cdot}$$
$$\Rightarrow A/A^{\cdot\cdot}\underset{\circ}{\hookrightarrow}M/A^{\cdot\cdot}.\quad\square$$

下面是引理 8.1.4 的对偶命题.

**引理 8.1.5**　(1) 令 $A,B$ 是 $M$ 的子模且 $A\cap B=0$,则

$$B\text{ 是 }A\text{ 在 }M\text{ 中的交性补}\Leftrightarrow(A+B)/B\underset{*}{\hookrightarrow}M/B.$$

(2) 若 $A'$是 $A$ 在 $M$ 中的交性补而 $A''$是 $A'$在 $M$ 中的交性补,则 $A'$也是 $A''$在 $M$ 中的交性补.

(3) 若 $A'$是 $A$ 在 $M$ 中的交性补,而 $A''$是 $A'$在 $M$ 中的交性补,且 $A\hookrightarrow A''$,则 $A\underset{*}{\hookrightarrow}A''$.

**证**　(1) $\Rightarrow$:令$((A+B)/B)\cap U/B=0$ 且 $B\hookrightarrow U\hookrightarrow M\Rightarrow(A+B)\cap U=B\Rightarrow A\cap U\hookrightarrow B\Rightarrow A\cap U\hookrightarrow A\cap B$. 因 $B$ 是 $A$ 在 $M$ 中的交性补$\Rightarrow A\cap U\hookrightarrow A\cap B=0$ 且 $B\hookrightarrow U\Rightarrow B=U\Rightarrow U/B=B/B=0\Rightarrow(A+B)/B\underset{*}{\hookrightarrow}M/B$.

$\Leftarrow$:令 $A\cap U=0$ 且 $B\hookrightarrow U\hookrightarrow M$. $\forall x\in(A+B)\cap U\Rightarrow\exists a\in A,b\in B,u\in U$ 使 $x=a+b=u\Rightarrow a=u-b\in A\cap U=0\Rightarrow a=0,x=b\in B\Rightarrow(A+B)\cap U=B\Rightarrow((A+B)/B)\cap(U/B)=0$. 因$(A+B)/B\underset{*}{\hookrightarrow}M/B\Rightarrow U/B=0\Rightarrow U=B\Rightarrow B$ 是 $A$ 在 $M$ 中的交性补.

(2) 由题设 $A''\cap A'=0$. 令 $A'\hookrightarrow U\hookrightarrow M$ 使 $A''\cap U=0$. 由(1)知$(A''+A')/A''\underset{*}{\hookrightarrow}M/A''\Rightarrow A''+A'\underset{*}{\hookrightarrow}M$(由引理 4.1.4(3)). $\forall x\in(A''+A')\cap(A\cap U)\Rightarrow\exists a''\in A'',a'\in A',a\in A,u\in U$ 使 $x=a''+a'=a=u\Rightarrow a''=u-a'\in A''\cap U=$

$0 \Rightarrow a''=0, x=a'=a \in A' \cap A=0 \Rightarrow (A''+A') \cap (A \cap U)=0$. 因 $A''+A' \underset{*}{\hookrightarrow} M \Rightarrow A \cap U=0$,又因 $A'$是$A$ 在$M$ 中的交性补且 $A' \hookrightarrow U \Rightarrow A'=U \Rightarrow A'$也是$A''$在$M$ 中的交性补.

(3) 令 $U \hookrightarrow A''$使 $A \cap U=0$. $\forall x \in A \cap (A'+U)$,存在 $a' \in A', a \in A, u \in U$,使 $x=a=a'+u \Rightarrow a-u=a' \in A'' \cap A'=0 \Rightarrow x=a=u \in A \cap U=0 \Rightarrow A \cap (A'+U)=0 \Rightarrow A'+U=A' \Rightarrow U \hookrightarrow A' \Rightarrow U \hookrightarrow A' \cap A''=0 \Rightarrow U=0 \Rightarrow A \underset{*}{\hookrightarrow} A''$. □

# §8.2 根 与 座

**定理 8.2.1** 令 $M_R$ 是任一右$R$-模,则

(1) $\sum\limits_{(1)} A = \bigcap\limits_{(1)} B = \bigcap\limits_{(2)} \mathrm{Ker}\varphi$.

(2) $\bigcap\limits_{(3)} A = \sum\limits_{(2)} B = \sum\limits_{(3)} \mathrm{Im}\varphi$.

其中 $\sum\limits_{(1)}$ 是对 $A \underset{\circ}{\hookrightarrow} M$ 取和,$\bigcap\limits_{(1)}$ 是对 $B \hookrightarrow M$ 且 $B$ 极大取交,$\bigcap\limits_{(2)}$ 是对半单 $N_R$ 且 $\varphi \in \mathrm{Hom}(M,N)$取交,$\bigcap\limits_{(3)}$ 是对 $A \underset{*}{\hookrightarrow} M$ 取交,$\sum\limits_{(2)}$ 是对 $B \hookrightarrow M$ 且 $B$ 极小取和,$\sum\limits_{(3)}$ 是对半单 $N_R$ 且 $\varphi \in \mathrm{Hom}(N,M)$取和.

**证** (1) 依次用 $U_1, U_2, U_3$ 表示等式(1)中左、中、右端的子模.

先证 $U_2 \hookrightarrow U_1$:$\forall a \in U_2$,若 $aR$ 不是$M$ 的小子模,则由引理 4.1.3,有 $M$ 的极大子模$C$ 使$a \overline{\in} C$,从而 $a \overline{\in} U_2$,故 $aR \underset{\circ}{\hookrightarrow} M$,从而 $a \in aR \hookrightarrow U_1$.

其次证 $U_1 \hookrightarrow U_3$:由引理 4.1.2(3),$\forall \varphi \in \mathrm{Hom}(M,N)$,$N_R$ 半单,$A \underset{\circ}{\hookrightarrow} M \Rightarrow \varphi(A) \underset{\circ}{\hookrightarrow} N$. 由§4.1 例(2),$\varphi(A)=0$,从而 $A \hookrightarrow \mathrm{Ker}\varphi$,亦即$U_1 \hookrightarrow U_3$.

最后证 $U_3 \hookrightarrow U_2$:令 $B$ 是 $M_R$ 的极大子模,$\nu_B: M \to M/B$ 是自然满同态. 因 $M/B$ 是单模,也是半单模且 $\mathrm{Ker}\nu_B=B$,故

$$U_3 \subset \bigcap_{(1)} \mathrm{Ker}\nu_B = \bigcap_{(1)} B = U_2.$$

(2) 在等式中依次用 $V_1, V_2, V_3$ 表示左、中、右端的子模. 仍然依次证明 $V_2 \hookrightarrow V_1 \hookrightarrow V_3 \hookrightarrow V_2$ 即可.

先证 $V_2 \hookrightarrow V_1$:设 $B$ 是$M$ 的单(即极小)子模而 $A \underset{*}{\hookrightarrow} M$. 于是,由于 $B \neq 0$,故 $A \cap B \neq 0$(由定义 4.1.1(1)),从而 $A \cap B=B, B \hookrightarrow A$,亦即$V_2 \hookrightarrow V_1$.

其次证 $V_1 \hookrightarrow V_3$:首先断言 $V_1$ 是半单模,事实上,$\forall C \hookrightarrow V_1$ 并令 $C'$是$C$

在 $M$ 中的交性补(引理 8.1.3),从而 $C+C'=C\oplus C'\underset{*}{\hookrightarrow}M$(由引理 8.1.5(1)及引理 4.1.4(3)).由定义知 $V_1\hookrightarrow C+C'$ 且 $C\hookrightarrow V_1$,依模律有

$$V_1=V_1(C+C')=(V_1\cap C')+C=C\oplus(C'\cap V_1),$$

从而 $V_1$ 是半单模,$\iota:V_1\to M$ 是包含映射,$\iota\in\mathrm{Hom}(V_1,M)$,所以 $V_1=\mathrm{Im}\iota\hookrightarrow V_3$.

最后证 $V_3\hookrightarrow V_2$:由推论 6.1.5 知,半单模的满同态像是半单模且半单模的和也是半单模,故 $V_3$ 显然是 $M$ 的半单子模,从而它是单(极小)子模的和,故 $V_3\hookrightarrow V_2$. □

**定义 8.2.2**　在定理 8.2.1(1)中的子模称作模 $M$ 的根,记作 $\mathrm{Rad}M$;而(2)中的子模称作模 $M$ 的座,记作 $\mathrm{Soc}M$.

**推论 8.2.3**　(1) $\forall m\in M_R, mR\overset{\circ}{\hookrightarrow}M\Leftrightarrow m\in\mathrm{Rad}M$.

(2) $\mathrm{Soc}M$ 是 $M$ 的最大半单子模.

**证**　(1) $mR\overset{\circ}{\hookrightarrow}M\Rightarrow m\in mR\hookrightarrow\mathrm{Rad}M\Rightarrow m\in\mathrm{Rad}M$.

反之,$\forall m\in\mathrm{Rad}M\Rightarrow mR\overset{\circ}{\hookrightarrow}M$(在定理 8.2.1(1)$U_2\hookrightarrow U_1$ 的证明中已得出此结论).

(2) 由 $\mathrm{Soc}M$ 的定义知,$\mathrm{Soc}M$ 作为单子模的和,所以是半单的.今令 $C$ 是 $M$ 的任一半单子模,又令 $\iota:C\to M$,故 $\iota\in\mathrm{Hom}(C,M)$,从而 $C=\mathrm{Im}\iota\hookrightarrow\mathrm{Soc}M$,故 $\mathrm{Soc}M$ 是 $M$ 的最大半单子模. □

**定理 8.2.4**　(1) $\varphi\in\mathrm{Hom}_R(M,N)\Rightarrow\varphi(\mathrm{Rad}M)\hookrightarrow\mathrm{Rad}N\wedge\varphi(\mathrm{Soc}M)\hookrightarrow\mathrm{Soc}N$.

(2) $\mathrm{Rad}(M/\mathrm{Rad}M)=0\wedge\forall C\hookrightarrow M[\mathrm{Rad}(M/C)=0\Rightarrow\mathrm{Rad}M\hookrightarrow C]$,亦即 $\mathrm{Rad}M$ 是使 $\mathrm{Rad}(M/C)=0$ 的 $M$ 的最小子模.

(3) $\mathrm{Soc}(\mathrm{Soc}M)=\mathrm{Soc}M\wedge\forall C\hookrightarrow M[\mathrm{Soc}C=C\Rightarrow C\hookrightarrow\mathrm{Soc}M]$,亦即 $\mathrm{Soc}M$ 是使 $\mathrm{Soc}C=C$ 的 $M$ 的最大子模.

**证**　(1) 由定义

$$\mathrm{Rad}M=\sum_{A\overset{\circ}{\hookrightarrow}M}A\Rightarrow\varphi(\mathrm{Rad}M)=\sum_{A\overset{\circ}{\hookrightarrow}M}\varphi(A).$$

由引理 4.1.2(3)知,$\varphi(A)\overset{\circ}{\hookrightarrow}N$,故 $\varphi(\mathrm{Rad}M)\hookrightarrow\mathrm{Rad}N$.

同样,

$$\mathrm{Soc}(M)=\sum_{\substack{B\hookrightarrow M\\B\text{单}}}B\Rightarrow\varphi(\mathrm{Soc}M)=\sum_{\substack{B\hookrightarrow M\\B\text{单}}}\varphi(B)\hookrightarrow\mathrm{Soc}(N).$$

(2) 我们先证明两个断语:

(a) $M/C$ 的极大子模 $\Delta$ 总是 $M$ 的满足 $C\hookrightarrow B$ 的极大子模 $B$ 在自然同态 $\nu:M\to M/C$ 下的像.

事实上,由推论 2.1.13,

$$\hat{\nu}: \mathrm{Lat}(M, \bar{C}) \ni B \to \nu(B) \in \mathrm{Lat}(M/C)$$

是格同构.

由 $\nu: M \to M/C$ 知,$M/C$ 的极大子模 $\Delta = \Delta \cap \mathrm{Im}\nu = \nu\nu^{-1}(\Delta)$. 令 $B = \nu^{-1}(\Delta)$,则 $\Delta = \nu(B) = B/C \wedge C \hookrightarrow B \hookrightarrow M$,从而

$$(M/C)/\Delta = (M/C)/(B/C) \cong M/B$$

是单模(因 $\Delta$ 在 $M/C$ 中极大),所以 $B$ 在 $M$ 中极大.

(b) 令$\{B_i \mid i \in I\}$是 $M$ 的子模族 $\wedge\ \forall i \in I[C \hookrightarrow B_i]$,则

$$\bigcap_{i \in I} (B_i/C) = \left(\bigcap_{i \in I} B_i\right)/C.$$

事实上,$(\bigcap B_i)/C \hookrightarrow \bigcap (B_i/C)$是明显的. 反之,$\forall v + C \in \bigcap (B_i/C) \Rightarrow \forall i \in I, \exists b_i \in B_i$ 使 $v + C = b_i + C \Rightarrow \nu = b_i + c_i \in B_i + C = B_i, \forall i \in I \Rightarrow v + C \in (\bigcap B_i)/C$.

利用(a)与(b)这两断语,我们有

$$\begin{aligned}\mathrm{Rad}(M/\mathrm{Rad}M) &= \bigcap_{(1)} \Delta = \bigcap_{(2)} (B/\mathrm{Rad}M) \\ &= (\bigcap_{(2)} B)/\mathrm{Rad}M = (\bigcap_{(3)} B)/\mathrm{Rad}M \\ &= \mathrm{Rad}M/\mathrm{Rad}M = 0,\end{aligned}$$

其中 $\bigcap\limits_{(1)}$ 是对 $\Delta$ 在 $M/\mathrm{Rad}M$ 中极大取,$\bigcap\limits_{(2)}$ 是对极大 $B \hookrightarrow M$ 且 $\mathrm{Rad}M \hookrightarrow B$ 取,$\bigcap\limits_{(3)}$ 是对极大 $B \hookrightarrow M$ 取.

由以上可推知 $\mathrm{Rad}M \hookrightarrow \mathrm{Ker}\nu = C$.

(3) 由于半单模与它的座重合,又因 $\mathrm{Soc}M$ 是 $M$ 的最大半单子模,故 $\mathrm{Soc}(\mathrm{Soc}M) = \mathrm{Soc}M$. 又令 $\mathrm{Soc}C = C$,则 $C$ 是半单的,从而推得 $C \hookrightarrow \mathrm{Soc}M$. □

**推论 8.2.5** (1) 满同态 $\varphi: M \to N \wedge \mathrm{Ker}\varphi \overset{\circ}{\hookrightarrow} M$

$\Rightarrow \varphi(\mathrm{Rad}M) = \mathrm{Rad}N \wedge \mathrm{Rad}M = \varphi^{-1}(\mathrm{Rad}N)$;

单同态 $\varphi: M \to N \wedge \mathrm{Im}\varphi \overset{*}{\hookrightarrow} N$

$\Rightarrow \varphi(\mathrm{Soc}M) = \mathrm{Soc}N \wedge \mathrm{Soc}M = \varphi^{-1}(\mathrm{Soc}N)$.

(2) $C \hookrightarrow M \Rightarrow \mathrm{Rad}C \hookrightarrow \mathrm{Rad}M \wedge \mathrm{Soc}C \hookrightarrow \mathrm{Soc}M$.

(3) $M = \bigoplus\limits_{i \in I} M_i \Rightarrow \mathrm{Rad}M = \bigoplus \mathrm{Rad}(M_i) \wedge \mathrm{Soc}M = \bigoplus\limits_{i \in I} \mathrm{Soc}(M_i)$.

(4) $M = \bigoplus\limits_{i \in I} M_i \Rightarrow M/\mathrm{Rad}M \cong \bigoplus\limits_{i \in I} (M_i/\mathrm{Rad}M_i)$.

**证** (1) $\varphi(\mathrm{Rad}M) \hookrightarrow \mathrm{Rad}N$ 由定理 8.2.4(1)证实. 反之,$\forall U \overset{\circ}{\hookrightarrow} N \wedge \forall A \hookrightarrow M$, 令 $A + \varphi^{-1}(U) = M$.

$$\varphi \text{ 是满同态} \Rightarrow \varphi(A) + \varphi[\varphi^{-1}(U)] = \varphi(M) = N$$

$$\Rightarrow \varphi(A)+(U\cap \mathrm{Im}\varphi)=N\Rightarrow \varphi(A)+U=N\Rightarrow \varphi(A)=N$$
$$\Rightarrow \varphi^{-1}[\varphi(A)]=\varphi^{-1}(N)\Rightarrow A+\mathrm{Ker}\varphi=M.$$

$\mathrm{Ker}\varphi \overset{\circ}{\hookrightarrow} M\Rightarrow A=M\Rightarrow \varphi^{-1}(U)\overset{\circ}{\hookrightarrow} M\Rightarrow \varphi^{-1}(U)\hookrightarrow \mathrm{Rad}M\Rightarrow U\hookrightarrow \varphi(\mathrm{Rad}M)\Rightarrow \mathrm{Rad}N\hookrightarrow \varphi(\mathrm{Rad}M)$.

从 $\varphi(\mathrm{Rad}M)=\mathrm{Rad}N$ 出发，同时上面已知 $\mathrm{Ker}\varphi \overset{\circ}{\hookrightarrow} M\Rightarrow \mathrm{Ker}\varphi\hookrightarrow \mathrm{Rad}M$

$$\Rightarrow \mathrm{Rad}M+\mathrm{Ker}\varphi=\varphi^{-1}[\varphi(\mathrm{Rad}M)]=\varphi^{-1}(\mathrm{Rad}N).$$

由定理 8.2.4(1)知，$\varphi(\mathrm{Soc}M)\hookrightarrow \mathrm{Soc}N$. 现在，令 $E\hookrightarrow N$ 是单的 $\Rightarrow \mathrm{Im}\varphi\cap E=N\cap E=E\neq 0\Rightarrow \mathrm{Im}\varphi\cap E=E\Rightarrow E\hookrightarrow \mathrm{Im}\varphi$，由题设 $\mathrm{Im}\varphi\overset{*}{\hookrightarrow} N$ 且 $\varphi:M\to N$ 是单同态，从而

$$\varphi^{-1}(E)\hookrightarrow \varphi^{-1}(\mathrm{Im}\varphi)\overset{*}{\hookrightarrow}\varphi^{-1}(N)=M$$
$$\Rightarrow \varphi^{-1}(E)\hookrightarrow \varphi^{-1}(\mathrm{Im}\varphi)\hookrightarrow \mathrm{Soc}M\Rightarrow \varphi[\varphi^{-1}(E)]\hookrightarrow \varphi(\mathrm{Soc}M)$$
$$\Rightarrow \mathrm{Soc}N\hookrightarrow \varphi(\mathrm{Soc}M)\text{，故 } \varphi(\mathrm{Soc}M)=\mathrm{Soc}N.$$

最后，$\varphi(\mathrm{Soc}M)=\mathrm{Soc}N\Rightarrow \varphi^{-1}(\varphi(\mathrm{Soc}M))=\varphi^{-1}(\mathrm{Soc}N)\Rightarrow \mathrm{Soc}M=\varphi^{-1}(\mathrm{Soc}N)$.

(2) 令 $\iota:C\to M$ 是包含映射，由定理 8.2.4 推知：

$$\mathrm{Rad}C=\iota(\mathrm{Rad}C)\hookrightarrow \mathrm{Rad}M\wedge \mathrm{Soc}C=\iota(\mathrm{Soc}C)\hookrightarrow \mathrm{Soc}M.$$

(3) $\mathrm{Rad}(M_i)\hookrightarrow \mathrm{Rad}M$（由本定理(2)），因此，由于 $\mathrm{Rad}(M_i)\hookrightarrow M_i$，故

$$\sum_{i\in I}\mathrm{Rad}(M_i)=\bigoplus_{i\in I}\mathrm{Rad}(M_i)\hookrightarrow \mathrm{Rad}M.$$

反之，$\forall m=\sum M_i\in \mathrm{Rad}M$ 并令 $\pi_i:M\to M_i$ 是第 $i$ 个射影，则 $\pi_i(m)=m_i\in \mathrm{Rad}(M_i)$. 由定理 8.2.4(1)，$m\in \bigoplus_{i\in I}\mathrm{Rad}(M_i)$，从而 $\mathrm{Rad}M\hookrightarrow \bigoplus_{i\in I}\mathrm{Rad}(M_i)$，即 $\mathrm{Rad}M=\bigoplus_{i\in I}\mathrm{Rad}(M_i)$.

至于 Soc 的等式，类似可证.

(4) 只需在 $M/\mathrm{Rad}M$ 与 $\bigoplus_{i\in I}(M_i/\mathrm{Rad}M_i)$ 之间建立一个同构映射即可. 为此，$\forall \sum_{i\in I}m_i\in M=\bigoplus_{i\in I}M_i$，其中 $m_i\in M_i$，令

$$\varphi\Big(\sum m_i+\mathrm{Rad}M\Big)=\sum(m_i+\mathrm{Rad}(M_i))$$
$$\in \bigoplus_{i\in I}(M_i/\mathrm{Rad}(M_i)).$$

首先，$\varphi$ 是 $M/\mathrm{Rad}\,M\to \bigoplus_{i\in I}(M_i/\mathrm{Rad}(M_i))$ 的映射.

事实上，$\forall \sum m_i+\mathrm{Rad}M=\sum m_i'+\mathrm{Rad}M$，其中 $m_i,m_i'\in M_i$

$$\Rightarrow \sum(m_i-m_i')\in \mathrm{Rad}M$$

$\Rightarrow$(由本定理(3)) $\forall i \in I, (m_i - m_i') \in \text{Rad}M_i$

$\Rightarrow m_i + \text{Rad}(M_i) = m_i' + \text{Rad}(M_i)$

$$\begin{aligned}\Rightarrow \varphi(\sum m_i + \text{Rad}M) &= \sum (m_i + \text{Rad}(M_i)) \\ &= \sum (m_i' + \text{Rad}(M_i)) \\ &= \varphi(\sum m_i' + \text{Rad}M).\end{aligned}$$

其次,$\varphi$ 是满同态是明显的.

最后,$\varphi$ 是单同态:令 $\forall \sum m_i + \text{Rad}M \in M/\text{Rad}M$ 且

$$\varphi(\sum m_i + \text{Rad}M) = \sum (m_i + \text{Rad}(M_i)) = 0,$$

则 $\forall i \in I, m_i \in \text{Rad}(M_i)$. 因 $\text{Rad}(M_i) \hookrightarrow \text{Rad}M$,故

$$\sum m_i + \text{Rad}(M_i) = \text{Rad}M,$$

亦即 $\text{Ker}\varphi = 0$. □

**例** (1) $\text{Rad}(\mathbf{Z_Z}) = 0$,因依§4.1 例(3),0 是 $\mathbf{Z_Z}$ 中仅有的小子模. 同样,$\text{Soc}(\mathbf{Z_Z}) = 0$,因 $\mathbf{Z}$ 没有单理想.

(2) $\text{Rad}(\mathbf{Q_Z}) = \mathbf{Q}$,因为 $\forall q \in \mathbf{Q}, q\mathbf{Z} \overset{\circ}{\hookrightarrow} \mathbf{Q}$(参见§4.1 例(4). 换言之,$\mathbf{Q}$ 没有极大子模,亦即

$$\bigcap_{\text{极大} B \hookrightarrow \mathbf{Q}} B = \bigcap_{B \in \varnothing} B = \mathbf{Q}.$$

(3) $\forall 1 < n \in \mathbf{Z}$,$n$ 具有素数幂的唯一分解式

$$n = \prod_{i=1}^{k} p_i^{m_i},\ m_i > 0, p_i \neq p_j, i \neq j.$$

由于由素数生成的 $\mathbf{Z}$ 的极大理想必然是素理想,而包含于 $n\mathbf{Z}$ 的极大理想就是 $p_i\mathbf{Z}, i = 1, 2, \cdots, k$,并且

$$\bigcap_{i=1}^{k} p_i\mathbf{Z} = p_1 p_2 \cdots p_k \mathbf{Z},$$

所以

$$\begin{aligned}\text{Rad}(\mathbf{Z}/n\mathbf{Z}) &= \bigcap_{i=1}^{k} (p_i\mathbf{Z}/n\mathbf{Z}) = \left(\bigcap_{i=1}^{k} p_i\mathbf{Z}\right)/n\mathbf{Z} \\ &= \left(\prod_{i=1}^{k} p_i\right)\mathbf{Z}/n\mathbf{Z},\end{aligned}$$

从而推知

$$\text{Rad}(\mathbf{Z}/n\mathbf{Z}) = 0 \Leftrightarrow n = \prod_{i=1}^{k} p_i.$$

特别地,当 $n=0$ 或 $n=1$ 时,$\text{Rad}(\mathbf{Z}/n\mathbf{Z}) = 0$.

最后,我们希望计算 $\text{Soc}(\mathbf{Z}/n\mathbf{Z}) = ?$

显然,当 $n=0$ 或 $n=1$ 时,$\mathrm{Soc}(\mathbf{Z}/n\mathbf{Z})=0$.

$\forall 1<n\in\mathbf{N}$,仍把 $n=\prod_{i=1}^{k}p_i^{m_i}$ 作为它的素数幂分解式. 首先我们断言:$\mathbf{Z}/n\mathbf{Z}$是单 $\mathbf{Z}$-模当且仅当 $n$ 是素数. 事实上,若 $n=p$ 为素数,则 $\mathbf{Z}/p\mathbf{Z}$ 实际上是域,从而当然是单 $\mathbf{Z}$-模. 若 $n$ 至少含一真因子 $q$,则 $q\mathbf{Z}/n\mathbf{Z}$ 是 $\mathbf{Z}/n\mathbf{Z}$ 的非零真子模.

因 $\left(\frac{n}{p_i}\mathbf{Z}\right)/n\mathbf{Z}\cong\mathbf{Z}/p_i\mathbf{Z}$,故 $\left(\frac{n}{p_i}\mathbf{Z}\right)/n\mathbf{Z}$ 是 $\mathbf{Z}/n\mathbf{Z}$ 的单子模. 于是

$$\sum_{i=1}^{k}\left(\frac{n}{p_i}\mathbf{Z}/n\mathbf{Z}\right)=\left(\sum_{i=1}^{k}\frac{n}{p_i}\mathbf{Z}\right)/n\mathbf{Z}=\left(\frac{n}{\prod_i p_i}\right)\mathbf{Z}/n\mathbf{Z}\hookrightarrow\mathrm{Soc}(\mathbf{Z}/n\mathbf{Z}).$$

另一方面,当 $n=qn_1$ 时,$q\mathbf{Z}/n\mathbf{Z}$ 是 $\mathbf{Z}/n\mathbf{Z}$ 的单子模. 因 $q\mathbf{Z}/n\mathbf{Z}\cong\mathbf{Z}/n_1\mathbf{Z}$,故 $n_1$ 必定是素因子 $p_1,p_2,\cdots,p_k$ 中的一个,比方说 $n_1=p_i$,于是 $q=\frac{n}{p_i}$,从而推出

$$\mathrm{Soc}(\mathbf{Z}/n\mathbf{Z})=\left(\frac{n}{\prod_i p_i}\right)\mathbf{Z}/n\mathbf{Z}.$$

特别地,

$$\mathrm{Rad}(\mathbf{Z}/\prod_i p_i\mathbf{Z})=0,\mathrm{Soc}(\mathbf{Z}/\prod_i p_i\mathbf{Z})=\mathbf{Z}/\prod_i p_i\mathbf{Z}.$$

$$\mathrm{Rad}(\mathbf{Z}/p^n\mathbf{Z})=p\mathbf{Z}/p^n\mathbf{Z}\cong\mathbf{Z}/p^{n-1}\mathbf{Z},$$

$$\mathrm{Soc}(\mathbf{Z}/p^n\mathbf{Z})=p^{n-1}\mathbf{Z}/p^n\mathbf{Z}\cong\mathbf{Z}/p\mathbf{Z}.$$

## §8.3　根的性质

**定理 8.3.1**　令 $M=M_R$ 为右 $R$-模,则

(1) $M_R$ 是半单的$\Rightarrow\mathrm{Rad}M=0$.

(2) $M\mathrm{Rad}(R_R)\hookrightarrow\mathrm{Rad}(M_R)$.

(3) $M$ 是有限生成的$\Rightarrow\mathrm{Rad}(M_R)\overset{\circ}{\hookrightarrow}M_R$. 特别地 $\mathrm{Rad}(R_R)\overset{\circ}{\hookrightarrow}R_R$.

(4) (中山正引理)$M$ 是有限生成的$\wedge A\hookrightarrow\mathrm{Rad}(R_R)(\Leftrightarrow A\overset{\circ}{\hookrightarrow}R_R)\Rightarrow MA\overset{\circ}{\hookrightarrow}M_R$.

(5) $M$ 是有限生成的$\wedge M\neq0\Rightarrow\mathrm{Rad}M\neq M$.

(6) $\mathrm{Rad}(R_R)$是环 $R$ 的双面理想.

(7) 对每个投射 $R$-模 $P_R\Rightarrow\mathrm{Rad}P=P\mathrm{Rad}(R_R)$.

(8) $\forall C\hookrightarrow M\Rightarrow(C+\mathrm{Rad}M)/C\hookrightarrow\mathrm{Rad}(M/C)$.

**证** (1) $M_R$ 是半单的$\Rightarrow$每个子模都是 $M$ 的直和项$\Rightarrow 0$ 是仅有的小子模$\Rightarrow \mathrm{Rad}(M_R)=0$.

(2) $\forall\, m\in M \Rightarrow \varphi_m: R_R \ni r \mapsto mr \in M_R$ 是 $R$-同态

$$\Rightarrow m\mathrm{Rad}(R_R)=\varphi_m(\mathrm{Rad}R_R)\hookrightarrow \mathrm{Rad}M$$

$$\Rightarrow \sum_{m\in M} m\,\mathrm{Rad}(R_R) = M\mathrm{Rad}(R_R) \hookrightarrow \mathrm{Rad}M.$$

(3) 令 $\mathrm{Rad}M+C=M$. 若 $C\neq M$,则因 $M$ 是有限生成的,依命题 1.3.12,$C$ 包含于极大子模 $B\hookrightarrow M$,故 $M=\mathrm{Rad}M+C=B$,这是不可能的. 故 $C=M$,从而 $\mathrm{Rad}M \overset{\circ}{\hookrightarrow} M$.

(4) $MA\hookrightarrow M\mathrm{Rad}(R_R)\hookrightarrow \mathrm{Rad}M \overset{\circ}{\hookrightarrow} M \Rightarrow MA \overset{\circ}{\hookrightarrow} M$.

(5) $\mathrm{Rad}M \overset{\circ}{\hookrightarrow} M\neq 0 \Rightarrow \mathrm{Rad}M\neq M$.

若不然,则 $\mathrm{Rad}M=M\Rightarrow \mathrm{Rad}M+0=M\Rightarrow M=0$.

(6) 在(2)中取 $M_R=R_R$ 即得.

(7) 由(2)知 $P\mathrm{Rad}(R_R)\subseteq \mathrm{Rad}P$. 以下证逆向包含. 为此,依对偶基引理 4.2.7,取 $\{y_i,\varphi_i \mid i\in I\}$ 为 $P_R$ 的对偶基. $\forall\, u\in \mathrm{Rad}(P_R)$,

$$\varphi_i\in \mathrm{Hom}_R(P,R)\Rightarrow \varphi_i(\mathrm{Rad}P)\hookrightarrow \mathrm{Rad}(R_R)\text{(定理 8.2.4(1))}$$

$$\Rightarrow \varphi_i(u)\in \mathrm{Rad}(R_R)\Rightarrow u=\sum y_i\varphi_i(u)\in P\mathrm{Rad}(R_R),$$

从而证明了 $\mathrm{Rad}P\hookrightarrow P\mathrm{Rad}(R_R)$ 也成立.

(8) 令 $\nu: M\to M/C$ 是自然满同态,于是

$$C+\mathrm{Rad}M/C=\nu(\mathrm{Rad}M)\hookrightarrow \mathrm{Rad}(M/C). \quad \square$$

**定理 8.3.2** (1) $M$ 的每一子模在 $M$ 中都有加性补且 $\mathrm{Rad}M=0 \Leftrightarrow M$ 是半单的.

(2) $M$ 是阿丁模且 $\mathrm{Rad}M=0\Leftrightarrow M$ 是半单的同时 $M$ 也是有限生成的.

**证** (1) $\Rightarrow$:由题设,$\forall\, C\hookrightarrow M$,$C$ 在 $M$ 中有加性补 $C^{\cdot}$

$$\Rightarrow M=C+C^{\cdot}\ \wedge\ C\cap C^{\cdot} \overset{\circ}{\hookrightarrow} C^{\cdot}$$

$$\Rightarrow M=C+C^{\cdot}\ \wedge\ C\cap C'\hookrightarrow \mathrm{Rad}M=0$$

$$\Rightarrow M=C\oplus C^{\cdot}\Rightarrow M\text{ 是半单模.}$$

$\Leftarrow$:由推论 8.1.8 及定理 8.3.1(1)立得.

(2) $\Rightarrow$:$M$ 是阿丁的

$\Rightarrow M$ 的每一子模在 $M$ 中都有加性补且 $\mathrm{Rad}M=0$

$\Rightarrow M$ 是半单的(由本定理(1))

$\Rightarrow M$ 是有限生成的(由定理 6.1.6).

$\Leftarrow$:$M$ 是半单的且是有限生成的$\Rightarrow M$ 是阿丁的(定理 6.1.6)且 $\mathrm{Rad}M=0$

(由定理 8.3.1(1)). □

**推论 8.3.3** $M$ 是阿丁的$\Rightarrow M/\mathrm{Rad}M$ 是半单的. 特别地, $R_R$ 是阿丁的$\Rightarrow R/\mathrm{Rad}R$是半单的.

**证** $M$ 是阿丁的$\Rightarrow M/\mathrm{Rad}M$ 是阿丁的(定理 5.1.2). 因 $\mathrm{Rad}(M/\mathrm{Rad}M)=0$(定理 8.2.4)$\Rightarrow M/\mathrm{Rad}M$ 是半单的(由定理 8.3.2(2)).

当 $M_R=R_R$ 是阿丁模亦即 $R$ 是右阿丁环时,由上述推论得知,作为右 $R$-模,$R/\mathrm{Rad}R$ 是阿丁的且 $\mathrm{Rad}(R/\mathrm{Rad}R)=0$,所以 $R/\mathrm{Rad}R$ 是半单的. □

值得提请注意的是,由定理 8.3.1(6),$\mathrm{Rad}(R_R)$是 $R$ 的双面理想. 当然 $\overline{R}:=R/\mathrm{Rad}R$ 作为右 $R$-模是半单的,但由定理 6.2.1,${}_R\overline{R}$ 也是半单的. 故由定理 8.2.4 及侧的对称性推知

$$\mathrm{Rad}({}_RR)=\mathrm{Rad}(R_R).$$

# §8.4 环 的 根

本节主要是希望把上节末提到的对阿丁环 $R$ 成立的等式

$$\mathrm{Rad}(R_R)=\mathrm{Rad}({}_RR)$$

推广到任意含幺环 $R$.

为此先证明以下引理.

**引理 8.4.1** $\forall A \hookrightarrow R_R$,下列命题等价:

(1) $A \overset{\circ}{\hookrightarrow} R_R$;

(2) $A \hookrightarrow \mathrm{Rad}(R_R)$;

(3) $\forall a\in A[1-a$ 在 $R$ 中有右逆元]亦即 $\exists r\in R$,使$(1-a)r=1_R$;

(4) $\forall a\in A[1-a$ 在 $R$ 中有逆元].

**证** (1)$\Rightarrow$(2):由根的定义知.

(2)$\Rightarrow$(1):由定理 8.3.1(3)有 $\mathrm{Rad}(R_R)\overset{\circ}{\hookrightarrow} R_R$,再由引理 4.1.2(1)推知 $A \overset{\circ}{\hookrightarrow} R_R$.

(1)$\Rightarrow$(3):$\forall r\in R$ 有 $ar+(1-a)r=r$,从而得 $A+(1-a)R=R$. 由 $A \overset{\circ}{\hookrightarrow} R_R$,故$(1-a)R=R$,故(3)成立.

(3)$\Rightarrow$(4):令$(1-a)r=1$,故 $r=1+ar=1-(-ar)$,但由$-ar\in A$,故$\exists s\in R$ 使 $rs=[1-(-ar)]s=1$(由题设条件(3)). 于是 $r$ 既有$(1-a)$作为其左逆,又有 $s$ 作为其右逆,但

$$1=rs\wedge(1-a)r=1\Rightarrow(1-a)=(1-a)rs=s,$$

故 $r$ 是 $(1-a)$ 的逆.

(4)⇒(1):$\forall B\hookrightarrow R_R$,若 $A+B=R_R$,则 $\exists a\in A\wedge b\in B$ 使 $1_R=a+b$,从而 $b=1-a$. 由题设(4),$\exists r\in R$ 使 $br=(1-a)r=1_R\in B_R$,从而 $B=R$,故 $A\overset{\circ}{\hookrightarrow}R_R$. □

**注** (1) 明显地,在引理 8.4.1 中把右改换成左,结论亦真.

(2) 具有性质(3)的 $R$ 的右理想 $A$ 称为拟正则的.

**定理 8.4.2** $\mathrm{Rad}(R_R)=\mathrm{Rad}({}_RR)$.

**证** 在引理 8.4.1 中,取 $A=\mathrm{Rad}(R_R)$,这时(2)成立,从而(4)亦成立. 但定理 8.3.1(6)断言,$\mathrm{Rad}(R_R)=A$ 是双面理想,故在引理 8.4.1 中把右换成左,$A=\mathrm{Rad}(R_R)$ 同样使(4)成立. 从而在(1)中把 $R_R$ 换成 ${}_RR$ 亦成立 $\mathrm{Rad}(R_R)=A\overset{\circ}{\hookrightarrow}{}_RR$,亦即 $\mathrm{Rad}(R_R)\hookrightarrow\mathrm{Rad}({}_RR)$. 由上面的注(1),当然有

$$\mathrm{Rad}({}_RR)\hookrightarrow\mathrm{Rad}(R_R).\quad □$$

**定义 8.4.3** $\mathrm{Rad}R:=\mathrm{Rad}(R_R)=\mathrm{Rad}({}_RR)$.

对一般环 $R$ 来说,$R/\mathrm{Rad}R$ 未必是半单的. 例如 $R=\mathbf{Z}$,因 $\mathrm{Rad}\mathbf{Z}=0$,故 $\mathbf{Z}/\mathrm{Rad}\mathbf{Z}=\mathbf{Z}/0\cong\mathbf{Z}$ 不是半单的.

然而,究竟哪类环 $R$ 能使 $R/\mathrm{Rad}R$ 是半单的? 让我们看以下定理.

**定理 8.4.4** 若环 $R$ 使 $R/\mathrm{Rad}R$ 是半单的,则

(1) 每个单右(相应地,左)$R$-模必同构于右(相应地,左)$R$-模 $R/\mathrm{Rad}R$ 的一个子模.

(2) $R/\mathrm{Rad}R$ 的块数有限,且等于单右(相应地,左)$R$-模的同构类的类数.

**证** (1) 由引理 1.2.4,单模必定是循环模,而循环模 $M_R=mR$ 又是正则模 $R_R$ 的满同态像,从而 $M_R\cong R/A_R$. 而今 $M_R$ 是单的,故 $A$ 必定是 $R_R$ 的极大子模,从而 $\mathrm{Rad}R\hookrightarrow A$. 于是

$$M\cong R/A\cong(R/\mathrm{Rad}R)/(A/\mathrm{Rad}R).$$

因 $\bar{R}:=R/\mathrm{Rad}R$ 是半单的,故 $\bar{A}:=A/\mathrm{Rad}R$ 是 $\bar{R}$ 的直和项,于是有 $\bar{B}_R\hookrightarrow\bar{R}_R$ 使 $\bar{R}_R=\bar{A}\oplus\bar{B}$,由此推知

$$\bar{B}_R\cong\bar{R}/\bar{A}\cong M_R.$$

(2) 在 §2.2 所描述的基环的更换的技巧中已知,由于 $R\to\bar{R}=R/\mathrm{Rad}R$ 是满同态,故 $R$-模 $\bar{R}_R$ 的子模与 $\bar{R}$-模 $\bar{R}_{\bar{R}}$ 的子模是重合的,并且 $\bar{R}_R$ 的两个子模 $R$-同构当且仅当该两子模 $\bar{R}$-同构,故由推论 6.2.6 可推出(2). □

在定理 8.3.1 中,对任一 $R$-模 $M$,有

$$M\mathrm{Rad}R\hookrightarrow\mathrm{Rad}M.$$

下述定理给出了确保逆向包含的充分条件.

**定理 8.4.5**　若 $R/\mathrm{Rad}R$ 是半单环,则对任一模 $M_R$,有

(1) $\mathrm{Rad}M=M\mathrm{Rad}R$.

(2) $\mathrm{Soc}M=l_M(\mathrm{Rad}R):=\{m\in M\mid M\mathrm{Rad}R=0\}$.

**证**　(1) 因 $(M/M\mathrm{Rad}R)\mathrm{Rad}M=M\mathrm{Rad}M/M\mathrm{Rad}R=0$,且 $R\to R/\mathrm{Rad}R$ 是满同态,故 $R$-模 $M/M\mathrm{Rad}R$ 可视为 $R/\mathrm{Rad}R$-模(参见§2.2 基环的更换). 这时,它的 $R$-子模与 $R/\mathrm{Rad}R$-子模是一致的. 依推论 6.2.2,作为半单环 $R/\mathrm{Rad}R$-模 $M/M\mathrm{Rad}R$ 必是半单的,由定理 8.3.1(1),$\mathrm{Rad}(M/M\mathrm{Rad}R)=0$. 由定理 8.2.4(2)推知 $\mathrm{Rad}M\hookrightarrow M\mathrm{Rad}R$,再依定理 8.3.1(2),逆向包含亦真,故(1)成立.

(2) 由于 $\mathrm{Soc}M\hookrightarrow M_R$,由(1),$M_R$ 也可视为 $R/\mathrm{Rad}R$-模,并且作为半单环 $R/\mathrm{Rad}R$-模也是半单模,当然作为 $R$-模也是半单的. 由定理 8.3.1(1),

$$\mathrm{Rad}M=\mathrm{Rad}(M/\mathrm{Rad}R)=0,$$

而 $\mathrm{Soc}M$ 作为 $M_R$ 的子模以及 $M_R/\mathrm{Rad}R$ 是半单的. 由定理 8.3.1(1)及(2),

$$\mathrm{Soc}M\mathrm{Rad}R\hookrightarrow\mathrm{Rad}(\mathrm{Soc}M)=0,$$

从而 $\mathrm{Soc}M\hookrightarrow l_M(\mathrm{Rad}R)$. 另一方面,$l_M(\mathrm{Rad}R)$ 同样是半单 $R$-模,而且是 $M_R$ 的子模,故 $l_M(\mathrm{Rad}R)\hookrightarrow\mathrm{Soc}M$(由推论 8.2.3(2)),所以 $\mathrm{Soc}M=l_M(\mathrm{Rad}R)$.

□

**定义 8.4.6**　环 $R$ 的一右(左或双面)理想 $A$ 称作诣零的:$\Leftrightarrow\forall a\in A,\exists n\in\mathbf{N}[a^n=0]$(相应地,幂零的:$\Leftrightarrow\exists n\in\mathbf{N}[A^n=0]$).

**推论 8.4.7**　(1) 每个单侧或双侧幂零理想都是诣零理想.

(2) 两个幂零理想的和仍是幂零理想.

(3) 若 $R_R$ 是诺特的,则每个双面诣零理想都是幂零理想.

**证**　(1) 显然.

(2) 令 $A,B$ 是同侧的幂零理想,故存在自然数 $m$ 及 $n$ 使 $A^m=0=A^n$. 我们断言$(A+B)^{m+n}=0$. 事实上,$\forall a_i\in A,b_i\in B,i=1,2,\cdots,m+n$,可将乘积 $\prod_{i=1}^{m+n}(a_i+b_i)$ 依二项式定理展开成 $m+n$ 个因子的乘积和,其中每一项因子的个数都是 $m+n$ 个,或至少含 $m$ 个 $A$ 的元素或至少含 $n$ 个 $B$ 的元素,故都等于零即$(A+B)^{m+n}=0$.

(3) 令 $N$ 是诺特环 $R_R$ 的双面诣零理想,故 $\forall a\in N,\exists n\in\mathbf{N}$ 使 $a^n=0$,从而$(aN)^n=a^nN=0$,亦即 $aN$ 是含于 $N$ 中的一个幂零右理想. 由题设 $R_R$ 是诺特的,故含于 $N$ 中的幂零右理想类中必有极大元. 令 $A$ 是其中一个极大元,

不妨设 $A^n=0$,但由本推论(2),$A$ 实际上是含于 $N$ 中的最大幂零右理想. $\forall x\in R$,因 $xA\hookrightarrow xN\hookrightarrow N$,且

$$(xA)^{n+1}=x(Ax)^nA\hookrightarrow xA^nA=0,$$

故 $xA$ 也是含于 $N$ 中的一个幂零右理想. 由 $A$ 的最大性,$xA\hookrightarrow A$,从而 $A$ 实际是 $R$ 的双面理想.

以下我们断言 $A=N$,从而证实(3)成立.

事实上,已知 $A\hookrightarrow N$,故只需证逆向包含 $N\hookrightarrow A$. 假若 $A\neq N$,则 $\exists b\in N$ 但 $b\notin A$. 于是,可选择上述 $b\in N\backslash A$,使

$$r_R(b,A):=\{r\in R\mid br\in A\}$$

是 $R_R$ 的极大右理想(因 $R_R$ 是诺特的,这样的 $b$ 必定存在). $\forall x\in R$,有 $xb\in N$ 并且显然有

$$r_R(b,A)\hookrightarrow r_R(xb,A).$$

由于 $N$ 与 $A$ 都是 $R$ 的双面理想,这时有下述两种情形:

(a) $xb\notin A$,则有 $r_R(b,A)=r_R(xb,A)$. 由于 $xb$ 是幂零元,故 $\exists k\in\mathbf{N}$ 使 $(xb)^k\in A$ 但 $(xb)^{k-1}\notin A$,于是又有

$$r_R(b,A)=r_R[(xb)^{k-1},A]\ni(xb),$$

从而推出 $b(xb)\in A$.

(b) $xb\in A$,则也有 $b(xb)\in A$,故

$$(bR)^2=\{bxby\mid x\wedge y\in R\}\hookrightarrow A,\quad (bR)^{2n}\hookrightarrow A^n=0,$$

亦即 $bR$ 是含于 $N$ 中的一个幂零右理想,由 $A$ 的最大性质推出 $bR\hookrightarrow A$,亦即 $b\in A$,这与当初 $b$ 的取法矛盾. □

**定理 8.4.8** $R$ 的每个(单侧或双侧)诣零理想都被包含于 $R$ 的根 $\mathrm{Rad}R$ 内.

**证** $\forall A\hookrightarrow R_R$ 且 $A$ 是诣零的,令 $a\in A$,$a^n=0$,于是

$$\begin{aligned}(1+a+a^2+\cdots+a^{n-1})(1-a)&=1-a^n\\&=(1-a)(1+a+a^2+\cdots+a^{n-1})=1,\end{aligned}$$

亦即$(1-a)$在 $R$ 中有逆元. 由引理 8.4.1,$A\overset{\circ}{\hookrightarrow}R_R$,从而

$$A\hookrightarrow\mathrm{Rad}R.\quad □$$

下面让我们考察阿丁环的根有何特性.

**定理 8.4.9** $R_R$ 是阿丁的$\Rightarrow\mathrm{Rad}R$ 是幂零的.

**证** 为简化记号,令 $U:=\mathrm{Rad}R$. 因 $R_R$ 是阿丁的,故理想链

$$R\hookleftarrow U\hookleftarrow U^2\hookleftarrow U^3\hookleftarrow\cdots$$

是稳定的,亦即存在 $n\in\mathbf{N}$ 使 $U^n=U^{n+1}$,$\forall n\in\mathbf{N}$. 以下只需证明 $U^n=0$ 即可.

假若不然，$U^n \neq 0$，则令

$$\Gamma := \{A \mid A \hookrightarrow R_R \wedge AU^n \neq 0\}$$

是环 $R$ 的右理想的集合，因 $U \in \Gamma$，故 $\Gamma \neq \varnothing$. 由于 $R_R$ 满足极小条件，故存在极小右理想 $A_0 \in \Gamma$，于是 $\exists a_0 \in A_0$，使 $a_0 U^n \neq 0$，而 $a_0 R U^n \neq 0$. 因 $a_0 R \hookrightarrow A_0$，故由 $A_0$ 的极小性推出 $a_0 R = A_0$，又因 $U$ 是双面理想，从而

$$0 \neq a_0 R U^n = a_0 R U U^n = a_0 U U^n = a_0 U^{n+1}.$$

因 $a_0 U \hookrightarrow a_0 R = A_0$，再依 $A_0$ 的极小性得 $a_0 U = a_0 R = A_0$. 又因 $R_R$ 是有限生成的且 $U = \mathrm{Rad}R$，由定理 8.3.1(4)(即中山正引理)知，$a_0 U = a_0 R U \overset{\circ}{\hookrightarrow} a_0 R$，于是 $a_0 U \neq a_0 R$，矛盾. □

**推论 8.4.10** (1) $R_R$ 是阿丁的⇒$\mathrm{Rad}R$ 是 $R$ 的最大幂零右、左或双面理想.

(2) $R$ 是交换阿丁环⇒$\mathrm{Rad}R$ 是 $R$ 的全部幂零元素的集.

(3) $R_R$ 是阿丁的⇒对每个模 $M_R$ 或 ${}_RM$ 皆有

$$\mathrm{Rad}M = M\mathrm{Rad}R \overset{\circ}{\hookrightarrow} M_R \text{ 或 } \mathrm{Rad}M = \mathrm{Rad}_R M \overset{\circ}{\hookrightarrow} {}_RM.$$

**证** (1) 由定理 8.4.9 知，$\mathrm{Rad}R$ 是幂零的并且 $R$ 的每个幂零(甚至诣零)理想被含于 $\mathrm{Rad}R$ 中(定理 8.4.8).

(2) 显然 $\mathrm{Rad}R$ 的每个元都是 $R$ 的幂零元. 反之，$\forall a \in R$ 是幂零元，则 $\exists n \in \mathbf{N}$ 使 $a^n = 0$. 在 $R$ 是交换环时，

$$(aR)^n = a^n R^n = a^n R = 0R = 0,$$

故 $a \in aR \hookrightarrow \mathrm{Rad}(R)$.

(3) 由推论 8.3.3 及定理 8.4.5 推知，$\mathrm{Rad}M = M_R \mathrm{Rad}R$. 相应地，$\mathrm{Rad}M = \mathrm{Rad}(R)_R M$. 再由定理 8.4.9 知 $\mathrm{Rad}R$ 是 $R$ 的幂零理想，故 $\exists n \in \mathbf{N}$ 使 $[\mathrm{Rad}(R)]^n = 0$. 于是 $\forall U \hookrightarrow M_R$，

$$M = U + M\mathrm{Rad}R.$$

通过以 $U + M\mathrm{Rad}R$ 去取代上式右端的 $M$ $(n-1)$次以后得

$$M = U + M(\mathrm{Rad}R)^n = U,$$

故 $M\mathrm{Rad}R \overset{\circ}{\hookrightarrow} M$. 对左 $R$-模${}_RM$，类似等式亦真. □

**定理 8.4.11** 令 $R/\mathrm{Rad}R$ 是半单的且 $\mathrm{Rad}R$ 是幂零的，则对任何模 $M_R$，下列命题等价：

(1) $M_R$ 是阿丁的；

(2) $M_R$ 是诺特的；

(3) $M_R$ 具有限长度.

(对模${}_RM$，类似等价命题亦真).

**证** 因(1)$\wedge$(2)$\Leftrightarrow$(3),故只需证明(1)$\Leftrightarrow$(2).为了简化记法,令 $U:=\mathrm{Rad}R$,并令

$$e(M):=\min\{i \mid i\in \mathbf{N}\wedge MU^i=0\}.$$

由题设,$U$ 是幂零的,故 $e(M)$ 是存在且唯一确定的. 对于 $M_R=0$ 来说,命题等价性是自明的,故设 $M_R\neq 0$. 以下对 $e(M)$ 进行归纳法,以证明(1)$\Leftrightarrow$(2).

$e(M)=1$,亦即 $MU=0$,则通过定义

$$m(r+U):=mr,\forall r\in R,m\in M,$$

$M_R$ 可视作 $\bar{R}:=R/U$-模,其中 $R$-及 $\bar{R}$-子模是相重合的.因为由题设 $\bar{R}$ 是半单环,故 $M_R$ 也是半单的(由推论 6.2.2),同时(1)$\Leftrightarrow$(2)(由定理 6.1.6).

假若对 $e(M)\leqslant k$ 及 $\forall M_R\neq 0$,(1)$\Leftrightarrow$(2)已真,以下对 $e(M)=k+1$ 及 $\forall M_R\neq 0$ 来证实(1)$\Leftrightarrow$(2).

首先,$e(M)=k+1\Rightarrow e(MU^k)=1$. 此外,因 $(M/MU^k)U^k=0$,所以 $e(M/MU^k)\leqslant k$. 于是,若 $M_R$ 是阿丁的(相应地,诺特的),则由定理 5.1.2,$MU^k$ 及 $M/MU^k$ 两者也是阿丁的(相应地,诺特的). 但由前面归纳法的程序已知,$MU^k$ 及 $M/MU^k$ 两者也是诺特的(相应地,阿丁的). 再由定理 5.1.2 知,$M_R$ 是诺特的(相应地,阿丁的). □

**推论 8.4.12** (1) 若 $R_R$ 是阿丁的且 $M_R$ 是阿丁(相应地,诺特)的,则 $M_R$ 是诺特(相应地,阿丁)的.

(2) 若 $R_R$ 是阿丁的,则 $R_R$ 是诺特的.

(3) 若 $R_R$ 是阿丁的且${}_RR$ 是诺特的,则${}_RR$ 也是阿丁的.

**证** (1) 由推论 8.3.3 知,$R/\mathrm{Rad}R$ 是半单的. 又由定理 8.4.9 知,$\mathrm{Rad}R$ 是幂零的. 于是定理 8.4.11 的前提条件被满足,(1)$\Leftrightarrow$(2)表明本推论(1)成立.

(2) 只需把(1)中的模 $M_R$ 取作 $R_R$ 即得(2).

(3) 只需把定理 8.4.11 中 $M_R$ 取作${}_RR$ 即得(3). □

# §8.5 有限生成与有限余生成模的刻画

在§1.3 中曾对有限生成及有限余生成模做了初步介绍,并在§5.1 中用它来刻画诺特模及阿丁模.现在,我们有可能提供进一步的刻画.

**定理 8.5.1** $M_R$ 有限生成当且仅当 $M/\mathrm{Rad}M$ 有限生成并且 $\mathrm{Rad}M \overset{\circ}{\hookrightarrow} M$.

**证**　$\Rightarrow$:令 $M_R$ 是有限生成的,则 $M_R$ 的满同态像 $M/\mathrm{Rad}M$ 也是有限生成的且 $\mathrm{Rad}M \subset_s M$(由定理 8.3.1(3)).

$\Leftarrow$:$M/\mathrm{Rad}M$ 是有限生成的且 $\mathrm{Rad}M \subset_s M \Rightarrow M/\mathrm{Rad}M$ 有生成集 $\{\bar{x}_i \mid i=1,2,\cdots,n\}$,其中 $\bar{x}_i = x_i + \mathrm{Rad}M \Rightarrow M = \sum_{i=1}^{n} x_i R + \mathrm{Rad}M$. 但因 $\mathrm{Rad}M \subset_s M$,故 $M = \sum_{i=1}^{n} x_i R$ 为有限生成的.　□

**推论 8.5.2**　模 $M_R$ 是诺特的当且仅当 $\forall U \hookrightarrow M$ 使得

(1) $U/\mathrm{Rad}U$ 是有限生成的;

(2) $\mathrm{Rad}U \subset_s U$.

**证**　由定理 5.1.2(Ⅱ)及定理 8.5.1 立得.　□

**定理 8.5.3**　对任意非零模 $M_R$,下列条件等价:

(1) $M_R$ 是有限余生成的;

(2) $\mathrm{Soc}M$ 是有限余生成的且 $\mathrm{Soc}M \subset_* M_R$;

(3) 对 $M$ 的一内射包 $I(M)$,有直分解式

$$I(M) = \bigoplus_{i=1}^{n} Q_i,$$

此处每个 $Q_i$ 都是某单 $R$-模的内射包.

**证**　(1)$\Rightarrow$(2):由于 $M_R$ 是有限余生成的,故它的子模亦是有限余生成的(由定义知). 而为了证实 $\mathrm{Soc}M \subset_* M_R$,只需证明 $\forall\, 0 \neq U \hookrightarrow M_R$ 皆含有一单子模,从而 $U \cap \mathrm{Soc}M \neq 0$ 即可.

为此,令

$$\Gamma = \{U_i \mid 0 \neq U_i \hookrightarrow U_R\},$$

因 $U \in \Gamma$,故 $\Gamma \neq \varnothing$. 把集的逆包含当作 $\Gamma$ 的序关系,亦即

$$U_i \leqslant U_j :\Leftrightarrow U_j \hookrightarrow U_i,$$

而令 $\Lambda = \{A_j \mid j \in J\}$ 是 $\Gamma$ 的全序子集,则可证明

$$D := \bigcap_{j \in J} A_j$$

就是 $\Lambda$ 在 $\Gamma$ 中的上确界,而这只需证明 $D \neq 0$ 即可. 假若 $D = 0$,则由 $M_R$ 的有限余生成性知,必然会有有限多个 $A_j$ 使得它们的交也等于零. 又因 $\Lambda$ 是全序集,故这有限多个 $A_j$ 之中必有最大元(在 $\Gamma$ 的序的意义下),亦即在集的包含关系中的最小元 $A_s = 0$. 但这与 $A_s \in \Gamma$ 相冲突,故 $D \in \Gamma$. 由佐恩引理,$\Gamma$ 中必含极大元 $U_0$. 这个极大元 $U_0$ 实际是在集包含关系中的极小元,换言之,$U_0$ 是 $U$ 的单子模. 至于 $\mathrm{Soc}M$ 的有限余生成性是明显的.

(2)⇒(1):为了证明 $M_R$ 的有限余生成性,令

$$\bigcap_{i\in I} A_i = 0,\text{其中 } A_i \hookrightarrow M.$$

因 $\mathrm{Soc}A_i \hookrightarrow A_i$,故 $\bigcap\limits_{i\in I}\mathrm{Soc}A_i = 0$. 又因 $\mathrm{Soc}A_i \hookrightarrow \mathrm{Soc}M$,且 $\mathrm{Soc}M$ 是具有限余生成的,故存在有限子集 $I_0\subset I$,使 $\bigcap\limits_{i\in I_0}\mathrm{Soc}A_i = 0$. 于是,

$$\forall A \hookrightarrow M,\mathrm{Soc}A=A\cap \mathrm{Soc}M(\text{由 Soc 的定义}).$$

由此推出

$$0=\bigcap_{i\in I_0}\mathrm{Soc}A_i=\bigcap_{i\in I_0}(A_i\cap \mathrm{Soc}M)=(\bigcap_{i\in I_0}A_i)\cap \mathrm{Soc}M.$$

因 $\mathrm{Soc}M \underset{*}{\hookrightarrow} M$, 故 $\bigcap\limits_{i\in I_0} A_i = 0$ ,亦即 $M_R$ 是有限余生成的.

(2)⇒(3):令 $I(M)$是 $M_R$ 的内射包使 $M \hookrightarrow I(M)$. 因 $\mathrm{Soc}M \underset{*}{\hookrightarrow} M\neq 0$,从而 $\mathrm{Soc}M\neq 0$,而由 $\mathrm{Soc}M$ 的定义知 $\mathrm{Soc}M$ 是半单的,再由定理 6.1.6,可令

$$\mathrm{Soc}(M)=E_1\oplus E_2\oplus\cdots\oplus E_n,$$

其中 $E_i$ 是单子模, 又令 $Q_i$ 是 $E_i$ 的内射包,由推论 4.1.6,

$$\sum_{i=1}^{n} Q_i=\bigoplus_{i=1}^{n} Q_i.$$

①由 $E_i \hookrightarrow M \hookrightarrow I(M)$,故 $Q_i=I(E_i)\hookrightarrow I(M)$,于是 $\bigoplus\limits_{i=1}^{n} Q_i$ 本身也是内射的而且是 $I(M)$的一直和项. ②由第四章练习 1(2),又因 $\mathrm{Soc}M \underset{*}{\hookrightarrow} M$ 且 $M \underset{*}{\hookrightarrow} I(M)$,故 $\mathrm{Soc}M \underset{*}{\hookrightarrow} I(M)$,从而由引理 4.1.4(1)得 $\bigoplus\limits_{i=1}^{n} Q_i \underset{*}{\hookrightarrow} I(M)$ . 由①和②推知 $\bigoplus\limits_{i=1}^{n} Q_i = I(M)$ .

(3)⇒(2):不妨再假定 $M \hookrightarrow I(M)=\bigoplus\limits_{i=1}^{n} Q_i$ 且单子模 $E_i \hookrightarrow Q=I(E_i)$. 由于 $E_i \underset{*}{\hookrightarrow} Q_i$,故 $E_i$ 是 $Q_i$ 仅有的一个单子模. 由定理 8.2.5(3),

$$\mathrm{Soc}(I(M))=\bigoplus_{i=1}^{n}\mathrm{Soc}(Q_i)=\bigoplus_{i=1}^{n}E_i.$$

又因 $M \underset{*}{\hookrightarrow} I(M)$,故 $\forall i=1,2,\cdots,n,E_i \hookrightarrow M$. 由于 $I(M)$只有 $n$ 个单子模 $E_i(i=1,2,\cdots,n)$,故 $M$ 也只有 $n$ 个单子模 $E_i$,故

$$\mathrm{Soc}M=\bigoplus_{i=1}^{n}E_i.$$

由定理 6.1.6 知,$\mathrm{Soc}M$ 是有限余生成的. 最后,由于 $\mathrm{Soc}M=\bigoplus\limits_{i=1}^{n} E_i$, $I(M)=\bigoplus\limits_{i=1}^{n} Q_i$ 且 $E_i \underset{*}{\hookrightarrow} Q_i=I(E_i)$,从而 $\mathrm{Soc}M \underset{*}{\hookrightarrow} I(M)$(由推论 4.1.6),亦即 $\mathrm{Soc}M \underset{*}{\hookrightarrow} M$(由引理 4.1.4). □

**推论 8.5.4** 模 $M_R$ 是阿丁的当且仅当对每个商模 $M/U$,

(1) $\mathrm{Soc}(M/U)$是有限余生成的；

(2) $\mathrm{Soc}(M/U)\underset{*}{\smile}M/U$.

**证**　由定理 8.5.3、定理 6.1.6 以及定理 5.1.2 推出.　□

# §8.6　阿丁环与诺特环的刻画

本节，我们将看到通过基环上内射模分解这类外在性质对基环本身的特性做出刻画的成功尝试，其主要结论如下：

**定理 8.6.1**　(Ⅰ) 下述条件是等价的：

(1) $R_R$ 是诺特的；

(2) 每个内射模 $Q_R$ 都是直不可分(内射)子模的直和.

(Ⅱ) 下列条件也等价：

(1) $R_R$ 是阿丁的(自然也是诺特的)；

(2) 每个内射模 $Q_R$ 都是单 $R$-模的内射包的直和.

**证**　(Ⅰ)及(Ⅱ)的(1)⇒(2)已由定理 5.5.7 完成了，以下只对(Ⅱ)的(2)⇒(1)做出证明. 按定理 5.1.2(Ⅰ)得推论 8.5.4，我们只需对 $R_R$ 的任一商模 $M_R:=R/A$ 证明其满足定理 8.5.3 的条件(3)，即

$$I(R/A)=\bigoplus_{i=1}^{n}Q_i,$$

其中 $Q_i$ 是单 $R$-模 $E_i$ 的内射包.

因为 $I(R/A)$是 $R/A$ 的内射包，故 $R/A\smile I(R/A)$. 由题设(Ⅱ)(2)，可令

$$I(R/A)=\bigoplus_{i\in I}Q_i,$$

此处每个 $Q_i$ 都是某单 $R$-模 $E_i$ 的内射包.

因为 $R/A$ 是循环模 $R_R$ 的满同态像，故其本身 $R/A$ 亦是循环 $R$-模，所以 $R/A\smile I(R/A)=\bigoplus_{i\in I}Q_i$ 只包含在有限子和中，亦即存在有限子集 $I_0\subset I$，使得

$$R/A\smile\bigoplus_{i\in I_0}Q_i.$$

因 $R/A\underset{*}{\smile}I(R/A)$，故 $\bigoplus_{i\in I_0}Q_i\underset{*}{\smile}I(R/A)=\bigoplus_{i\in I}Q_i$，从而推得

$$I(R/A)=\bigoplus_{i\in I_0}Q_i.$$

至于(Ⅰ)的(2)⇒(1)，由于需借助本书未予介绍的 Krull-Remak-Schmidt 分解唯一性定理，故从略，读者可参见 F. Kasch 的 *Modules and*

*Rings* 一书. □

# 练　　习

1. 证明:对任意含幺环 $R$,下列命题等价:

(Ⅰ)(1) $\forall M_R$, $\mathrm{Rad}(M_R)\underset{\circ}{\hookrightarrow} M_R$;

　　(2) 不存在 $M_R\neq 0$ 使 $\mathrm{Rad}(M_R)=M_R$.

(Ⅱ)(1) $\forall M_R$, $\mathrm{Soc}(M_R)\underset{*}{\hookrightarrow} M_R$;

　　(2) 不存在 $M_R\neq 0$ 使 $\mathrm{Soc}(M_R)=0$;

　　(3) 对每个循环右 $R$-模 $M$, $\mathrm{Soc}M\underset{*}{\hookrightarrow} M$.

2. (1) 设 $\mathrm{Soc}M\hookrightarrow B_R\hookrightarrow M_R\wedge a\in M\backslash B$,证明:存在 $C\underset{*}{\hookrightarrow} M$ 使 $B\hookrightarrow C\wedge a\bar{\in} C$.

(2) 证明: $\mathrm{Soc}M\hookrightarrow B_R\hookrightarrow M_R\Rightarrow B=\bigcap\limits_{B\hookrightarrow C\underset{*}{\hookrightarrow} M} C$.

(3) 证明: $\mathrm{Soc}M\hookrightarrow A\hookrightarrow M\wedge \mathrm{Soc}(M/A)\underset{*}{\hookrightarrow} M/A\Rightarrow A\underset{*}{\hookrightarrow} M$.

3. $\forall M_R$,证明下列命题等价(与定理 8.3.2(2)比较):

(1) $M_R$ 是有限余生成的且 $\mathrm{Rad}(M_R)=0$;

(2) $M_R$ 是有限生成的且是半单的.

4. 对任意含幺环 $R$,下列命题等价:

(1) 对任一右 $R$-模族 $\{M_i\mid i\in I\}$,

$$\mathrm{Soc}\Big(\prod_{i\in I}M_i\Big)=\prod_{i\in I}\mathrm{Soc}(M_i);$$

(2) 半单右 $R$-模的积仍是半单右 $R$-模;

(3) 每个无根右 $R$-模(亦即 $\mathrm{Rad}(M_R)=0$)$M_R$ 都是半单模;

(4) $R/\mathrm{Rad}R$ 是半单的.

# 附录 1　模范畴简介

自 1945 年以来，范畴理论已经发展成一个新的独立分支. 这一理论不但能在促使新的思维方法的萌生方面起重要作用，而且也能帮助提高对数学的总体洞察力. 它的作用在于有可能从不同的数学分支提取重要概念与研究方法，从而促进综合与统一的开发，尤其有可能对不同的数学结构的共同属性提供统一的阐述.

本书正文中涉及模的总体性态的场合，曾使用模范畴这一时髦语言，我们之所以这样做，是因为在现代模论中，已广泛地使用着范畴代数的术语及记法.

为方便读者查考，这里就模范畴最基本的概念做一简介. 我们假定读者已熟悉集与类并能恰当地区分它们. 类可由概括公理界定，亦即类是具有某确定属性的对象的总体，而集必须是这样的类，它本身应当是某个类的成员.

**1. 定义**

所谓一范畴 $\boldsymbol{K}$ 指的是由对象类（记作 $\mathrm{Obj}\boldsymbol{K}$）、态射集（记作 $\mathrm{Mor}(,)$）以及态射的合成$\circ$这三者有机组成的数学实体. 更具体地说，对 $\boldsymbol{K}$ 的任一对对象 $(A,B)$，都唯一确定一态射集 $\mathrm{Mor}(A,B)$，使得

(1) $\forall (A,B)\neq(C,D)\Rightarrow \mathrm{Mor}(A,B)\cap \mathrm{Mor}(C,D)=\varnothing$.

(2) 对 $\boldsymbol{K}$ 的任意三对象 $(A,B,C)$，存在一映射

$$\circ:\mathrm{Mor}(B,C)\times\mathrm{Mor}(A,B)\longrightarrow\mathrm{Mor}(A,C),$$

使得 $\forall\,\alpha\in\mathrm{Mor}(A,B)$，$\beta\in\mathrm{Mor}(B,C)$，$\gamma\in\mathrm{Mor}(C,D)$，有

$$\gamma\circ(\beta\circ\alpha)=(\gamma\circ\beta)\circ\alpha.$$

(3) 对 $\boldsymbol{K}$ 的任一对象 $A$，存在 $1_A\in\mathrm{Mor}(A,A)$，使得

$$\forall\,\alpha\in\mathrm{Mor}(A,B),\ \alpha\circ 1_A=\alpha=1_B\circ\alpha.$$

为简化记号，在不致引起混乱的场合，常常略去态射合成的记号“$\circ$”，并采用更加简化的记法：

$$A\in\boldsymbol{K}:\Leftrightarrow A\in\mathrm{Obj}\boldsymbol{K},$$

$$\alpha\in\boldsymbol{K}:\Leftrightarrow\alpha\in\mathrm{Mor}\boldsymbol{K}:=\bigcup_{A\wedge B\in\boldsymbol{K}}\mathrm{Mor}(A,B),$$

$\alpha: A \longrightarrow B$ 或 $A \xrightarrow{\alpha} B :\Leftrightarrow \alpha \in \mathrm{Mor}(A,B)$. 称 $A$ 为态射 $A \xrightarrow{\alpha} B$ 的源(记 $A=\mathrm{Dom}\alpha$),$B$ 为态射 $A \xrightarrow{\alpha} B$ 的的(记 $B=\mathrm{Cod}\alpha$),而 $1_A$ 便称作对象 $A$ 的恒等态射.

一态射 $f: A \longrightarrow B$ 称作同构,如果有一逆态射 $f': B \longrightarrow A$,使 $f'f=1_A$ 且 $ff'=1_B$.

若态射 $f$ 有逆态射,则必定是唯一的,故将 $f$ 的逆态射记作 $f^{-1}$. 这时,$f^{-1}$ 也是以 $f$ 为逆态射的同构.

**2. 例**

(1) 集范畴 $\boldsymbol{S}$,其对象类由所有的集组成,其态射即两集之间的通常映射,态射合成也就是通常的映射合成.

(2) 群范畴 $\boldsymbol{G}$,其对象类由所有的群组成,其态射即为通常的群同态,态射合成即同态的合成.

(3) 阿尔贝群范畴 $\boldsymbol{A}$,其对象类由所有阿尔贝群组成,其他同范畴 $\boldsymbol{G}$.

(4) 环范畴 $\boldsymbol{R}$,其对象类由所有的环组成,其态射即环同态,合成是映射的合成.

(5) 含幺元的环范畴 $\boldsymbol{R}^*$,其对象类由所有含幺环组成,态射即是保幺环同态,合成是映射的合成.

(6) 右 $R^*$-模范畴 $\boldsymbol{M}_{R^*}$,其对象类由所有右 $R^*$-模组成,态射是 $R^*$-同态,合成即映射合成.

(7) 单独一群 $G$ 也可看作一范畴 $\hat{\boldsymbol{G}}$,其对象类即由单独一个抽象符号 $*$ 组成,亦即 $\mathrm{Obj}\hat{\boldsymbol{G}}=\{*\}$. 唯一的态射集 $\mathrm{Mor}(*,*):=G$,而态射的合成就是群 $G$ 的运算.

(8) 任一有序集 $(M,\leqslant)$ 也可看作一范畴 $\hat{\boldsymbol{M}}$,其对象类 $\mathrm{Obj}\hat{\boldsymbol{M}}:=M$,其态射集为 $\forall A,B\in M$,

$$\mathrm{Mor}(A,B):=\begin{cases}\varnothing, & \text{当 } A \nleqslant B;\\ \{A\leqslant B\}, & \text{当 } A\leqslant B.\end{cases}$$

亦即态射集 $\mathrm{Mor}(A,B)$ 或是空集或是单元素集 $\{A\leqslant B\}$,而态射合成 $\circ$ 是

$$\{B\leqslant C\}\circ\{A\leqslant B\}:=(A\leqslant C),$$

$$\text{否则}:=\varnothing.$$

而 $A$ 上的恒等态射 $1_A=\{A\leqslant A\}\in \mathrm{Mor}(A,A)$.

保结构映射这一思想扩展到两范畴之间就是所谓的函子.

**3. 共变与反变函子**

一范畴 $\boldsymbol{K}$ 到范畴 $\boldsymbol{L}$ 的共变(相应地,反变)函子指的是一映射对 $F:=$

$(F_O, F_M)$，使得

Ⅰ. $F_O: \mathrm{Obj}\boldsymbol{K} \longrightarrow \mathrm{Obj}\boldsymbol{L}$；

Ⅱ. $F_M: \mathrm{Mor}\boldsymbol{K} \longrightarrow \mathrm{Mor}\boldsymbol{L}$.

并且满足：

(1) $\forall \alpha \in \mathrm{Mor}\boldsymbol{K}[\alpha \in \mathrm{Mor}(A, B)$

$$\Rightarrow F_M(\alpha) \in \mathrm{Mor}(F_O(A), F_O(B))]$$

(相应地$\Rightarrow F_M(\alpha) \in \mathrm{Mor}(F_O(B), F_O(A))$).

(2) $\forall A \in \mathrm{Obj}\boldsymbol{K}[F_M(1_A) = 1_{F_O(A)}]$.

(3) $\forall \alpha, \beta \in \mathrm{Mor}\boldsymbol{K}\ [\mathrm{Cod}\alpha = \mathrm{Dom}\beta$

$$\Rightarrow F_M(\beta\alpha) = F_M(\beta) F_M(\alpha)]$$

(相应地$\Rightarrow F_M(\beta\alpha) = F_M(\alpha) F_M(\beta)$).

**4. 函子的合成**

若 $F$ 是范畴 $\boldsymbol{K}$ 到范畴 $\boldsymbol{L}$ 的函子，$G$ 是范畴 $\boldsymbol{L}$ 到范畴 $\boldsymbol{P}$ 的函子，则定义

$$GF := ((GF)_O = G_O F_O, (GF)_M = G_M F_M)$$

确定一个范畴 $\boldsymbol{K}$ 到范畴 $\boldsymbol{P}$ 的函子，称函子 $GF$ 为函子 $F$ 与函子 $G$ 的合成(或积).

易见，两共变函子的积仍是共变函子，而一共变函子与一反变函子的积却是反变函子.

**5. 函子的态射**(即自然变换)

令 $F:\boldsymbol{K}\to\boldsymbol{L}$ 及 $G:\boldsymbol{K}\to\boldsymbol{L}$ 是两共变(或反变)函子，所谓函子的态射 $\varphi: F\to G$ 指的是一态射族

$$\varphi := \{\varphi_A \mid \varphi_A \in \mathrm{Mor}_L(F(A), G(A)) \wedge A \subset \boldsymbol{K}\},$$

使得 $\forall A, B \in \boldsymbol{K}$ 及 $\forall \alpha \in \mathrm{Mor}(A, B)$，有

$$G(\alpha)\varphi_A = \varphi_B F(\alpha),$$

亦即下图

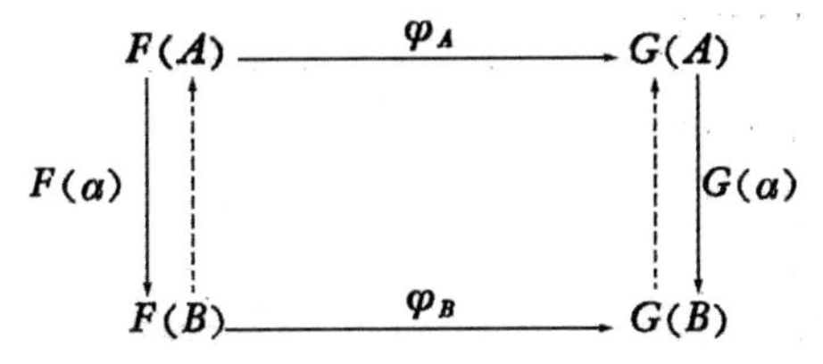


可交换，其中竖实箭头表示共变情况，竖虚箭头则表示反变情况. 此外，$\varphi_A$ 只与函子 $F$，$G$ 以及对象 $A$ 有关而与态射 $\alpha$ 无关.

如果 $\forall A \in \mathrm{Obj}\boldsymbol{K}$，$\varphi_A$ 都是同构，就称 $\varphi$ 是函子 $F$ 到函子 $G$ 的同构(或自

然等价).

如果函子 $F:\boldsymbol{K}\to\boldsymbol{L}$ 及函子 $G:\boldsymbol{K}\to\boldsymbol{L}$ 之间有一态射同构,就称这两函子 $F$ 与 $G$ 是同构的,并记作 $F\cong G$.

**6. 范畴的等价与同构**

对给定的两范畴 $\boldsymbol{K},\boldsymbol{L}$,若存在函子 $F:\boldsymbol{K}\to\boldsymbol{L}$ 及函子 $G:\boldsymbol{L}\to\boldsymbol{K}$,使得

$$GF\cong 1_K \quad 且 \quad FG\cong 1_L,$$

此处 $1_K$ 是范畴 $\boldsymbol{K}$ 到自身的恒等函子,我们就称范畴 $\boldsymbol{K}$ 与 $\boldsymbol{L}$ 等价.

易见,范畴的等价具有自反性、对称性及传递性.

**7. 模范畴的两个重要函子 Hom 与 $\otimes$**

令 $S$ 是含幺环,${}_SM$ 是左 $S$-模,$\mathbf{Z}$ 是整数环.

(1) 函子 $\mathrm{Hom}_S(M,\cdot):{}_S\mathrm{Mod}\longrightarrow{}_{\mathbf{Z}}\mathrm{Mod}$ 是一个由左 $S$-模范畴${}_S\mathrm{Mod}$ 到左 $\mathbf{Z}$-模范畴${}_{\mathbf{Z}}\mathrm{Mod}$ 的映射对

$$\mathrm{Hom}_S(M,\cdot):N\longrightarrow \mathrm{Hom}_S(M,N),$$
$$\mathrm{Hom}_S(M,\cdot):\sigma\longrightarrow\sigma^*.$$

此处 $\forall\beta\in\mathrm{Hom}_S(M,N)$,$\sigma^*(\beta)=\sigma\beta$.

(2) 函子 $\mathrm{Hom}_S(\cdot,M):{}_S\mathrm{Mod}\longrightarrow{}_{\mathbf{Z}}\mathrm{Mod}$ 是一个由左 $S$-模范畴${}_S\mathrm{Mod}$ 到左 $\mathbf{Z}$-模范畴${}_{\mathbf{Z}}\mathrm{Mod}$ 的映射对

$$\mathrm{Hom}(\cdot,M):{}_SN\longrightarrow\mathrm{Hom}_S(N,M),$$
$$\mathrm{Hom}_S(\cdot,M):\sigma\longrightarrow{}^*\sigma.$$

此处 $\forall\beta\in\mathrm{Hom}_S(P,M)$,${}^*\sigma(\beta)=\beta\sigma$.

不难验证,函子 $F:=\mathrm{Hom}(M,\cdot)$有下列性质:

① 是共变的;

② 保态射的和,即 $F(\alpha+\beta)=F(\alpha)+F(\beta)$;

③ 保模的直积,即 $F(\prod\limits_{\lambda}M_\lambda)=\prod\limits_{\lambda}F(M_\lambda)$;

④ 是左正合的,即把每个左正合列

$$0\longrightarrow N\xrightarrow{\sigma}P\xrightarrow{\beta}Q$$

变为左正合列

$$0\longrightarrow F(N)\xrightarrow{\sigma^*}F(P)\xrightarrow{\beta^*}F(Q),$$

并且当${}_SM$ 是投射模时,函子 $F:=\mathrm{Hom}_S(M,\cdot)$是保正合的.

函子 $G:=\mathrm{Hom}_S(\cdot,M)$也有类似的性质:

① 是反变的;

② 保态射的和;

③ 保模的直和，即 $G(\bigoplus_{\lambda} M_{\lambda})=\bigoplus_{\lambda} G(M_{\lambda})$；

④ 把每个右正合列

$$N \xrightarrow{\sigma} P \xrightarrow{\beta} Q \longrightarrow 0$$

变为右正合列

$$0 \longrightarrow G(Q) \xrightarrow{{}^{*}\beta} G(P) \xrightarrow{{}^{*}\sigma} G(N),$$

并且，当 $_{S}M$ 是内射模时，$G:=\mathrm{Hom}_{S}(\cdot, M)$ 是保正合的.

令 $M_{S}$ 是右 $S$-模，$_{S}N$ 是左 $S$-模.

(3) $M\otimes_{S}(\cdot)$ 是范畴 $_{S}\mathrm{Mod}$ 到范畴 $_{\mathbf{Z}}\mathrm{Mod}$ 的函子，

$M\otimes(\cdot): {}_{S}N \longrightarrow M\otimes N, \forall {}_{S}N\in {}_{S}\mathrm{Mod}$,

$M\otimes(\cdot): \sigma \longrightarrow {}^{\otimes}\sigma := 1\otimes\sigma, \forall \sigma\in \mathrm{Hom}_{S}(N,\bar{N})$,

此处 ${}^{\otimes}\sigma(\sum m_{i}\otimes n_{i})=\sum m_{i}\otimes\sigma(n_{i}), \forall m_{i}\in M, n_{i}\in N$.

(4) $(\cdot)\otimes_{S}N$ 是范畴 $\mathrm{Mod}_{S}$ 到范畴 $\mathrm{Mod}_{\mathbf{Z}}$ 的函子，

$(\cdot)\otimes N: M_{S} \longrightarrow M\otimes N, \forall M_{S}\in \mathrm{Mod}_{S}$,

$(\cdot)\otimes N: \sigma \longrightarrow \sigma^{\otimes} := \sigma\otimes 1, \forall \sigma\in \mathrm{Hom}_{S}(N,\bar{N})$,

此处 $\sigma^{\otimes}(\sum m_{i}\otimes n_{i})=\sum \sigma(m_{i})\otimes n_{i}, \forall m_{i}\in M, n_{i}\in N$.

函子 $K:=M\otimes(\cdot)$ 及函子 $L:=(\cdot)\otimes N$ 有下列性质：

① 两者都是共变的；

② 两者都保态射的和；

③ 两者都保模的直和，但不保模的直积；

④ 两者都是保右正合性，但一般不保左正合性. 然而当 $M_{S}$ 及 $_{S}N$ 都是平坦模时，两者都保短正合性，亦即把每个短正合列变为短正合列.

**8. 模范畴的等价**

作为实例，我们提供两个特殊的模范畴等价性的简要证明.

**定理**　令 $R$ 是含幺交换环，$S:=(R)_{n}$ 是 $R$ 上 $n$ 阶全阵环，则模范畴 $_{R}\mathrm{Mod}$ 与模范畴 $\mathrm{Mod}_{S}$ 等价.

**证**　事实上，由范畴 $_{R}\mathrm{Mod}$ 到范畴 $\mathrm{Mod}_{S}$ 有一共变函子 $\varphi:=\mathrm{Hom}_{R}(F,\cdot)$，此处 $F=R^{(n)}$ 是由 $R$ 上 $n\times 1$ 型矩阵新构成的左 $R$-模. 由范畴 $\mathrm{Mod}_{S}$ 到范畴 $_{R}\mathrm{Mod}$ 也有一共变函子 $\psi:=\mathrm{Hom}_{S}(F^{*},\cdot)$，此处 $F^{*}=\mathrm{Hom}_{R}(R^{(n)},R)$ 是模 $F$ 的对偶模(验证从略).

以下证明 $\psi\varphi\cong I, \varphi\psi\cong J$，此处 $I, J$ 分别是范畴 $_{R}\mathrm{Mod}$ 及 $\mathrm{Mod}_{S}$ 的恒等函子，从而证明范畴 $_{R}\mathrm{Mod}$ 与范畴 $\mathrm{Mod}_{S}$ 等价.

为此,令$_RM$是模范畴$_R\mathrm{Mod}$的任一对象,于是

$$M\xrightarrow{\phi}M^{(n)}\xrightarrow{\psi}M^{(n)}E_{11}=\{(m,0,\cdots,0)\mid m\in M\}\cong M,$$

故$\mu_M:M\to\psi\varphi M$是模$_RM$到模$\psi\varphi_RM$的模同构.

$\forall m\in M,\mu_M(m)=(m,0,\cdots,0),\forall\sigma\in\mathrm{Hom}_R(M,N)$,考察下图,

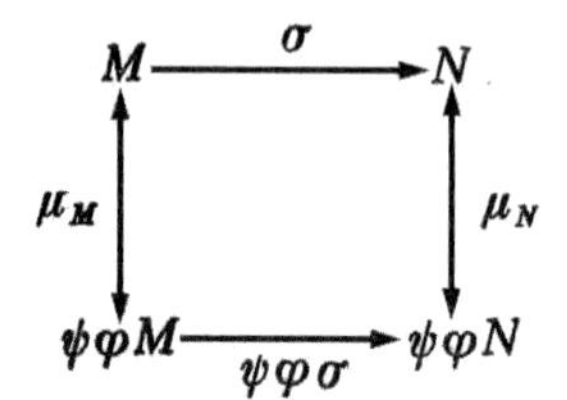

我们有$\forall m\in M,(\mu_N\sigma)(m)=(\sigma(m),0,\cdots,0)$,而

$$\begin{aligned}\psi\varphi\sigma\mu_M(m)&=\psi\varphi\sigma(m,0,\cdots,0)\\&=\varphi\sigma(m,0,\cdots,0)E_{11}=(\sigma(m),0,\cdots,0),\end{aligned}$$

故$\mu_N\sigma=\psi\varphi\sigma\mu_M$,亦即上图可交换.

另一方面,令$\overline{M}_S$是模范畴$\mathrm{Mod}_S$的任一对象,

$$\overline{M}\xrightarrow{\psi}\overline{M}E_{11}\xrightarrow{\varphi}(\overline{M}E_{11})^{(n)}=\{(\overline{m}_1E_{11},\cdots,\overline{m}_nE_{11})\mid\overline{m}_1\in\overline{M}\},$$

以上$E_{11}$是环$R$上的第1行第1列是$1_R$其余是0的$n$阶阵,故$\eta_{\overline{M}}:\overline{M}\to\varphi\psi\overline{M}$是模$\overline{M}_S$到模$\varphi\psi\overline{M}_S$的模同构. $\forall\overline{m}\in\overline{M}$,

$$\begin{aligned}\eta_{\overline{M}}(\overline{m})&=(\overline{m}E_{11},\cdots,\overline{m}E_{n1})\\&=(\overline{m}E_{11}E_{11},\cdots,\overline{m}E_{n1}E_{11})\in\varphi\psi\overline{M},\end{aligned}$$

$\forall\sigma\in\mathrm{Hom}_S(\overline{M},\overline{N})$,考察下图

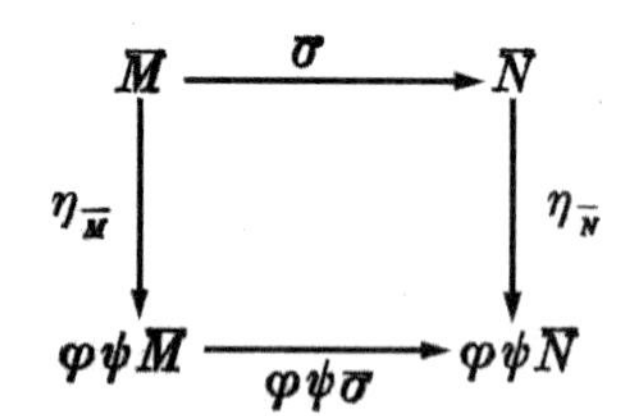

我们有$\forall\overline{m}\in\overline{M},(\eta_{\overline{N}\bar{\sigma}})(\overline{m})=(\bar{\sigma}(\overline{m})E_{11},\cdots,\bar{\sigma}(\overline{m})E_{n1})$,而

$$\begin{aligned}\varphi\psi\bar{\sigma}\eta_M(\overline{m})&=\varphi\psi\bar{\sigma}(\overline{m}E_{11},\cdots,\overline{m}E_{n1})\\&=(\psi\bar{\sigma}\overline{m}E_{11},\cdots,\psi\bar{\sigma}\overline{m}E_{n1})=(\bar{\sigma}(\overline{m})E_{11},\cdots,\bar{\sigma}(\overline{m})E_{n1}),\end{aligned}$$

故$\eta_{\overline{N}\bar{\sigma}}=\varphi\psi\bar{\sigma}\eta_{\overline{M}}$,亦即上图可交换. □

# 附录 2　关于自由模的两点注记[①]

陈晋健

本文对酉环的维数不变性及泛性做若干评注. 同时对圣安德鲁斯(St Andrews)大学 T. S. Blyth 教授著 *Module Theory* 中一处原则错误进行补正.

## (一)

弄清楚哪类环具有维数不变性是环论与模论的共同课题. 已知除环及交换酉环具有维数不变性，但并非任意酉环都具有维数不变性，T. S. Blyth 著 *Module Theory* 一书定理 7.11 下面的注记为此提供了一个反例："$R$ 是一酉环而 $R^{\mathbf{N}}$ 是由 $R$ 的元的一切序列所构成的酉 $R$-模，则 $R^{\mathbf{N}}$ 是自由模，它的典范基是$\{e_i;i\in\mathbf{N}\}$，其中 $e_i(j)=\begin{cases}1_R,当\ j=i\ 时;\\0_R,当\ j\neq i\ 时\end{cases}$ ……"这段叙述本想表明，环 $\mathrm{End}R^{\mathbf{N}}$ 是不具维数不变性的酉环.

首先，断言$\{e_i;i\in\mathbf{N}\}$是酉 $R$-模 $R^{\mathbf{N}}$ 的基是不对的，而该书接下来论述 $\mathrm{End}R^{\mathbf{N}}$ 不具维数不变性，当然也就不足为信了.

显然，$\{e_i;i\in\mathbf{N}\}$不可能生成 $R^{\mathbf{N}}$，起码 $R^{\mathbf{N}}$ 中的元$(1,1,1,\cdots)$不是$\{e_i;i\in\mathbf{N}\}$的有限线性组合.

事实上，当 $R$ 是主理想整环但不是域时，可以证明，酉 $R$-模 $R^{\mathbf{N}}$ 不是自由模.

若不然，果若 $R^{\mathbf{N}}$ 是自由酉 $R$-模，那么由于集合 $R^{\mathbf{N}}$ 具有连续势 $c$，故秩 $R^{\mathbf{N}}>\aleph_0$. 这是因为，当 $R$ 的势$>\aleph_0$时，$R^{\mathbf{N}}$ 的线性无关子集$\{(1,\alpha,\alpha^2,\alpha^3,\cdots)\mid\alpha\in R\}$的势$>\aleph_0$. 当 $R$ 的势$=\aleph_0$时，若秩 $R^{\mathbf{N}}=\aleph_0$，则集合 $R^{\mathbf{N}}$ 的势$=\aleph_0$.

① 本文引自《河南大学学报》1986 年第 4 期.

由于 $R$ 是主理想整环但不是域,故至少存在一素元 $p\in R$. 令 $S=\{(\beta_1,\beta_2,\cdots,\beta_n,\cdots)\mid p\nmid\beta$ 只对有限个 $n\}$,则 $S$ 是 $R^{\mathbf{N}}$ 的一酉 $R$-子模,并且以$\aleph_0=(p,p^2,p^3,\cdots)$作点态乘是 $R^{\mathbf{N}}$ 到 $S$ 的 $R$-同构映射. 所以 $S$ 也是自由酉 $R$-模且秩 $S=$秩 $R^{\mathbf{N}}>\aleph_0$.

另一方面,给 $S$ 的子群 $pS=\{pa\mid a\in S\}$ 赋予外乘 $[r+(p)]\cdot[a+pS]=ra+pS,r+(p)\in R/(p),a+pS\in S/pS$,则 $S/pS$ 是自由酉 $R/(p)$-模(实际上是域 $R/(p)$上向量空间). 对任 $\beta=(\beta_1,\beta_2,\cdots,\beta_n,\cdots)\in S$,因只有有限个 $j\in\mathbf{N}$ 使 $p\nmid\beta_j$,故存在 $\alpha\in pS$,使得 $\beta=\alpha+\sum\beta_je_j$( $\sum$ 是有限和). 这表明,$\{e_i;i\in\mathbf{N}\}$在典范同态 $\pi:S\to S/pS$ 下的像$\{\pi(e_i);i\in\mathbf{N}\}$是自由 $R/(p)$-模 $S/pS$的生成元集. 故秩 $S/pS\leqslant\aleph_0$. (1)

可是,典范同态 $\pi$ 也把 $S$ 的基 $T=\{X_j;j\in I\}$映成 $S/pS$ 的基 $\pi(T)=\{\pi(X_j);j\in I\}$,这只需证明,$\pi(T)$是 $S/pS$ 的线性无关子集即可. 事实上,

$\sum r_j/(p)\cdot x_j/pS=O/pS\Rightarrow\sum r_jX_j\in pS\Rightarrow\lambda_j\in R$ 使 $\sum r_jX_j=\sum\lambda_j\ pX_j$ $\Rightarrow(\forall j)r_j=\lambda_jp\in(p)\Rightarrow r_j/(p)=O/(p)$. 故秩 $S/pS=$秩 $S>\aleph_0$. (2)

(1)与(2)同时成立显然与域 $R/(p)$的维数不变性矛盾,所以 $R^{\mathbf{N}}$ 不是自由酉 $R$-模.

其实,为了获得不具维数不变性的酉环,只需考虑环 $R=\mathrm{End}_SF$,其中 $F$ 是任意酉环 $S$ 上具可数基的自由酉 $S$-模. 可以证明,作为自由酉 $R$-模的 $R$,其秩数 $n$ 可以是任意自然数.

显然,$\{1_R\}$是酉 $R$-模 $R$ 的一元基,$\{f_1,f_2\}$是酉 $R$-模 $R$ 的二元基,其中

$$f_1(e_n)=\begin{cases}e_{n/2}, & \text{当 } 2\mid n \text{ 时};\\ 0, & \text{否则}.\end{cases}$$

$$f_2(e_n)=\begin{cases}e_{n+1/2}, & \text{当 } 2\mid n+1 \text{ 时};\\ 0, & \text{否则}.\end{cases}$$

$\{g_1,g_2,\cdots,g_n\}$ 是酉 $R$-模 $R$ 的 $n$ 元基,其中

$$g_i(e_m)=\begin{cases}e_{m+i-1/n}, & \text{当 } n\mid m+i-1 \text{ 时};\\ 0, & \text{否则}.\end{cases}$$

$\{g_1,g_2,\cdots,g_n\}$ 是 $R$ 的线性无关子集,事实上对于任意 $r_i\in R$, $\sum_{i=1}^{n}r_ig_i=0$ $\Rightarrow(\forall m\in\mathbf{N})(\sum_{i=1}^{n}r_ig_i)(e_m)=0\Rightarrow r_i(e_{m+i-1/n})=0$,这里 $m\in\mathbf{N}$,且 $n\mid m+i-1$. 故$\{e_{m+i-1/n}\}=\{e_j;j\in\mathbf{N}\}$,故 $r_i=0,i=1,2,\cdots,n$.

其次，$\forall g \in R$，存在 $r_1, r_2, \cdots, r_n \in R$，使得 $g = \sum_{i=1}^{n} r_i g_i$，其中只需令 $r_i(e_n) = g(e_{nm-i+1})$即可.

## （二）

我们知道酉 $R$-模必定是 $R$-模，但自由酉 $R$-模却未必是自由 $R$-模. 这是因为自由酉 $R$-模是全体酉 $R$-模范畴的自由对象，自由 $R$-模则是全体 $R$-模范畴的自由对象. 也就是说，模的自由性所刻画的是它在特定范畴中的泛性. 所以它与其所处的范畴有关.

比如 $R$ 是酉环，作为酉 $R$-模，它以恒等元$\{1_R\}$为基，所以是自由酉 $R$-模. 但作为一般 $R$-模，它没有基，所以它不是自由 $R$-模. 若不然，果若 $R$ 是自由 $R$-模，则它有基 $S \neq \Phi$，然而，对于具平凡 $R$-模结构（即外乘积恒为 0）的整数加群 $\mathbf{Z}$，从 $S$ 到 $\mathbf{Z}/\{0\}$的任意映射 $f$ 都不可能延拓成 $R$ 到平凡 $R$-模 $\mathbf{Z}$ 的 $R$-同态，因为从 $R$ 到平凡 $R$-模 $\mathbf{Z}$ 的 $R$-同态只可能是零同态！

鉴于此，每个自由酉 $R$-模都是 $R$ 的一些拷贝的直和这一经典结论，对一般的自由 $R$-模不再成立.

# 参 考 文 献


1. T.S.Blyth, Module Theory, 1977.
2. N.Jacobson, Basic Algebra, 1980.
3. T.W.Hungerford, Algebra, 1980.
4. J.Lambek, Lectures on Rings and Modules, 1966.
5. Carl Faith, Algebra 1 Rings, Modules and Categories, 1981.
6. F.Kasch, Modules and Rings, 1982.
7. Lrving Kaplansky, Infinite Abelian Groups, 1954.

# 附录 3　关于有限生成投射模为自由模的环[①]

佟文廷

**摘要**　若环 $R$ 上一切有限生成投射模都是自由模,则称 $R$ 为 PF 环,本文讨论了 PF 环的一些性质及其一些应用.

## §1　引言与记号

如众周知,环上的投射模是自由模的一种成功的推广,在同调代数、代数几何以及环论的研究中都占有重要地位. D. Quillen 在[1]中、A. A. Suslin 在[2]中同时证明了:设 $R$ 为一个主理想整环上的关于 $n$ 个未定元的多项式环,则一切有限生成投射 $R$-模都是自由 $R$-模,从而对著名的 Serre 猜测(见[3])给出了一个肯定的回答. A. A. Suslin 与 D. Quillen 的这一结果对向量丛的研究具有重要意义(见[4]),因此研究有限生成投射模为自由模的环是十分必要的. 为叙述简便起见,我们先列出作者在[5]中给出的如下定义:

**定义**　设环 $R$ 上一切有限生成投射模都是自由模,则称 $R$ 为 PF 环,记为 $R\in$ PF.

这是一类重要的环,因为它具有很好的范畴性质. 比如,可以证明(见[6] P115):若 $R\in$ PF,则环 $S$ 与 $R$ Morita 等价的充分必要条件是存在自然数 $n$ 使 $S\cong R^{n\times n}$. 而对一般的环这只是 $S$ 与 $R$ Morita 等价的一个充分条件,并非必要条件.

由[7]知,主理想整环上的 $n$ 元多项式环、域上的幂级数环,局部环, Bezout 环,PID(主理想整环)等都是 PF 环. 由 Quillen-Suslin 的结果与同调代数中的换环理论知,对任一正整数 $n$,都有整体(同调)维数为 $n$ 的 PF 环存在.

① 本文摘自《数学研究与评论》第 9 卷第 3 期,1989 年 8 月.

本文的主要目的是给出 PF 环的一些性质与应用. 在本文中,我们用 D,H,SH,N,SS,RE,IBN,PID 分别表示可换整环、遗传环、半遗传环、Noether 环、(Artin)半单环、(von Neumann)正则环、不变基数环(见[8])以及主理想整环的环类;用 PSF 表示一切有限生成投射模都是准自由(stable free)模的环类,用 UCP 表示有幺模列性质(unimodular column property)的环类,而用 $\mathscr{F}$ 表示域的类,用 $S\mathscr{F}$ 表示除环(体)的类;用 $gD(R)$,$wD(R)$ 分别表示环 $R$ 的(左)整体同调维数与弱同调维数. 本文中的环均指酉环,未加特别说明时均指可换酉环. 模,均指酉模. 对非可换环上的模均指左模.

## §2　PF 环的一些性质

在[5]中,我们已经证明了如下结果:

**命题 1**　(1) UCP$\cap$PSF$=$PF;

(2) $R\in$PSF$\Leftrightarrow K_0(R)\cong\mathbf{Z}$,其中 $K_0(R)$ 为环 $R$ 的 Grothendieck 群,对可换环 $R$,它有环结构,$\mathbf{Z}$ 表示整数环.

由此可知:若 $R\in$PF,则 $K_0(R)\cong\mathbf{Z}$.

现在来证如下结果. 由此知,整体维数为 0 的可换 PF 环即弱维数为 0 的 Noether 可换 PF 环. 它们都是域的特征刻画.

**命题 2**　对可换环,下述各点是等价的:

(1) $R\in D$ 且 $gD(R)=0$;

(2) $R\in$PID 且 $gD(R)=0$;

(3) $R\in\mathscr{F}$;

(4) $R\in$PF$\cap$RE$\cap$N,即 $R\in$PF$\cap$N 且 $wD(R)=0$;

(5) $R\in$PF$\cap$SS,即 $R\in$PF 且 $gD(R)=0$.

因此,D$\cap$SS$=$PID$\cap$SS$=$PF$\cap$RE$\cap$N$=$PF$\cap$SS$=\mathscr{F}$.

**证明**　(1)$\Rightarrow$(2):只需证 $R$ 的一切非零理想都是主理想. 事实上,设 $0\neq I\lhd R$,由 $gD(R)=0$ 即 $R\in$SS 知 $I$ 为 $R$ 的直和分量,即有 $J\lhd R$ 使 $R=I\oplus J$,于是 $1=(a,b)$,$a\in I$,$b\in J$,故 $I=(a)$,即 $I$ 为 $R$ 的主理想.

(2)$\Rightarrow$(3):若(2)成立,则 $R$ 为可换半单环,由 Wedderburn 定理知

$$R\simeq\bigoplus_{j=1}^{n}F_j,\quad F_j\in\mathscr{F},\quad j=1,\cdots,n.$$

但 $R\in \mathrm{PID}$,因此由[9]知 $K_0(R)\simeq \mathbf{Z}$. 但由[9]又知

$$K_0(R)\simeq K_0(\bigoplus_{j=1}^{n}F_j)\simeq \underbrace{\mathbf{Z}\oplus\cdots\oplus\mathbf{Z}}_{n}.$$

于是,必有 $n=1$,即 $R\in\mathscr{F}$.

(3)⇒(4)是显见的.

(4)⇒(5):由[10]P89 知 $\mathrm{SS}=\mathrm{RE}\cap \mathrm{N}$,因此(4)⇒(5).

(5)⇒(1):由"(1)⇒(2)"之证知:若 $R\in \mathrm{SS}$,$0\neq I\lhd R$,则必有 $J\lhd R$ 使 $R=I\oplus J$. 于是 $I,J$ 均为有限生成投射 $R$-模,而 $R\in \mathrm{PF}$,因此有非负整数 $i,j$ 使 $I\simeq R^i$,$J\simeq R^j$,由此知 $R\simeq R^{i+j}$. 但 $\mathrm{SS}\subset \mathrm{N}\subset \mathrm{IBN}$,于是 $i+j=1$,这只能是 $I=R$,$J=0$. 由此知 $R$ 为可换单环,即域. 此时当然有 $R\in D$,且 $gD(R)=0$,从而命题证毕.

注意无零因子单环即除环,仿上证又得如下结果:

**推论 1** 设 $R$ 为无零因子环,则下述各点是等价的:

(1) $gD(R)=0$;

(2) $gD(R)=0$ 且 $R$ 为(左)主理想环;

(3) $R\in \mathrm{S}\mathscr{F}$;

(4) $R\in \mathrm{PF}\cap\mathrm{RE}\cap\mathrm{N}$;

(5) $R\in \mathrm{PF}\cap \mathrm{SS}$.

对唯一分解整环(UFD)我们可得如下结果:

**命题 3** 设 $R\in \mathrm{UFD}$,则

(1) $gD(R)<\infty$时,$R\in \mathrm{PF}$,为此 $K_0(R)\simeq\mathbf{Z}$;

(2) $gD(R)\doteq\infty$时,$\mathbf{Z}$ 同构于 $K_0(R)$的一个直和分量.

**证明** (1) 由于 UFD 或为 PID 或为 PID 上的多项式环(不定元个数可以无穷)(比如见[11]),而 $gD(\mathrm{PID})\leqslant 1$,于是由[7]之定理 9.34($gD(R[X])=gD(R)+1$)知:当 $R\in \mathrm{UFD}$ 且 $gD(R)<\infty$时,必有 $A\in \mathrm{PID}$ 与 $n<\infty$,使 $R=A[X_1,\cdots,X_n]$. 故由 Qiullen-Suslin 定理知 $R\in \mathrm{PF}$. 再由命题 1 知 $K_0(R)\simeq\mathbf{Z}$.

(2) 若 $R\in \mathrm{UFD}$,$gD(R)=\infty$,则由上段知必有 $A\in \mathrm{PID}$,使 $R=A[X_1,\cdots,X_n,\cdots]\equiv R_\infty$. 记 $R_\lambda=A[X_1,\cdots,X_\lambda]$,$\lambda<\infty$. 令 $f:R_\lambda\to R_\infty$ 为嵌入映射,而定义环同态 $g:R_\infty\to R_\lambda$,使 $g(X_j)=0$. $\forall j>\lambda$,且 $g$ 在 $R_\lambda$ 上的限制为恒等映射,则对环同态 $f,g$ 有 $gf=1$. 由[9]之命题 5 知

$$K_0(R_\infty)=K_0(R)\simeq K_0(R_\lambda)\oplus \mathrm{Ker}(K_0 g)\simeq \mathbf{Z}\oplus\mathrm{Ker}(K_0 g),$$

其中 $K_0 g$ 为 $g$ 诱导的从 $K_0(R_\infty)$到 $K_0(R_\lambda)$的环同态. 因此,$\mathbf{Z}$ 同构于 $K_0(R)$的一个直和分量. 命题证毕.

# §3　对模的自同态与张量积的应用

先证一条引理,从中也可看出 $R$-模 $R$ 的自同态性质对 $R$ 的环性质的影响.

**引理 1**　设 $R$ 为环(未必可换),若作为 $R$-模,$R$ 的非零自同态全为单同态,则 $R$ 无(非零)零因子.

**证明**　定义 $f_r(x)=rx$, $\forall x\in R$, $0\neq r\in R$,容易验知 $f_r$ 为 $R$-模 $R$ 的自同态. 由于 $r\neq 0$, $f_r$ 为非零自同态(注意 $R$ 有单位元),若对任意的 $0\neq r\in R$, $f_r$ 均为单同态,则 $rx=0\Leftrightarrow x=0$,即 $R$ 无零因子.

对弱维数$\leqslant 1$ 的 PF 环,我们可得如下结果:

**命题 4**　设环(未必可换)$R\in \mathrm{IBN}\cap \mathrm{PF}\cap \mathrm{SH}$,则 $R$-模 $R$ 的非零自同态 $f$ 全为单同态,因此 $R$ 无零因子. 此外,$\mathrm{Im}f\simeq R$.

**证明**　设 $f$ 为 $R$-模 $R$ 的非零自同态,则 $\mathrm{Im}f\neq 0$ 且

$$0\to \mathrm{Ker}f\to R\xrightarrow{f}\mathrm{Im}f\to 0$$

为 $R$-模正合列,同时 $\mathrm{Ker}f$, $\mathrm{Im}f$ 均为 $R$ 的左理想. 又由 $R\xrightarrow{f}\mathrm{Im}f$ 为满射,知 $\mathrm{Im}f$ 为有限生成的(事实上是左主理想). 于是由 $R\in \mathrm{SH}$ 知 $\mathrm{Im}f$ 为有限生成投射 $R$-模. 但 $R\in \mathrm{PF}$,因此 $\mathrm{Im}f$ 又是有限生成自由 $R$-模. 再由投射模性质与上述正合列知

$$R\simeq \mathrm{Im}f\oplus \mathrm{Ker}f.$$

因此,$\mathrm{Ker}f$ 也是有限生成投射 $R$-模. 与上证同理知,$\mathrm{Ker}f$ 又是有限生成自由 $R$-模. 所以,必有 $i,j\geqslant 0$ 使 $\mathrm{Im}f\simeq R^i$, $\mathrm{Ker}f\simeq R^j$,于是

$$R\simeq R^{i+j}.$$

但由设又知 $R\in \mathrm{IBN}$,因此 $i+j=1$. 而 $\mathrm{Im}f\neq 0$,这只能是 $\mathrm{Im}f\simeq R$, $\mathrm{Ker}f\simeq 0$,故 $f$ 为单同态. 最后由引理 1 知 $R$ 无零因子. 命题证毕.

由此命题立得:

**推论 2**　设可换环 $R\in \mathrm{PF}\cap \mathrm{SH}$,则 $R$-模 $R$ 的非零自同态 $f$ 必为单同态,因此 $R$ 为 Prüfer 环. 此外,$\mathrm{Im}f\simeq R$.

**证明**　由命题 4(注意可换环为 IBN 环)知 $R\in D$,于是由 Prüfer 环的定义即得欲证.

**注 1**　注意到:① $R\in D$ 为 Prüfer 环$\Leftrightarrow$每一个有限生成非挠 $R$-模均为投

射$R$-模;② $R$为Prüfer环时,平坦$R$-模与非挠$R$-模是一致的(见[7]).由推论2可得出可换环$R\in \mathrm{PF}\cap \mathrm{SH}$时的一些模性质.

联系到UFD,我们可以得到如下结果:

**命题5** 设$R\in \mathrm{PF}\cap \mathrm{UFD}$,则$R$-模$R$的非零自同态$f$必为单同态,且$\mathrm{Im}f\simeq R$.

**证明** 由[7]之定理4.28,因为$R\in \mathrm{UFD}$,于是$R$的理想$I$为投射$R$-模$\Leftrightarrow$ $I$为主理想.由命题4之证知$\mathrm{Im}f$为$R$的主理想,因此$\mathrm{Im}f$为有限生成投射$R$模.而$R$可换保证了$R\in \mathrm{IBN}$,故与命题4之证同理可得$\mathrm{Im}f\simeq R$,且$f$为单同态.

**注2** 命题5中的结论$\mathrm{Im}f\simeq R$不能加强为$\mathrm{Im}f=R$.例如$\mathbf{Z}\in \mathrm{PID}$,因此$\mathbf{Z}\in \mathrm{PF}\cap \mathrm{UFD}$,令$f:R\to R$,使$f(n)=2n$, $\forall n\in \mathbf{Z}$,则$\mathrm{Im}f=(2)\simeq \mathbf{Z}$,但$\mathrm{Im}f\neq \mathbf{Z}$.

由UFD的性质与Quillen-Suslin定理,用命题5立得如下推论:

**推论3** 设$A\in \mathrm{PID}$, $R=A[X_1,\cdots,X_n]$,则$R$-模$R$的非零自同态$f$必为单同态,且$\mathrm{Im}f\simeq R$.

**命题6** 设$R\in \mathrm{PF}\cap \mathrm{IBN}$, $f$为$R$-模$R$上的非零幂等自同态(即$f^2=f\neq 0$),则$f$为$R$-模同构.

**证明** 任取$0\neq b\in \mathrm{Im}f$,则有$a\in R$使$b=f(a)$.于是由$f^2=f$知

$$f(b)=f^2(a)=f(a)=b\neq 0.$$

因此,$b\notin \mathrm{Ker}f$.由此知$\mathrm{Im}f\cap \mathrm{Ker}f=0$.另一方面,设$c\in R$,则

$$c=(c-f(c))+f(c).$$

注意:$f(c-f(c))=f(c)-f^2(c)=f(c)-f(c)=0$,因此,$c-f(c)\in \mathrm{Ker}f$,而$f(c)\in \mathrm{Im}f$,由此知$R=\mathrm{Im}f+\mathrm{Ker}f$,再由上证之$\mathrm{Im}f\cap \mathrm{Ker}f=0$即得

$$R=\mathrm{Im}f\oplus \mathrm{Ker}f,$$

于是$\mathrm{Im}f$与$\mathrm{Ker}f$均为有限生成投射$R$-模.但是$R\in \mathrm{PF}\cap \mathrm{IBN}$,故由命题4之证中有关部分知$\mathrm{Im}f=R$, $\mathrm{Ker}f=0$,即$f$为$R$-模同构.命题证毕.

同样地,注意到可换环为IBN环,由命题6立得如下推论:

**推论4** 设$R$为可换PF环,$f$为$R$-模$R$上的非零幂等自同态,则$f$为$R$-模同构.

**推论5** 设$R\in \mathrm{RE}\cap \mathrm{PF}\cap \mathrm{IBN}$,则$R$无非平凡的有限生成单侧理想,因此,更无非平凡的有限生成理想.

**证明** 反设$R$有有限生成左理想$I$, $I\neq 0$,则由$R\in \mathrm{RE}$知,$I$为$R$的直和分量(作为左$R$-模,见[12]P176),再由[12]P71知,必有$R$-模$R$的幂等自同

态 $f$，使 $I=\mathrm{Im}f$. 但由 $R\in \mathrm{PF}\cap \mathrm{IBN}$ 用命题 6 知(注意 $I\neq 0$)，$I=\mathrm{Im}f=R$. 因此，$R$ 无非平凡的有限生成(单侧)理想.

**注 3**　注意 $\mathrm{N}\subset \mathrm{IBN}$，且 $R\in \mathrm{N}$ 时 $R$ 之理想均为有限生成的，推论 5 对可换环应用，又立即得到命题 2 中的结果 $\mathscr{F}=\mathrm{PF}\cap \mathrm{RE}\cap \mathrm{N}$.

下面用 $\chi(M)$表示 $R$-模 $M$ 的 Euler 特征标. 在[13]中，我们已得到如下结果.

**引理 2**　设 $P$ 为可换环，$M$，$N$ 为准自由 $R$-模，则

$$\chi(M\otimes N)=\chi(M)\chi(N).$$

由此引理，我们可得如下命题：

**命题 7**　设可换环 $R\in \mathrm{PSF}$，$M$，$N$ 为有限生成投射 $R$-模，则

$$\chi(M\otimes N)=\chi(M)\chi(N).$$

**证明**　由 $R\in \mathrm{PSF}$ 知，有限生成投射 $R$-模 $M$，$N$ 都是准自由 $R$-模，于是由引理 2 即得欲证.

最后，注意当可换环 $R\in \mathrm{PF}$ 时，由命题 1 知 $R\in \mathrm{PSF}$. 因此，此时的命题 7 正好缩化为自由模的 Euler 特征标的上述关系式.

# 参 考 文 献

[1] D. Quillen, Inv. Math. 36(1976), 167—171.

[2] A. A. Suslin, Soviet Math. Dokl. 17(1976), 1160—1164.

[3] J. —P. Serre, Ann Math. 61(1955), 197—278.

[4] 周伯埙，南京大学学报数学半年刊，1(1987)，91—98.

[5] 佟文廷，南京大学学报数学半年刊，1(1986)，1—11.

[6] P. M. Cohn, Algebra, Ⅱ, John Wiley and Sons, 1979.

[7] J. J. Rotmann, An Introduction to Homological Algebra, Acad. Press, New York, San Francisco, London, 1979.

[8] 佟文廷，南京大学学报数学半年刊，2(1984)，217—223.

[9] J. R. Silvester, Introduction to Algeraic $K$ Theory, Chapman and Hall, London and New York, 1981.

[10] J. J. Rotmann, Notes on Homological Algebra, van Nostrand Reinhold Comp. New York, 1970.

[11] 谢邦杰,抽象代数学,上海科技出版杜,1982.

[12] F. Anderson, K. Fuller, Rings and Categories of Modules, Springer-Verlag, Berlin, New York, 1974.

[13] Tong Wenting(佟文廷), Chin. Ann Math. 10B(1), 1989, 58—63.

# 跋

2018 年,陈晋健先生的经典教材《模论》再版发行(初版于 1994 年). 毋庸置疑,这是中国模论教学和研究史上的一件盛事. 我 1978 年春进入河南师范大学(当时称新乡师范学院)学习,当年有幸聆听陈先生的授课. 如今,先生的经典教材再版发行,学生在大洋彼岸倍感喜欢,借此机会对陈先生一生的学术成就表示热烈祝贺!

19 世纪末,德国数学家 Richard Dedekind 首先引进模的概念,后经几代中外数学家的发扬光大,今天的模论已经成为既优雅又实用的一个数学分支. 模论也是抽象代数领域一颗灿烂的明珠. "环上的模"并列"域上的向量空间"已是数学界耳熟能详的词组. 前者不仅在理论上可以和后者媲美,而且在应用上因限制较少而超越前者. 陈先生早年师从北京师范大学张禾瑞教授研究模论,也许早就预见到模论今日的辉煌?

陈先生的教学和研究广泛而深刻,经常活跃于分析学(Mathematical Analysis)和抽象代数学(Abstract Algebra)这两个截然不同的数学分支,好像一个技艺高强的骑士同时驾驭两匹不羁的骏马. 这在数学界非常罕见! 知道这个事实,对陈先生后来引入并深刻研究"连续模"取得重要成果,就不会感到惊奇了!

陈先生一生为数学研究尤其是模论方面的研究所做的贡献,是难以用几段文字来估量的. 下面笔者试图评述一下陈先生学术生涯中的三大亮点.

第一,陈先生于 1985 年翻译了 T. S. Blyth 所著的由牛津大学出版社出版的权威学术专著 *Module Theory*(《模论》). T. S. Blyth 是一位誉满全球的数学家,以治学严谨和条理清楚而著称. 他的这本专著在欧洲和北美被广泛采用为本科高年级和研究生教材. 当时正是我国培养研究生的初级阶段,陈先生的译著很自然地成为经典的研究生教材,受到同行的青睐. 而随后不久,陈先生就发现这本已风靡学界八年之久的专著中有一个论据错误. 陈先生发表了题为"关于自由模的两点注记"的论文(刊于《河南大学学报》1986 年第 4 期),不仅纠正了 T. S. Blyth 的论据错误,而且对相关结果给出了完善的证明. T. S. Blyth 为此专函恳谢陈先生,并欣然录取了陈先生推荐的博士研究生,免于任何考试.

第二,1994 年,陈先生编写了国内首款研究生用的标准教材《模论》. 二十多年来,这本教材一直是国内代数学和相关领域里的硕士研究生、博士研究生以及专业模论研究人员的标准教材和热门参考书. 在具有权威性的"中国图书全文数据库"中,这本教材是国内"十大代数学经典教材"之一.

第三,陈先生是成功地把"连续性"概念引入传统意义下具有离散结构的模系统的第一位数学家. 这是和一位卓越的代数学家同时具有雄厚的分析学功底密切相关的.《数学季刊》1993 年第 2 期发表了陈先生的论文 *On the Construction of d-Continuous Modules*(*d*-连续模的结构). 在这篇和后续几篇文章中,陈先生建立了关于"连续模"的若干奠基性结果,开创了模论研究领域的一个新篇章. 二十多年来,这些结果被越来越多的研究人员引用. 可以毫不夸张地说,陈先生开创的"连续模"研究和应用的前景是不可估量的!

如果说陈先生翻译并完善 T. S. Blyth 的学术专著以及编写《模论》经典教材,已经达到了很高的学术境界,那么陈先生关于"连续模"的奠基性工作则是在学术殿堂的宝塔上增添了一块耀眼的宝石! 因为后者更具有创造性,其影响力会更久远! 陈先生经常告诫学生们:现代数学起源于西方,搞数学研究就像攀登望不见顶的悬崖. 我国的数学教学和研究要想全方位赶超西方,仍需几代人坚持不懈地努力和前赴后继地攀登. 在这方面,陈先生身体力行,无愧为出色的榜样!

今年,陈晋健先生已经 84 岁. 作为学生、晚辈,我衷心祝愿先生健康长寿,安享晚年!

孙兴平

美国密苏里州立大学教授,

河南师范大学特聘教授

2018 年元月于 Springfield, Missouri, USA

# 主要符号说明

| 符号 | 说明 |
| --- | --- |
| $\wedge$ | 并且 |
| $\vee$ | 或者 |
| $\forall$ | 对一切 |
| $\exists$ | 存在 |
| $\Rightarrow$ | 蕴含 |
| $\Leftrightarrow$ | 等价,当且仅当 |
| $:\Leftrightarrow$或$:=$ | 定义的条件或等式 |
| $\cong$ | 同构 |
| $\mathbf{N}$ | 自然数集 |
| $\mathbf{Z}$ | 整数集 |
| $\mathbf{Q}$ | 有理数集 |
| $\mathbf{R}$ | 实数集 |
| $\square$ | 证毕 |
| $a\mid b$ | $a$ 整除 $b$ |
| $a\nmid b$ | $a$ 不整除 $b$ |
| $A\subset B$ | $A$ 含于 $B$ 或 $B$ 包含 $A$ |
| $A \hookrightarrow B$ | $A$ 是 $B$ 的子模或子环 |
| $A\subsetneqq B$ | $A$ 是 $B$ 的真子集 |
| $A \underset{\neq}{\hookrightarrow} B$ | $A$ 是 $B$ 的真子模或真子环 |
| $A\not\subset B$ | $A$ 不含于 $B$ 或 $B$ 不包含 $A$ |
| $A \not\hookrightarrow B$ | $A$ 不是 $B$ 的子模或子环 |
| $A \underset{\circ}{\hookrightarrow} B$ | $A$ 是 $B$ 的小子模 |
| $A \underset{*}{\hookrightarrow} B$ | $A$ 是 $B$ 的大子模 |
| $\bigcup_i A_i$ | $A_i$ 的并 |
| $\bigcap_i A_i$ | $A_i$ 的交 |

| | |
|---|---|
| $A \backslash B$ | $B$ 对 $A$ 的差集或余集 |
| $A \times B$ | $A$ 与 $B$ 的卡积 |
| $\prod_i M_i$ | 模 $M_i$ 的积 |
| $\coprod_i M_i$ | 模 $M_i$ 的余积 |
| $\bigoplus_i M_i$ | 模 $M_i$ 的直和 |
| $M^d$ | 模 $M$ 的对偶模 |
| $\mathrm{Le}(M)$ | 模 $M$ 的长度 |
| $\mathrm{Rad}M$ | 模 $M$ 的(Jacobson)根 |
| $\mathrm{Soc}M$ | 模 $M$ 的座 |
| $M^+$ | 模 $M$ 的特征标模 |
| $\mathrm{End}M$ | 模 $M$ 的自同态环 |
| $\mathrm{Hom}_R(A,B)$ | 模 $A$ 到 $B$ 的自同态加群 |
| $A \otimes B$ | 模 $A$ 与 $B$ 的张量积 |
| $f \otimes g$ | 同态 $f$ 与 $g$ 的张量积 |
| $\mathrm{Ker}\ f$ | 同态 $f$ 的核 |
| $\mathrm{Coker}\ f$ | 同态 $f$ 的余核 |
| $\mathrm{Mat}_n(R)$或$(R)_n$ | 环 $R$ 上 $n$ 阶全阵环 |
| $\mathrm{Im}f$ | 映射 $f$ 的像集 |
| $1_A$ | 模(或环)$A$ 上的幺元或恒等映射 |
| $M/N$ | 模 $M$ 关于子模 $N$ 的商模 |
| $I(M)$ | 模 $M$ 的内射包 |

# 参 考 书 目

1. F. Kasch. Modules and Rings. 1982.

2. T. S. Blyth. Module Theory. 1977.

3. Frank W. Anderson，Kent R. Fuller. Rings and Categories of Modules. 1974.

4. B. R. McDonald. Linear Algebra over Commutative Rings. 1984.

5. 吴品三. 模论讲义(油印稿). 1990.